数控车床加工与实训

主　编　封芳桂　杨彩红　何　伟
副主编　邓贞涛　张素娟　潘晓茵
参　编　蒋俊岸　郝大伟　杨晓洹　李藤均　梁俊昌
　　　　苏娇艳　梁晓畅　冯克富　徐翔昊
　　　　陈晓荣　李文廷

重庆大学出版社

内容提要

本书共分为 6 个项目、附录和题库,项目 1 认识数控机床;项目 2 数控车床基础知识;项目 3 数控车床的基本操作;项目 4 数控车削编程基础;项目 5 轴类零件加工,项目 6 复杂类零件加工,每个项目后面安排了课堂测试及答案,供读者巩固、检验学习效果时用。同时有附录 A 课堂测试参考答案,附录 B 各数控系统 G 功能表,附录 C 数控车削编程考证理论题库,附录 D 数控车削编程与操作考证实训题例。

本书适合职业教育培养数控生产一线高素质劳动者,也可作为数控生产工人和数控培训班的教材,以及中、高级数控应用技术专业考证参考书。

图书在版编目(CIP)数据

数控车床加工与实训 / 封芳桂,杨彩红,何伟主编
. -- 重庆:重庆大学出版社,2022.1
高职高专机械类系列规划教材
ISBN 978-7-5689-2214-2

Ⅰ. ①数… Ⅱ. ①封… ②杨… ③何… Ⅲ. ①数控机
床—车床—加工工艺—高等职业教育—教材 Ⅳ.
①TG519.1

中国版本图书馆 CIP 数据核字(2020)第 182126 号

数控车床加工与实训

主 编 封芳桂 杨彩红 何 伟
副主编 邓贞涛 张素娟 潘晓茵
责任编辑:周 立 版式设计:周 立
责任校对:刘志刚 责任印制:张 策

*
重庆大学出版社出版发行
出版人:饶帮华
社址:重庆市沙坪坝区大学城西路 21 号
邮编:401331
电话:(023)88617190 88617185(中小学)
传真:(023)88617186 88617166
网址:http://www.cqup.com.cn
邮箱:fxk@cqup.com.cn(营销中心)
全国新华书店经销
重庆天旭印务有限责任公司印刷

*
开本:787mm×1092mm 1/16 印张:23.5 字数:590千
2022 年 1 月第 1 版 2022 年 1 月第 1 次印刷
印数:1—2 000
ISBN 978-7-5689-2214-2 定价:56.00 元

前　言

数控技术的应用给传统制造业带来了革命性的变化,数控机床在当今智能制造技术中显得越来越重要。为了适应社会对数控专业人才的需要,为社会培养出一批批数控技能型人才,我们组织一线教师和企业技能工作人员,以工作任务引领教学的理念编写了本书。

本书以"国家职业标准《数控车工》"为依据,围绕"企业需求为导向,职业能力为核心"的编写理念,突出职业技能理论实践一体的特色,通过"任务驱动教学法"把知识融入项目教学中,完成产品加工为检验,满足职业技能培训与鉴定考核的需要。

本书是基于广州数控车床 GSK980TD 系统,采用"任务驱动模式"引领教学,突出理论与实践一体化相结合,基础知识以"必须、够用"为原则,注重学生学习过程的积极参与性的数控专业基础教材。

教材主要特点:

1."以学生为本,以工作过程主导学习"为理念,采用"任务驱动模式"为指导,对学习内容进行合理安排。

2.本教材所涉及的工作,既强调基础,又体现新知识、新技术、新工艺,将教学内容与国家职业技能鉴定规范相结合。

3.理论与实践一体化。本教材注重理论与实践一体化教学模式的改革和创新,通过设计的"技术训练"任务、"知识拓展"训练、"课堂检验"习题来加强学生的知识技能和操作技能。

4.学习过程突出互动环节。充分调动学生的积极性和参与性,注重学生对产品质量意识的培养。

5.实践任务,综合考证。通过本教材的学习,可使学生具备数控车加工水平的基本技能。结合"课堂测验"中考证的相关理论题,满足上岗前培训和就业的需要。

6.本教材设计合理,图文并茂,在编写上采用新的形式。在行文适当处设置"小知识""知识链接"等栏目,并使用大量实物图片,直观明了,提高学生的学习兴趣。

参与本书编写工作的有佛山市顺德区容桂职业技术学校封芳桂、邓贞涛、郝大伟、潘晓茵、张素娟、蒋俊岸、杨晓洹、梁俊昌、陈晓荣、李文廷等教学一线老师,以及中山市技师学院杨彩红,佛山市高明区高级技工学校何伟,佛山市顺德区梁球锯职业技术学校苏娇艳,宁波市职业技术教育中心学校徐翔昊,广州市增城区职业技术学校梁晓畅,贵州航空工业技师学院冯克富。

由于编者水平和经验有限,书中难免有欠妥之处,敬请广大读者批评指正。

编　者

2021 年 1 月

目　录

项目 1

认识数控车床

任务 1.1 数控车床的组成及工作原理

学习目标

表 1-1-1 技能训练

任务描述	教师带领学生参观数控车间,观看教学视频,讲授数控机床的发展历史及应用,帮助学生认识数控加工的先进性及组成结构等。
知识目标	(1)了解数控机床的有关基本知识; (2)掌握数控车床的基本概念及其应用。
技能目标	(1)能区分普通车床和数控车床; (2)能辨别数控车床的各组成部分,掌握其用途,如图 1-1-1 所示。  图 1-1-1 数控车床

续表

任务内容	观看录像或在车间实地参观。
任务准备	（1）数控车床； （2）数控车床加工的典型零件。

一、认识数控车床

数控车床（Computer Numerical Control，CNC），是一种应用广泛的高精度、高效率的自动化机床，如图1-1-2所示。配备多工位刀塔或动力刀塔，机床具有广泛的加工性能，可加工直线圆柱、斜线圆柱、圆弧和各种螺纹、槽、蜗杆等复杂工件，具有直线插补、圆弧插补各种补偿功能，并在复杂零件的批量生产中发挥了良好的经济效果。

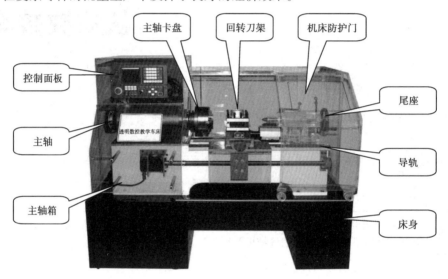

图1-1-2　数控车床结构

知识链接

数控机床的发展史

由于微电子和计算机技术不断发展，数控机床的数控系统一直在不断更新，到目前为止已经历了以下几代变化：

第一代数控（1952—1959年）：采用电子管构成的硬件数控系统。

第二代数控（1959—1965年）：采用晶体管电路为主的硬件数控系统。

第三代数控（1965年开始）：采用小、中规模集成电路的硬件数控系统。

第四代数控（1970年开始）：采用大规模集成电路的小型通用电子计算机数控系统。

第五代数控（1974年开始）：采用微型计算机控制的数控系统。

第六代数控（1990年开始）：采用工控PC机的通用CNC系统。

前三代为第一阶段，数控系统主要是由硬件联结构成，称为硬件数控；后三代称为计算机数控，其功能主要由软件完成。

二、数控车床的组成

数控车床由车床主体、数控装置、驱动装置、辅助装置等组成,如表1-1-2所示。

1.车床主体

车床主体是数控机床的本体,包括机床身、立柱、主轴、进给机构等机械部件。它是用于完成各种切削加工的机械部件。

2.数控装置

数控装置是数控机床的核心,包括硬件(印刷电路板、CRT显示器、键盒、纸带阅读机等)以及相应的软件,用于输入数字化的零件程序,并完成输入信息的存储、数据的变换、插补运算以及实现各种控制功能。

3.驱动装置

驱动装置是数控机床执行机构的驱动部件,包括主轴驱动单元、进给单元、主轴电机及进给电机等。它在数控装置的控制下通过电气或电液伺服系统实现主轴和进给驱动。当几个进给联动时,可以完成定位、直线、平面曲线和空间曲线的加工。

4.辅助装置

辅助装置是指数控机床的一些必要的配套部件,用以保证数控机床的运行,如冷却、排屑、润滑、照明、监测等。它包括液压和气动装置、排屑装置、交换工作台、数控转台和数控分度头,还包括刀具及监控检测装置等。

表1-1-2 数控车床的组成

序号	组成部分	说 明	图 例
1	车床主体	目前大部分数控车床均已专门设计并定型生产,包括床身、主轴箱、刀架、尾座、导轨、进给机构等。	
2	数控装置	数控车床的控制核心,由各种数控系统完成对数控车床的控制。	数控系统

3

续表

序号	组成部分	说　明	图　例
3	驱动装置	数控车床执行机构的驱动部件,包括主轴变频电动机和进给伺服电动机。	 主轴变频电动机  进给伺服电动机
4	辅助装置	数控车床的一些配套部件,包括冷却系统、润滑系统、液压装置、气动装置、自动清屑器等。	 冷却系统  润滑系统

三、数控车床的基本工作原理

采用数控机床加工零件时,只需要将零件图形和工艺参数、加工步骤等以数字信息的形式,编成程序代码输入机床控制系统中,再由其进行运算处理后转成驱动伺服系统的指令信号,从而控制机床各部件协调动作,自动地加工出零件来。数控加工原理如图 1-1-3 所示。

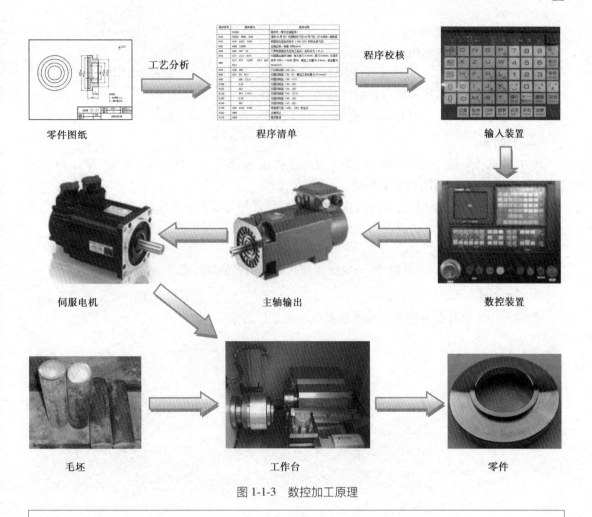

零件图纸　　　　　　　程序清单　　　　　　　输入装置

伺服电机　　　　　　　主轴输出　　　　　　　数控装置

毛坯　　　　　　　　　工作台　　　　　　　　零件

图 1-1-3　数控加工原理

小提示

1. 在车间参观时应注意周围环境, 做好安全防护, 避免发生事故。
2. 听从实习指导老师安排, 不随意触动设备, 以保障人身和设备安全。

课堂测试

一、选择题

1. 数控车床用代号(　　)表示。
   A.CAD　　　　　　　B.CAM　　　　　　　C.CNC　　　　　　　D.ATC

2. 一般数控系统由(　　)组成。
   A.输入装置、顺序处理装置　　　　　　B.数控装置、驱动装置、辅助装置
   C.控制面板和显示　　　　　　　　　　D.数控柜、驱动柜

3. 普通车床与数控车床的主要区别是(　　)。
   A.数控装置　　　　　　　　　　　　　B.尾座

C.刀架和进给机构 　　　　　　　　　D.冷却系统

4.数控机床的基本结构不包括(　　　)。

　　A.数控装置　　　　B.程序介质　　　　C.伺服控制单元　　　D.机床本体

5.断电后计算机信息依然存在的部件为(　　　)。

　　A.寄存器　　　　　B.RAM 存储器　　　C.ROM 存储器　　　D.运算器

二、判断题

1.工作前必须戴好劳动保护品,女工戴好工作帽,不围围巾,禁止穿高跟鞋,操作时不准戴手套,不准与他人闲谈,精神要集中。　　　　　　　　　　　　　　　　　　(　　)

2.数控车床的基本结构通常由机床主体、数控装置和伺服系统三部分组成。　　(　　)

3.有人在设备内安装夹具及刀具或进行测量时其他人员不可靠近控制器及操作。

　　　　　　　　　　　　　　　　　　　　　　　　　　　　　　　　　　(　　)

4.数控机床的开机、关机顺序,一定要按照机床说明书的规定操作。　　　　(　　)

三、简答题

数控车床由哪几部分组成? 数控装置的功能是什么?

任务 1.2　数控车床的分类

学习目标

表 1-2-1　技能训练

任务描述	教师带领学生参观数控车间,观看教学视频,讲授数控机床的分类,帮助学生认识数控车床的类型。
知识目标	(1)了解数控车床的分类形式; (2)了解开环控制和闭环控制两种控制系统。
技能目标	(1)能区分卧式和立式数控车床; (2)判断开环控制和闭环控制两种控制系统,如图 1-2-1 所示。  图 1-2-1　数控车床
任务内容	观看录像或在车间实地参观。
任务准备	(1)卧式数控车床; (2)立式数控车床。

一、根据数控车床主轴配置形式分类

按主轴配置形式分类,数控车床可分为立式数控车床和卧式数控车床。

1.立式数控车床

立式数控车床简称数控立车,其车床主轴轴线垂直于水平线,具有一个直径很大的圆形工作台,用来装夹工件,主要用于车削回转直径较大的盘类零件,如图 1-2-2 所示。

图 1-2-2　立式数控车床

2.卧式数控车床

卧式数控车床主轴轴线处于水平位置,卧式数控车床用于轴向尺寸较长或小型盘类零件的车削加工。卧式数控机床有水平导轨卧式和倾斜导轨卧式两种。

(1)水平导轨卧式数控车床如图 1-2-3 所示。

图 1-2-3　水平导轨卧式数控车床

(2)倾斜导轨卧式数控车床如图 1-2-4 所示,倾斜导轨结构可以使车床具有更大的刚性,并易于排出切屑。

图 1-2-4　倾斜导轨卧式数控车床

(3)排刀式刀架一般用于小型数控车床。各种刀具排列并夹持在可移动的滑板上,换刀时可实现自动定位。如图 1-2-5 所示为斜床身-斜滑板数控车床(排刀架)。

图 1-2-5 斜床身-斜滑板数控车床(排刀架)

知识链接

CAK6140 的含义

C:机床类别代号,车床类

A:结构特征代号,表示为卧式

K:表示为数控机床

6:主参数代号,表示机床结构是落地式

1:主参数代号,表示机床是单轴纵切式车床

40:主参数代号,床身最大回转直径为 400 mm

二、按控制方法分类

数控机床按照对被控量有无检测反馈装置可分为开环控制和闭环控制两种。在闭环系统中,根据测量装置安放的部位不同又分为全闭环控制和半闭环控制两种。

1.开环控制数控机床

开环控制系统是指不带位置检测反馈装置的控制系统。特点是速度和精度都较低,但结构简单、调试方便、成本较低,广泛应用于经济型数控机床上。典型的开环控制系统如图 1-2-6 所示。

2.闭环控制数控机床

闭环控制系统是指在机床移动部件上装有位置检测反馈系统的控制系统。特点是加工精度高,移动速度快。这类数控机床采用直流伺服电动机或交流伺服电机作为驱动元件,电动机的控制电路比较复杂,检测元件价格昂贵。因而调试和维修比较复杂,成本高。闭环控制系统如图 1-2-7 所示。

3.半闭环控制数控机床

半闭环控制系统是指在电动机轴或丝杠的端部装有角位移、角速度检测装置的控制系统。通过位置检测反馈装置反馈给数控装置的比较器与输入指令比较,用比较的差值控制运动部件。特点是精度较闭环控制差,但稳定性好,成本较低,调试维修也较容易,兼顾了开环系统和闭环系统两者的特点,因此应用比较普遍。半闭环控制系统如图1-2-8所示。

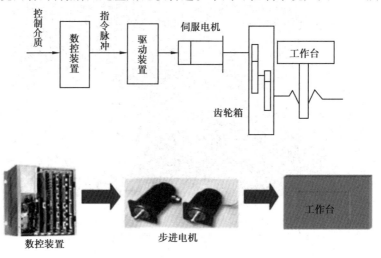

图 1-2-6　开环控制系统

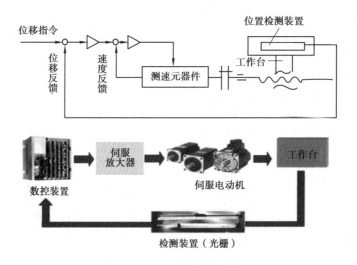

图 1-2-7　闭环控制数控

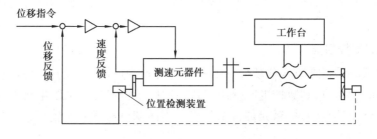

图 1-2-8　半闭环控制系统

┌───┐
│ 小提示   │
│ 　1.在车间参观时应注意周围环境,做好安全防护,避免发生事故。   │
│ 　2.听从实习指导老师安排,不随意触动设备,以保障人身和设备安全。   │
└───┘

课堂测试

一、选择题

1.数控车床用代号(　　)表示。

　A.CAD　　　　　　　B.CAM　　　　　　　C.CNC　　　　　　　D.ATC

2.CA6140 型普通车床最大加工直径是(　　)。

　A.200 mm　　　　　B.140 mm　　　　　C.400 mm　　　　　D.614 mm

3.普通车床与数控车床主要区别是(　　)。

　A.数控装置　　　　B.尾座　　　　　　C.刀架和进给机构　D.冷却系统

4.下列部件中,(　　)是卧式数控车床所没有的。

　A.主轴箱　　　　　B.进给箱　　　　　C.尾座　　　　　　D.床身

5.一般数控系统由(　　)组成。

　A.输入装置、顺序处理装置　　　　　　B.数控装置、伺服系统、反馈系统

　C.控制面板和显示　　　　　　　　　　D.数控柜、驱动柜

6.闭环进给伺服系统与半闭环进给伺服系统的主要区别在于(　　)。

　A.位置控制器　　　B.检测单元　　　　C.伺服单元　　　　D.控制对象

7.伺服系统精度最差的是(　　)。

　A.闭环系统　　　　　　　　　　　　　　B.开环系统

　C.半闭环系统　　　　　　　　　　　　　D.变频调速系统

8.(　　)伺服系统的主要特征是:在其系统中有包括位置检测元件在内的测量反馈装置,并与数控装置、伺服电机及机床工作台等,形成全部或部分位置随动控制环路。

　A.闭环　　　　　　B.开环　　　　　　C.交流　　　　　　D.直流

二、判断题

1.闭环伺服系统也称为误差控制随动系统,其中又分全闭环和半闭环。　　　　　(　　)

2.要实现加工的高精度,伺服系统就必须具备较高的控制精度。该要求一方面体现在定位准确,其定位误差特别是重复定位误差应较小;另一方面要求系统的分辨率应较高。

　　　　　　　　　　　　　　　　　　　　　　　　　　　　　　　　　　(　　)

3.伺服系统接到执行的信息指令后,立即驱动机床进给机构严格按照指令的要求进行位移,使机床自动完成相应零件的加工。　　　　　　　　　　　　　　　　　(　　)

三、简答题

1.卧式数控车床有什么特点和应用?

2.数控机床按控制方法是如何分类的?

任务 1.3　数控车床的加工类型与加工内容

学习目标

表 1-3-1　技能训练

任务描述	教师带领学生参观数控车间,观看数控加工零件实物,帮助学生了解数控加工的类型。
知识目标	(1)掌握数控车床加工工艺的基本特点; (2)了解数控车床加工类型。
技能目标	区分零件产品加工工艺方法,如图 1-3-1 所示。 图 1-3-1　数控车床加工内容
任务内容	通过观看实物零件,理解数控车床加工工艺类型。
任务准备	各类工艺零件实物。

一、数控车床的主要加工类型

数控车床的主要加工类型是回转体零件。回转体零件分为轴套类、轮盘类和其他类几种。

1.轴套类零件

轴套类零件(图 1-3-2)的长度大于直径,加工表面大多是内、外圆周面。圆周面轮廓可以是与 Z 轴平行的直线,切削形成台阶轴,轴上可以有螺纹和退刀槽等;也可以是斜线,切削形成锥面或锥螺纹;还可以是圆弧或曲线,切削形成曲面。

2.轮盘类零件

轮盘类零件(图 1-3-3)的直径大于长度,加工表面大多是端面。端面的轮廓也可以是直线、斜线、圆弧、曲线或端面螺纹、锥面螺纹等。

图 1-3-2　轴套类零件

图 1-3-3　轮盘类零件

3.其他类零件

数控车床还可以加工偏心轴（图 1-3-4），也可在箱体、板材上加工孔或圆柱面。图 1-3-5 是数控车床常见的加工零件。

图 1-3-4　偏心轴

图 1-3-5　数控车床常见的加工零件

二、数控车削加工的主要内容

数控车削加工的主要内容包括车外圆、车端面、车槽、车螺纹、滚花、车锥面、车成形面、钻中心孔、钻孔、镗孔、铰孔、攻螺纹等，如图 1-3-6 所示。

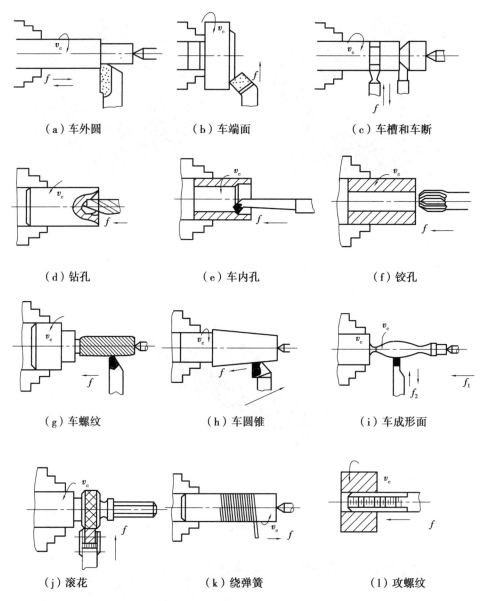

（a）车外圆　　　　（b）车端面　　　　（c）车槽和车断

（d）钻孔　　　　（e）车内孔　　　　（f）铰孔

（g）车螺纹　　　　（h）车圆锥　　　　（i）车成形面

（j）滚花　　　　（k）绕弹簧　　　　（l）攻螺纹

图 1-3-6　数控车削加工内容示意图

知识链接

数控加工工艺品

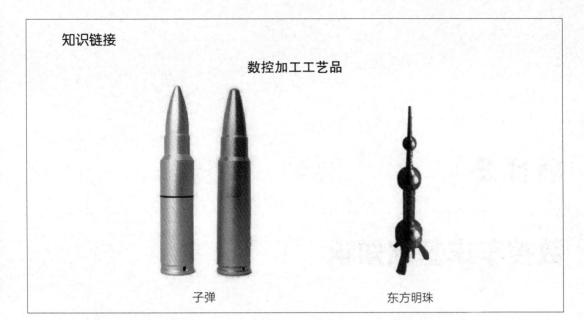

子弹   东方明珠

小提示

1.在车间参观时应注意周围的环境,做好安全防护,避免发生事故。

2.在观察零件实物时,轻拿轻放,避免伤人。

课堂测试

一、选择题

1.能进行螺纹加工的数控车床,一定安装了( )。

  A.测速发电机　　　　　　　　　　　B.主轴脉冲编码器

  C.温度检测器　　　　　　　　　　　D.旋转变压器

2.以内孔为基准的套类零件,可采用( )方法,安装保证位置精度。

  A.心轴　　　　B.三爪卡盘　　　　C.四爪卡盘　　　　D.一夹一顶

3.轴上的花键槽一般都放在外圆的半精车( )进行。

  A.以前　　　　B.以后　　　　　　C.同时　　　　　　D.前或后

4.加工齿轮这样的盘类零件在精车时应按照( )的加工原则安排加工顺序。

  A.先外后内　　B.先内后外　　　　C.基准后行　　　　D.先精后粗

二、判断题

1.轴类零件是适宜数控车床加工的主要零件。　　　　　　　　　　　　( )

2.数控机床不适合多品种、经常变换的小批量生产。　　　　　　　　　( )

3.数控机床由主轴进给镗削内孔时,床身导轨与主轴若不平行,会使加工件的孔出现直线度误差。　　　　　　　　　　　　　　　　　　　　　　　　　( )

三、简答题

数控车床加工内容有哪些?

项目 **2**

数控车床基础知识

任务 2.1　认识数控车床常用刀具

学习目标

表 2-1-1　技能训练

任务描述	教师带领学生参观数控车间，了解常用数控车刀具结构、组成和应用等基础知识。
知识目标	(1)了解刀具的基本结构知识； (2)掌握常用刀具的类型及其应用,如图 2-1-1 所示。 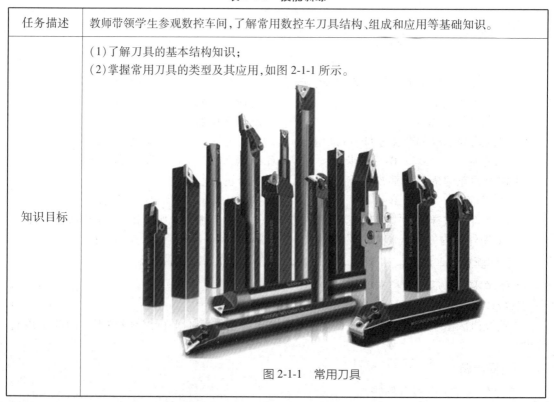 图 2-1-1　常用刀具

续表

技能目标	(1)能区分焊接式车刀和机械夹固式可转位车刀； (2)能辨别机械夹固式可转位车刀组成部分,掌握其用途。
任务内容	观看录像或在车间实地参观。
任务准备	(1)焊接式车刀和机械夹固式可转位车刀； (2)数控车刀各类型。

一、数控车削刀具的类型

根据加工工艺类型(如车槽、车螺纹、车外圆轮廓、车内孔轮廓等)、工件材料、加工效率和加工质量、工艺编排等不同要求,车削刀具采用不同的结构形式,如图 2-1-1 所示。与普通车削刀具相比,数控车削刀具不仅要求耐用度高、精度高、刚度好,而且要求尺寸稳定性和互换性好、安装调整方便。

车刀根据加工工艺类型、车刀结构的不同进行分类,具体如下:

按加工工艺类型分类:外圆车刀、车槽刀、螺纹刀、内孔镗刀、成形车刀等,如图 2-1-2 所示。

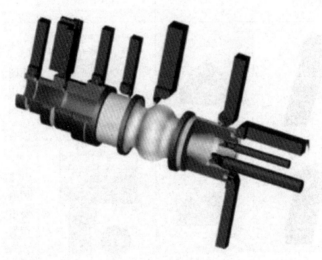

图 2-1-2　车削刀具的类型

二、数控车削刀具的结构分类

按车刀结构分类:整体式车刀、焊接式车刀、机夹式车刀、可转位机夹式车刀,如图 2-1-3 所示。

三、数控车削刀具可转位机夹车刀的应用特点

机械夹固式可转位车刀是已经实现机械加工标准化、系列化的车刀。可转位机夹车刀是将多边切削刃的标准硬质合金刀片,以机械夹固方式将刀片紧固在刀杆上的车刀。数控车床常用的机夹可转位车刀结构形式如表 2-1-2(外圆、仿形切削刀具)、表 2-1-3(内圆、仿形切削

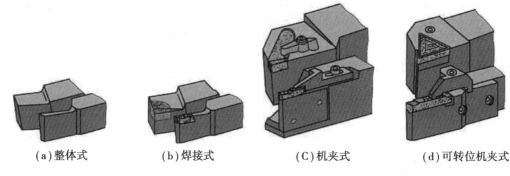

(a)整体式　　　(b)焊接式　　　(C)机夹式　　　(d)可转位机夹式

图 2-1-3　车刀的结构形式

刀具)、表 2-1-4(切断、切槽切削刀具)、表 2-1-5(螺纹切削刀具)所示。刀片每边都有切削刃,当某切削刃磨损钝化后,只需松开夹紧元件,将刀片转一个位置便可继续使用。减少了换刀时间并且方便对刀,便于实现机械加工的标准化,数控车削加工时,应尽量采用机夹刀和机夹刀片。

表 2-1-2　外圆、仿形切削刀具

类型规格	实物图	适用刀片	加工图示	特　点
95°W型刀片车刀			95°	95°W 型刀片,双面有 6 个切削刃可用,95°主偏角主要用于外圆端面和台阶面切削
91°T 型刀片车刀			91°	91°T 型刀片,双面有 6 个切削刃可用,91°主偏角主要用于外圆端面和台阶面切削。
95°C 型刀片车刀			95°	95°C 型刀片,双面有 4 个切削刃可用,95°主偏角主要用于外圆端面和台阶面切削。

类型规格	实物图	适用刀片	加工图示	特　点
93°D 型刀片车刀			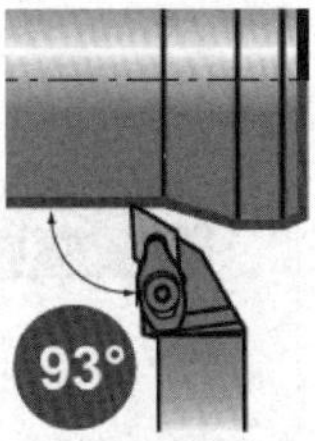 93°	93°D 型刀片，双面有 4 个切削刃可用，93° 主偏角主要用于仿形和台阶面切削。
93°V 型刀片车刀			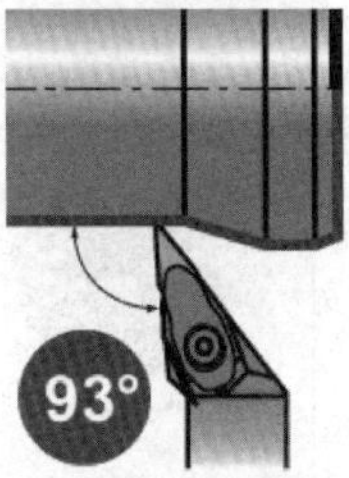 93°	93°V 型刀片，双面有 4 个切削刃可用，93° 主偏角主要用于仿形和台阶面切削。
72°V 型刀片车刀			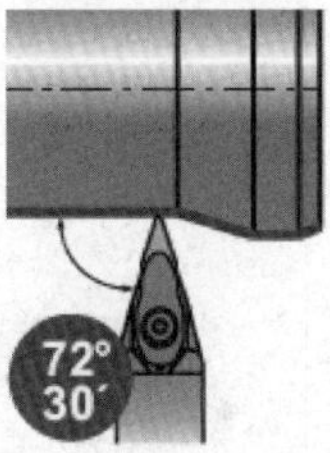 72°30′	72°V 型刀片，双面有 4 个切削刃可用，72° 主偏角主要用于仿形和台阶面切削。

表 2-1-3　内圆、仿形切削刀具

类型规格	实物图	适用刀片	加工图示	特　点
95°W 型刀片车刀			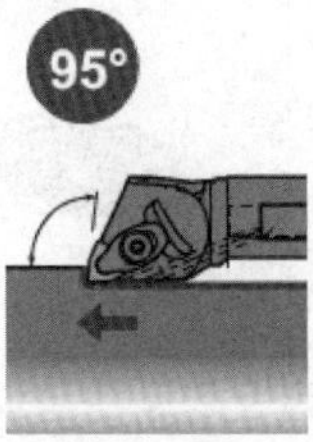 95°	95°W 型刀片，双面有 6 个切削刃可用，95° 主偏角主要用于外圆端面和台阶面切削。

续表

类型规格	实物图	适用刀片	加工图示	特　点
91°T 型刀片车刀			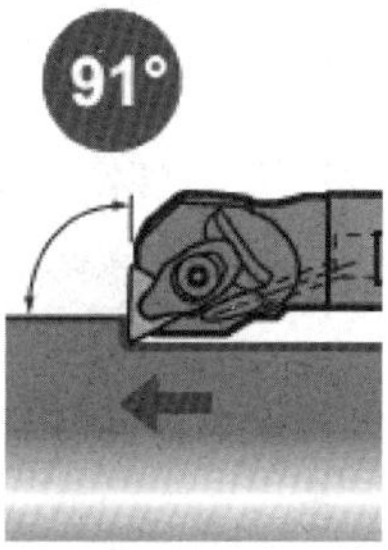 91°	91°T 型刀片,双面有 3 个切削刃可用,91°主偏角主要用于外圆端面和台阶面切削。
95°C 型刀片车刀			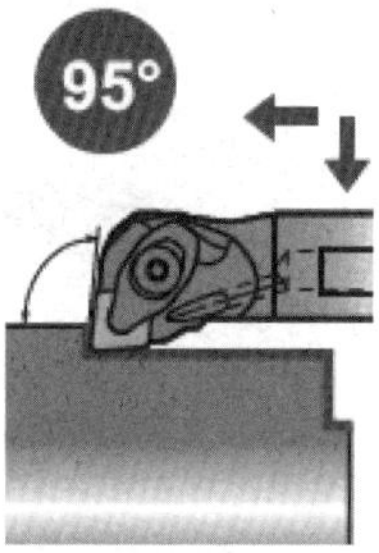 95°	95°C 型刀片,双面有 4 个切削刃可用,95°主偏角主要用于外圆端面和台阶面切削。
93°D 型刀片车刀			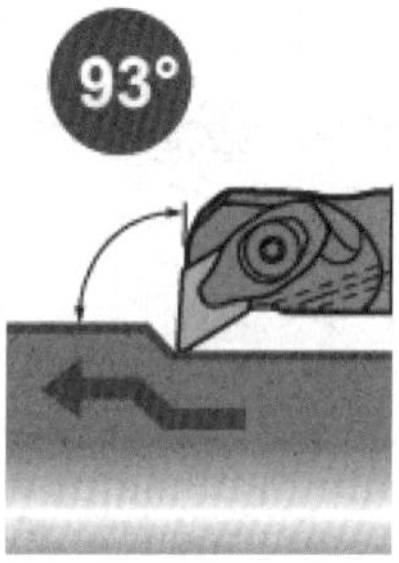 93°	93°D 型刀片,双面有 4 个切削刃可用,93°主偏角主要用于仿形和台阶面切削。
93°V 型刀片车刀			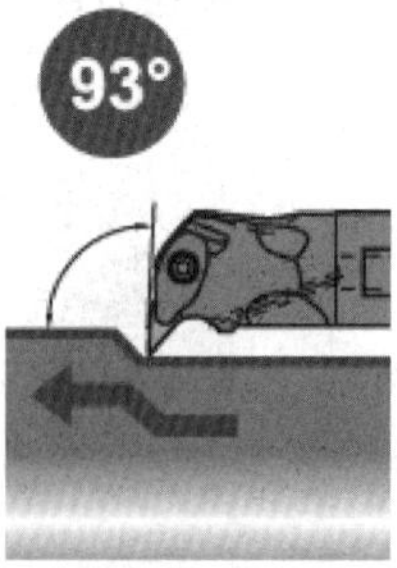 93°	93°V 型刀片,双面有 4 个切削刃可用,93°主偏角主要用于仿形和台阶面切削。

续表

类型规格	实物图	适用刀片	加工图示	特　点
75°S 型刀片车刀			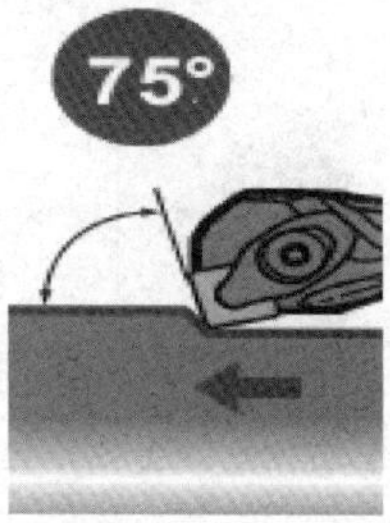 **75°**	75°S 型刀片,双面有 4 个切削刃可用,75°主偏角主要用于仿形和台阶面切削

表 2-1-4　切断、切槽切削刀具

类型规格	实物图	适用刀片	加工图示	特　点
外切槽切断车刀			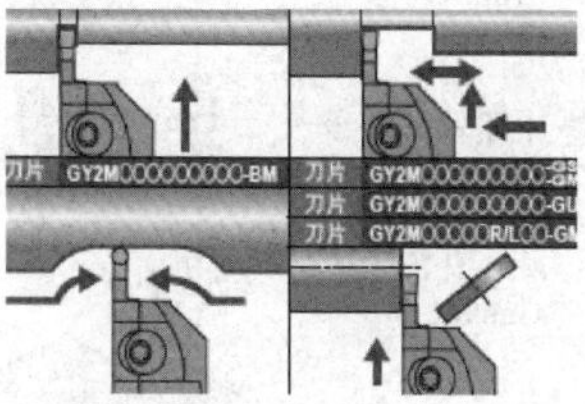 刀片 GY2M○○○○○○○○○○-BM　刀片 GY2M○○○○○○○○○○-GU 刀片 GY2M○○○○○○○○○○-GU 刀片 GY2M○○○○○○R/L○○-GM	该类型车刀主要适用于零件的外切槽和切断及小吃刀量的轴向切削
91°T 型刀片车刀			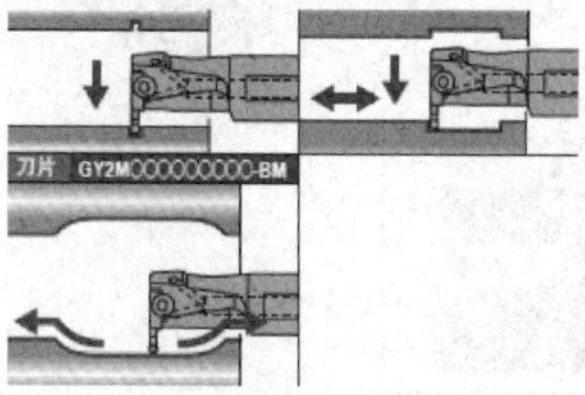 刀片 GY2M○○○○○○○○○○-BM	该类型车刀主要适用于零件的内切槽及小吃刀量的轴向切削

表 2-1-5　螺纹切削刀具

类型规格	实物图	适用刀片	加工图示	特　点
外螺纹车刀			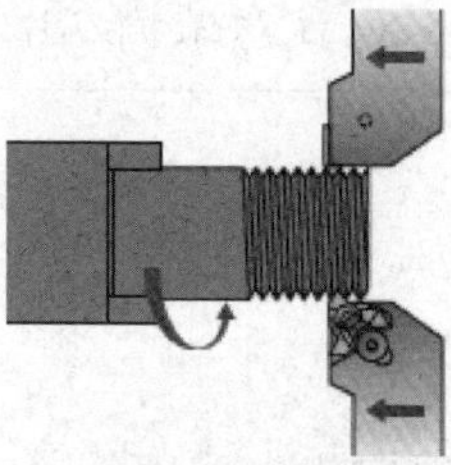	该类型车刀,适合外螺纹加工

续表

类型规格	实物图	适用刀片	加工图示	特　点
内螺纹车刀				该类型车刀,适合内螺纹加工

知识链接

可转位机夹车刀安装示意图

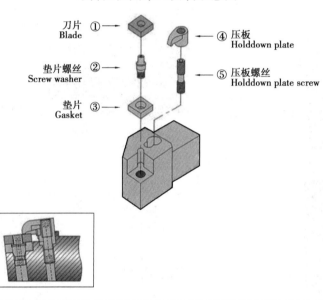

小提示

1.在车间参观时应注意周围环境,做好安全防护,避免发生事故。

2.换刀片过程中用扳手锁紧刀具不可用力敲击。

3.拿刀具过程中应轻拿轻放,注意保护刀片。

课堂测试

一、选择题

1.机械加工选择刀具时一般应优先采用(　　　)。

　A.标准刀具　　　　B.专用刀具　　　　C.复合刀具　　　　D.都可以

2.以下四种车刀的主偏角数值中,主偏角为(　　)时,它的刀尖强度和散热性最佳。

　　A.45°　　　　　　B.75°　　　　　　C.90°　　　　　　D.95°

3.车削加工时的切削力可分解为主切削力 F_z、切深抗力 F_y 和进给抗力 F_x,其中消耗功率最大的力是(　　)。

　　A.进给抗力 F_x　　　　　　　　　B.切深抗力 F_y

　　C.主切削力 F_z　　　　　　　　　D.不确定

4.钨钛钴类硬质合金是由碳化钨、碳化钛和(　　)组成。

　　A.钒　　　　　　B.铌　　　　　　C.钼　　　　　　D.钴

5.硬质合金的特点是耐热性(　　),切削效率高,但刀片强度、韧性不及工具钢,焊接刃磨工艺较差。

　　A.好　　　　　　B.差　　　　　　C.一般　　　　　　D.不确定

二、判断题

1.工作前必须戴好劳动保护品,女工戴好工作帽,不围围巾,禁止穿高跟鞋,操作时不准戴手套,不准与他人闲谈,精神要集中。　　　　　　　　　　　　　　　(　　)

2.数控车床的基本结构通常由机床主体、数控装置和伺服系统 3 部分组成。　(　　)

3.有人在设备内安装夹具及刀具或进行测量时其他人员不可靠近控制器及操作。

　　　　　　　　　　　　　　　　　　　　　　　　　　　　　　　　(　　)

4.数控机床的开机,关机顺序,一定要按照机床说明书的规定操作。　　(　　)

任务 2.2 常用车刀的刃磨

学习目标

表 2-2-1 技能训练

任务描述	教师带领学生到数控车间,讲授车刀的结构、刀具角度及应用,帮助学生认识各种车刀,以及如何选用合适的车刀。
知识目标	(1)了解车刀几何角度的作用; (2)掌握车刀的刃磨方法。
技能目标	(1)能根据实际需要选用合适的车刀,如图 2-2-1 所示; 图 2-2-1 常用焊接车刀类型 (2)能刃磨各种车刀。
任务内容	掌握外圆车刀的选用、车刀角度及车刀的刃磨。
任务准备	(1)砂轮机、砂轮; (2)不同类型的车刀。

一、车刀各部分结构组成

以 90°外圆车刀为例,如图 2-2-2 所示。

(1)前刀面:刀具上切屑流过的表面。

(2)主后刀面:同工件上加工表面相互作用或相对应的表面。

(3)副后刀面:同工件上已加工表面相互作用或相对应的表面。

(4)主切削刃:前刀面与主后刀面相交的交线部位。

(5)副切削刃:前刀面与副后刀面相交的交线部位。

(6)刀尖:主、副切削刃相交的交点部位。

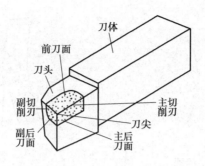

图 2-2-2　90°外圆车刀

二、车刀的角度

90°外圆车刀各角度,如图 2-2-3 所示。

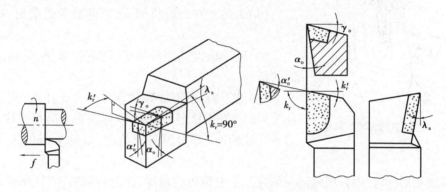

图 2-2-3　90°外圆车刀各角度

(1)前角:γ_o基面与前刀面的夹角,$\gamma_o = 10°$。

(2)后角:α_o主后刀面与切削平面之间的夹角,$\alpha_o = 8°$。

(3)副后角:α_o'副后刀面与副切削平面之间的夹角,$\alpha_o' = 8°$

(4)主偏角:k_r进给方向与主切削刃之间的夹角,$k_r = 90°$。

(5)副偏角:k_r'进给运动的反方向与副切削刃之间的夹角,$k_r' = 15°$。

(6)刃倾角:λ_s主切削刃与基面之间的夹角,$\lambda_s = 5°$。

三、车刀的刃磨

1.刃磨步骤和方法

1)粗磨

(1)粗磨主后面,同时磨出主偏角和主后角,如图 2-2-4 所示粗磨主后面。

(2)粗磨副后面,同时磨出副偏角和副后角,如图 2-2-5 所示粗磨副后面。

(3)粗磨前面和断屑槽,同时磨出前角。如图 2-2-6 所示粗磨前面和断屑槽。

2)精磨

(1)修磨前面。

(2)修磨主后面和副后面。

图 2-2-4 粗磨主后面

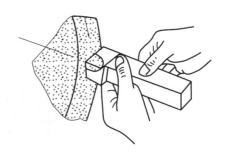

图 2-2-5 粗磨副后面

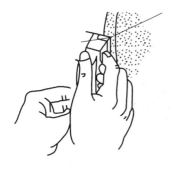

图 2-2-6 粗磨前面和断屑槽

（3）修磨刀尖圆弧及修光刃。

2.刃磨姿势及方法

（1）人站立在砂轮机侧面，以防砂轮碎裂时，碎片飞出伤人。

（2）两手握刀的距离适中，两肘夹紧腰部，以减少磨刀时的抖动。

（3）磨刀时，车刀应该放在砂轮水平中心，刀尖略微上翘 3°～8°。车刀接触砂轮后，应作左右方向水平移动。当车刀离开砂轮时，刀尖需向上抬起，以防磨好的刀刃被砂轮碰伤。

（4）磨主后面时，刀杆尾部向左偏过一个主偏角的角度，磨副后面时，刀杆尾部向右偏过一个副偏角的角度。

（5）修磨刀尖圆弧时，通常以左手握车刀前端为支点，用右手转动车刀尾部。

知识链接

砂轮的选择

目前常用的砂轮有两类，刃磨时必须根据刀具材料来选择。

（1）氧化铝砂轮（也称刚玉砂轮）多呈白色，其砂粒韧性好，比较锋利，但硬度低，适于刃磨高速钢车刀和硬质合金车刀的刀柄部分。

（2）碳化硅砂轮多呈绿色，其砂粒硬度高，切削性能好，但较脆，适于刃磨硬质合金车刀。

氧化铝砂轮

碳化硅砂轮

3.注意事项

(1)车刀刃磨的标准:面平、刃直、角度正。

(2)刃磨刀具前,应首先检查砂轮有无裂纹,砂轮轴螺母是否拧紧,并经试转后使用,以免沙轮碎裂或飞出伤人。

(3)刃磨刀具不能用力过大,否则会使手打滑而触及砂轮面,造成安全事故。

(4)磨刀时应戴防护眼镜,以免沙砾和铁屑飞入眼中。

(5)刃磨硬质合金车刀时,不可把刀头部分放入水中冷却,以防刀片突然冷却而碎裂。刃磨高速钢车刀时,应及时用水冷却,以防车刀过热退火,降低硬度。

小提示

1.在车间作业时应注意周围环境,做好安全防护,避免发生事故。

2.刃磨刀具前,应首先检查砂轮有无裂纹,砂轮轴螺母是否拧紧,并经试转后使用,以免砂轮碎裂或飞出伤人。

3.磨刀时应戴防护眼镜,以免沙砾和铁屑飞入眼中。

四、其他刀具刃磨角度。

其他刀具刃磨角度如表2-2-2所示。

表2-2-2　其他刀具刃磨角度图例

序 号	刀具名称	角度图例
1	75°车刀	
2	45°车刀	

续表

序　号	刀具名称	角度图例
3	切槽、切断刀	
4	外螺纹刀	
5	内螺纹刀	

课堂测试

一、选择题

1.对工件的(　　)有较大影响的是车刀的副偏角。

　A.表面粗糙度　　B.尺寸精度　　　　C.形状精度　　　　D.没有影响

2.刃磨硬质合金车刀应采用(　　)砂轮。

　A.刚玉系　　　　B.碳化硅系　　　　C.人造金刚石　　　D.立方氮硼

3.在数控车刀中,从经济性、多样性、公益性、实用性综合效果来看,目前采用最广泛的刀具材料是(　　)。

　A.硬质合金　　　B.陶瓷　　　　　　C.金刚石　　　　　D.高速钢

4.车刀在基面测量的角度有(　　)。

　　A.刃倾角、后角　　　　　　　　　B.主偏角、主后角

　　C.主偏角、副偏角　　　　　　　　D.副偏角、副后角

5.主偏角的主要作用是改变主切削刃的(　　)情况。

　　A.减小与工件摩擦　　　　　　　　B.受力及散热

　　C.切削刃强度　　　　　　　　　　D.增大与工件摩擦

6.车刀切削部分在主截面上的基本角度是(　　)。

　　A.前角、主后角　　　　　　　　　B.前角、副偏角

　　C.前角、刃倾角　　　　　　　　　D.后角、副后角

二、判断题

1.刃倾角是主切削刃与基面之间的夹角。　　　　　　　　　　　　　　　(　　)

2.所谓前刀面磨损就是形成月牙洼的磨损,一般在切削速度较高,切削厚度较大的情况下,加工塑性金属材料时引起的。　　　　　　　　　　　　　　　　　　　(　　)

3.磨刀时,工作者应站在砂轮的正面。　　　　　　　　　　　　　　　　(　　)

4.数控车床的刀具大多数采用焊接式刀片。　　　　　　　　　　　　　　(　　)

5.切断刀的前角大,则切断工件时容易产生扎刀现象。　　　　　　　　　(　　)

三、简答题

简述车刀前角、后角和刃倾角的作用。

任务 2.3　常用量具的使用方法

学习目标

表 2-3-1　技能训练

任务描述	教师向学生介绍常用量具使用的基础知识,并现场展示实物讲解,通过示例,帮助学生更进一步认识常用量具。
知识目标	(1)了解常用量具的测量原理; (2)掌握常用量具的正确使用方法。
技能目标	(1)根据被测量的工件,合理选择对应的量具,如图 2-3-1 所示; 图 2-3-1　常用量具种类 (2)正确使用量具并读数。
任务内容	教师讲解量具的基础知识,观察常用量具,并做读数示例。
任务准备	普通游标卡尺、外径千分尺、深度游标卡尺、典型轴、套类零件等。

一、钢直尺

钢直尺是用不锈钢制成的尺边平直的一种量具,如图 2-3-2 所示,用于测量工件的长度、宽度、高度、深度和平面度。测量精度为 1 mm,后可估读一位,如 38.6 mm。

图 2-3-2　钢直尺

二、游标卡尺

游标卡尺,是一种测量长度、内外径、深度的量具。如果按游标的分度值来分类,普通游标卡尺可分为 0.1 mm、0.05 mm、0.02 mm 三种。在常用工量具中普通游标卡尺用的较为广泛,如图 2-3-3 所示。随着科技的进步,目前在实际使用中有更为方便的带表卡尺和电子数显卡尺代替游标卡尺:带表游标卡尺如图 2-3-4 所示,通过指示表读出测量的尺寸;电子数显游标卡尺如图 2-3-5 所示,通过数字电子屏显示出测量的尺寸。

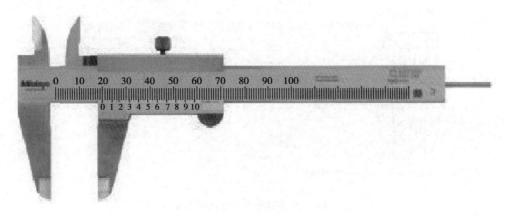

图 2-3-3　普通游标卡尺

刀口型内测量爪　　　　紧固螺钉　　　　　　　　　尺身

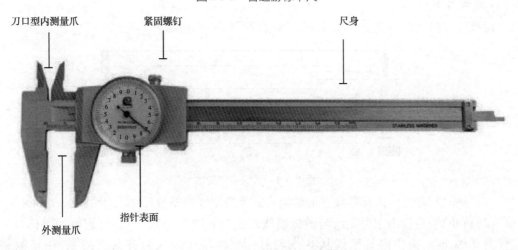

外测量爪　　　指针表面

图 2-3-4　带表游标卡尺

31

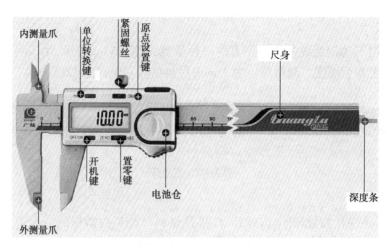

图 2-3-5　电子数显游标卡

1.结构

普通游标卡尺的结构组成如图 2-3-6 所示。

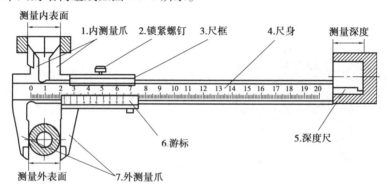

图 2-3-6　普通游标卡尺的结构组成

2.读数方法

读数三步曲:(以分度值为 0.02 mm 为例)如图 2-3-7 所示。

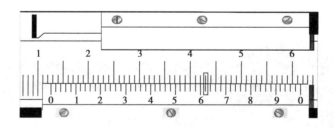

图 2-3-7　游标卡尺读数

（1）读整数:先读出游标零线左面的第一条尺身刻线的整数尺寸,示例中为 12 mm。

（2）读小数:再读出主尺刻线与游标刻线对正位置时的小数尺寸(可理解为游标每条刻线代表 0.02 mm,数出游标刻线从 0 线到游标刻线与主尺线对齐共有格数,用格数乘以 0.02 mm即得游标数值),示例中为 31×0.02 mm $= 0.62$ mm。

（3）相加：将整数数值与小数数值相加，就是被测部位的尺寸。示例中为（12+0.62）mm＝12.62 mm。

3.使用注意事项

（1）使用前，应先擦干净两卡脚测量面，合拢两卡脚，检查副尺 0 线与主尺 0 线是否对齐，若未对齐，应根据原始误差修正测量读数。测量前清洁卡尺，并校零，如图 2-3-8、图 2-3-9 所示。

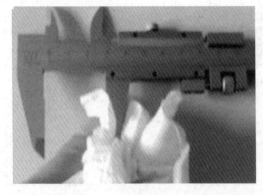

图 2-3-8　清洁量爪

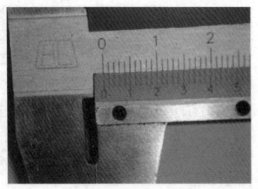

图 2-3-9　校对零位

（2）测量工件时，卡脚测量面必须与工件的表面平行或垂直，不得歪斜。且用力不能过大，以免卡脚变形或磨损，影响测量精度，如图 2-3-10 所示。

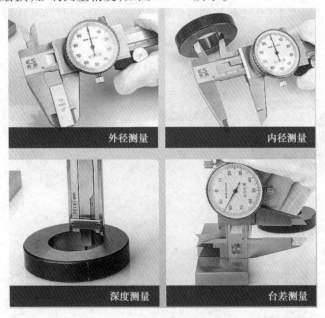

图 2-3-10　正确夹紧被测工件

（3）读数时，视线要垂直于尺面，否则测量值不准确。

（4）测量内径尺寸时，应轻轻摆动，以便找出最大值。

（5）游标卡尺用完后，仔细擦净，抹上防护油，平放在盒内，以防生锈或弯曲。

知识链接

游标卡尺测量注意

找准测量位置测量时,当量爪与被测工件接触后,应再稍微游动一下量爪沿轴向找最小尺寸。用测深尺测深度时,要使卡尺端面与被测件上的基准平面贴合,同时深度尺要与该平面垂直。

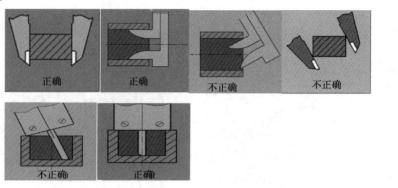

三、千分尺

千分尺,即螺旋测微器,利用螺旋放大的原理(如旋转一周,轴向移动 0.5 mm)制作而成,其测头结构依据测量对象的不同而不同,从而形成各种类别的千分尺,如外径千分尺、内径千分尺、深度千分尺、螺纹千分尺(测量螺纹中径)、公法线千分尺、叶片千分尺等,如图 2-3-11 所示各种类别的千分尺。

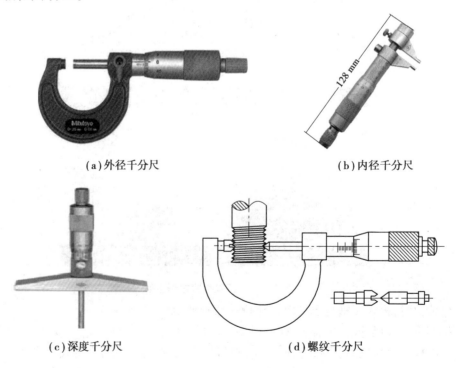

(a)外径千分尺   (b)内径千分尺

(c)深度千分尺   (d)螺纹千分尺

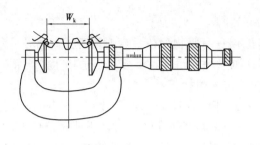 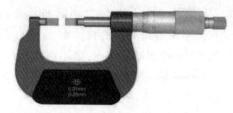

（e）公法线千分尺　　　　　　　　　　　（f）叶片千分尺

图 2-3-11　各种类别的千分尺

外径千分尺常简称为千分尺,它是比游标卡尺更精密的长度测量仪器,常用规格为 0~25 mm、25~50 mm 等,每 25 mm 一个等级,精度是 0.01 mm。

1.外径千分尺结构

外径千分尺结构如图 2-3-12 所示。

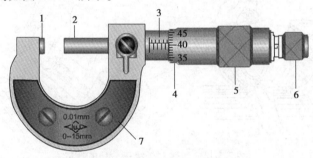

图 2-3-12　外径千分尺结构

1—测砧;2—测微螺杆;3—固定套筒;4—微分套筒;5—旋钮;6—微调旋钮;7—框架

2.外径千分尺的读数方法

读数三步曲:外径千分尺读数如图 2-3-13 所示。

图 2-3-13　外径千分尺读数

（1）读整数:读取固定套筒的刻度（刻度数字相对侧的刻度为 0.5 mm 处）,示例中为 11.5 mm。

（2）读小数:读取微分套筒的刻度,示例中为 22×0.01 mm＝0.22 mm

（3）如微分套筒与固定套筒的刻度没有对准,根据测量精度要求可以估读小数点后的第 3 位数。

（4）三次读数相加就是千分尺所表示的尺。示例中（11.5+0.22+0.000）mm＝11.720 mm。

3.外径千分尺使用注意事项

（1）测量前,应把零件的被测量表面揩干净,以免有脏物存在影响测量精度。绝对不允许用千分尺测量带有研磨剂的物体表面,以免损伤测量面的精度。千分尺只适用于测量精确度较高的尺寸,不能测量毛坯面,更不能在工件转动时去测量。

（2）千分尺是一种精密的量具,使用时应小心谨慎,动作轻缓,不要让它受到打击和碰撞。千分尺内的螺纹非常精密,使用时要注意:①旋钮和微调旋钮在转动时都不能过分用力;②当转动旋钮使测微螺杆靠近待测物时,一定要改为旋动微调旋钮,不能继续转动旋钮使螺杆压在待测物上;③在测微螺杆与测砧已将待测物卡住或旋紧锁紧装置的情况下,绝不能强行转动旋钮。

（3）使用千分尺测量零件时,要使测微螺杆与零件被测量的尺寸方向一致。如测量外径时,测微螺杆要与零件的轴线垂直,不要歪斜。测量时,可在旋转测力装置的同时,轻轻地晃动尺架,使测砧面与零件表面接触良好。测量时外径千分尺的摆放如图 2-3-14 所示。

图 2-3-14　测量时外径千分尺的摆放

（4）在读取千分尺上的测量数值时,留心不要读错。

（5）为了获得正确的测量结果,可在位置上再测量一次。尤其是测量圆零件时,应在同一圆周的不同方向测量几次,检查零件外圆有没有圆度误,再在全长的各个部位测量几次,检件外圆有没有圆柱度误差。

（6）对于超常温的工件,不要进行测量,以免产生错误读数。

知识链接

千分尺置零方法

置零之前,用软布或者软纸擦净测砧与丝杆的量面,用测力装置使两个测量面接触,若微分筒上零线与固定套管上的零线不在一条直线上,用如下方法置零。

方法一:对零误差小于 0.02 mm（微分筒刻线之内）用止动装置锁紧丝杆,用扳子扳动固定套管,直至零线对齐,如图(a)所示。

方法二:对零误差大于 0.02 mm（微分筒刻线以上）（特别注意:这种方法是千分尺严重磨损的时候才需要调节,平时使用不要调节）如图(b)所示。

第 1 步:用止动装置锁紧丝杠,用扳子松开测力装置,取下微分筒。

第 2 步:重新对齐固定套管和微分筒上的零刻线,再装上测力装置。如有必要,再用方法一置零。

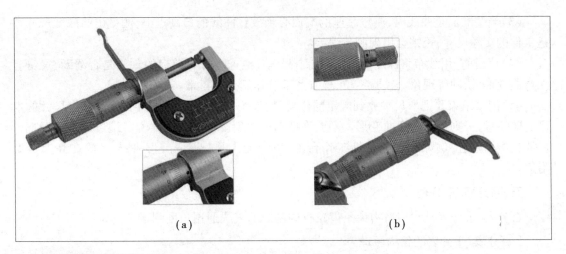

(a)   (b)

四、深度游标卡尺

深度游标卡尺用于测量凹槽或孔的深度、梯形工件的梯层高度、长度等尺寸,平常被简称为"深度尺"。深度游标卡尺如图 2-3-15 所示。

1.深度游标卡尺结构

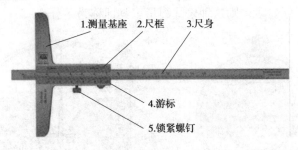

图 2-3-15   深度游标卡尺结构

2.注意事项

(1)测量内孔深度时,应把基座的端面紧靠在被测孔的端面上,使尺身与被测孔的中心线平行,伸入尺身,测尺身端面至基座端面之间的距离,就是被测零件的深度尺寸。深度游标卡尺测量内孔深度如图 2-3-16 所示。

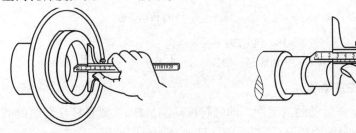

图 2-3-16   深度游标卡尺测量内孔深度   图 2-3-17   测台阶

(2)测量轴类等台阶时,测量基座的端面一定要压紧在基准面,再移动尺身,直到尺身的端面接触到工件的量面(台阶面)上,然后用紧固螺钉固定尺框,提起卡尺,读出深度尺寸。测台阶如图 2-3-17 所示。

（3）当基准面是曲线时，测量基座的端面必须放在曲线的最高点上，测量出的深度尺寸才是工件的实际尺寸，否则会出现测量误差。

（4）使用前，用纱布将深度游标卡尺擦拭干净，检查尺身和游标的刻线是否清晰，尺身有无弯曲变形、锈蚀等现象。校验零位、检查各部分作用是否正常。

（5）测量结束要把卡尺平放到规定的位置，比如工具箱上或卡尺盒内，尤其是大尺寸的卡尺更应注意，否则尺身会弯曲变形。不允许把卡尺放到设备（床头、导轨、刀架）上。不要把卡尺放在磁场附近，例如磨床的磁性工作台上，以免使卡尺感磁。不要把卡尺放在高温热源附近。

五、百分表/千分表

百分表/千分表是利用精密齿条齿轮机构制成的表式通用长度测量工具。

1.百分表/千分表的结构原理

百分表/千分表的结构与工作原理如图 2-3-18 所示：当量杆移动 1 mm 时，这一移动量通过量杆齿条、轴齿轮 1、齿轮和轴齿轮 2 放大后传递给安装在轴齿轮 2 上的长指针 5，使长指针 5 转动一圈；同时通过齿轮 6 带动小刻度盘上的小指针 7 转动 1 个刻度。

若增加齿轮放大机构的放大比，使圆表盘上的分度值为 0.001 mm 或 0.002 mm（圆表盘上有 200 个或 100 个等分刻度），则这种表式测量工具即称为千分表。

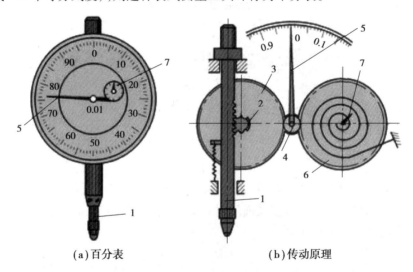

(a)百分表　　　　　　　　　(b)传动原理

图 2-3-18　百分表/千分表结构

1—量杆（带齿条）；2—轴齿轮；3—齿轮；4—轴齿轮；5—长指针；6—齿轮；7—短指针

2.百分表/千分表使用注意事项

（1）使用前，应检查测量杆活动的灵活性。即轻轻推动测量杆时，测量杆在套筒内的移动要灵活，没有任何轧卡现象，每次手松开后，指针能回到原来的刻度位置。

（2）使用时，必须把百分表固定在可靠的夹持架上。切不可贪图省事，随便夹在不稳固的地方，否则容易造成测量结果不准确，或摔坏百分表。

（3）测量时，不要使测量杆的行程超过它的测量范围，不要使表头突然撞到工件上，也不要用百分表测量表面粗糙或有显著凹凸不平的工作面。

（4）测量平面时,百分表的测量杆要与平面垂直,测量圆柱形工件时,测量杆要与工件的中心线垂直,否则,将使测量杆活动不灵或测量结果不准确。

（5）为方便读数,在测量前一般都让大指针指到刻度盘的零位。

（6）百分表不用时,应使测量杆处于自由状态,以免使表内弹簧失效。

六、杠杆表

杠杆表是利用杠杆-齿轮传动机构将尺寸变化为指针的角位移,并指示出长度尺寸数值的计量器具,适用于一般百分表/千分表难以测量的场合,如槽、小孔、孔距、高度尺寸、坐标尺寸等。

1.杠杆表的结构与测量原理

杠杆表的结构与测量原理如图 2-3-19 所示:测杠 6、连杆 5、齿条 4 为一整体,通过支座形成杠杆结构,测杆 6 的摆动通过连杆 5 带动齿条 4 摆动,齿条 4 带动齿轮 2 转动,齿轮 2 上的指针 3 随之转动来指示刻度。

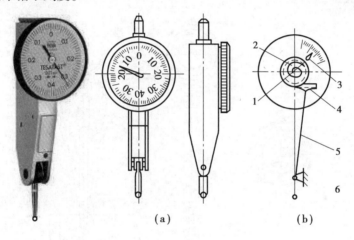

(a)   (b)

图 2-3-19 杠杆表结构与测量原理
1—弹簧;2—齿轮;3—指针;4—齿条;5—杠杆;6—测杆

2.杠杆表的使用注意事项

杠杆表的测量杆轴线与被测工件表面的夹角愈小,误差就愈小。

如果由于测量需要,α 角无法调小时（当 $\alpha >$ 15°）,其测量结果应进行修正。杠杆表修正原理如图 2-3-20 所示,当平面上升距离为 a 时,杠杆表摆动的距离为 b,也就是杠杆表的读数为 b,因为 $b>a$,所以指示读数增大。具体修正计算式如下:$a = b \cos \alpha$。

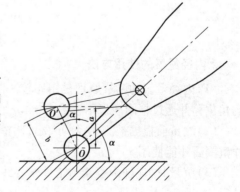

图 2-3-20 杠杆表修正原理

七、内径量表

内径量表是内量杠杆式测量架和百分表的组合,用以测量或检验零件的内孔、深孔直径及其形状精度。如图 2-3-21 所示为内径量表结构与使用。

1. 内径量表的结构原理

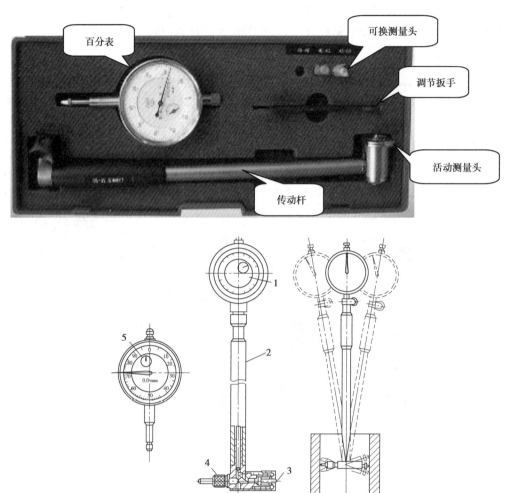

图 2-3-21　内径量表结构与使用

1,5—百分表；2—传动杆；3—活动测量头；4—可换测量头

2. 内径量表的使用方法

(1)内径量表的测量原理是用比较法测量内孔直径,它将量头的直线位移转换成指示表的角位移并通过指示表显示读数。

(2)测量前根据被测孔径的大小,选择合适的测量头,在专用的环规或千分尺上调整好尺寸范围后才能使用。

(3)测量时,连杆中心线与工件中心线平行,不得歪斜,同时应在圆周上多测几个点,找出孔径的实际尺寸,看是否在公差范围以内。

八、万能角度尺

万能角度尺基本结构如图 2-3-22,适用于机械加工中的内、外角度测量。测量过程中需适当变化万能角度尺的结构,可测量 0°~320°的外角及 40°~130°的内角,万能角度尺的测量如图 2-3-23 所示。

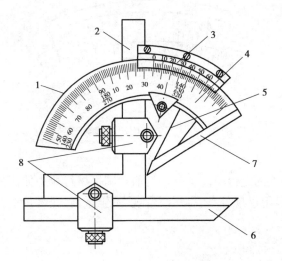

图 2-3-22　万能角度尺的结构

1—尺身;2—角尺;3—游标;4—制动器;5—扇形板;6—基尺;7—直尺;8—夹块

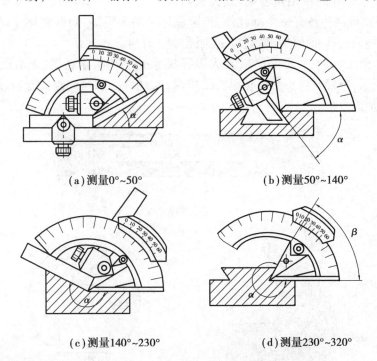

(a) 测量 0°~50°　　　　(b) 测量 50°~140°

(c) 测量 140°~230°　　　　(d) 测量 230°~320°

图 2-3-23　万能角度尺的测量

万能角度尺的读数原理与游标卡尺相似,万能角度尺的读数示例如图 2-3-24 所示,分三步进行:

(1)先从尺身上读出游标零刻度线指示的整"度"的数值,示例中为 16°;

(2)判断游标上的第几格的刻线与尺身上的刻线对齐,确定角度"分"的数值,示例中为 12′;

(3)把两者相加,即被测角度的数值,示例中的读数为 16°+12′=16°12′。

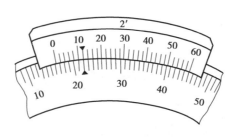

图 2-3-24　万能角度尺的读数示例

九、量规

量规是一种没有刻度的定值检验工具。目前我国机械行业中使用的量规种类很多,除有检验孔、轴尺寸的光滑极限量规外,还有螺纹量规、圆锥量规、花键量规、位置量规及直线尺寸量规等。

1.光滑极限量规

光滑极限量规包括检验孔的塞规和检验轴的环规。

塞规最小极限尺寸的一端叫通端,最大极限尺寸的一端叫作止端,光滑极限量规如图2-3-25(a)所示;塞规两头各有一个圆柱体,长圆柱体一端为通端,短圆柱体一端为止端。检查工件时,通端能通过孔而止端不能通过,说明孔加工合格。

环规最小极限尺寸的一端叫止端,最大极限尺寸的一端叫作通端,光滑极限量规如图2-3-25(b)(c)所示,环规有双头结构和单头结构两种。检查工件时,通端能通过轴而止端不能通过,说明轴加工合格。

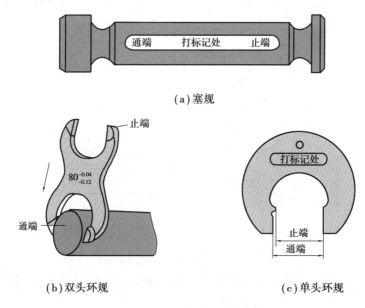

（a）塞规

（b）双头环规　　　　　　　　　　　（c）单头环规

图 2-3-25　光滑极限量规

2.螺纹量规

螺纹量规是用通端和止端综合检验螺纹的量规。螺纹塞规用于综合检验内螺纹,长螺纹一端为通端,标识"T",短螺纹一端为止端,标识"Z",如图 2-3-26(a)所示螺纹量规;螺纹环规用于综合检验外螺纹,通端为一件,标识"T",止端为一件,标识"Z",如图 2-3-26(b)所示螺纹量规。

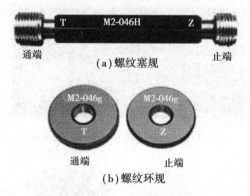

（a）螺纹塞规

通端　　　　　　　　　　　　止端

（b）螺纹环规

通端　　　　　　　　　　　止端

图 2-3-26　螺纹量规

螺纹环规使用过程:(1)首先清理干净被测螺纹油污及杂质;(2)通规对正被测螺纹,在自由状态下全部旋入螺纹长度,则判定为合格,否则为不合格;(3)止规对正被测螺纹,选入螺纹长度在 2 个螺距之内为合格,否则为不合格。

螺纹塞规的使用同上类似。螺纹量规的使用如图 2-3-27 所示。

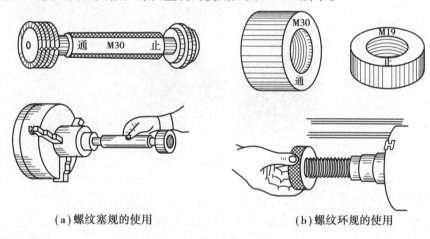

（a）螺纹塞规的使用　　　　　　　　　　（b）螺纹环规的使用

图 2-3-27　螺纹量规的使用

十、比较样块

对于特定形状可以通过比较样块(样板)进行对比检验,常用的有表面粗糙度比较样块、螺纹比较样板、圆弧比较样板。

表面粗糙度比较样块因工种的不同而有不同的系列,如车床、铣床、刨床、平磨、外磨、研磨等。如图 2-3-28 所示车床用表面粗糙度比较样块为车床使用的表面粗糙度比较样块,有 $Ra6.3$、$Ra3.2$、$Ra1.6$、$Ra0.8$ 四种样块。表面粗糙度测量可由经验丰富的工人凭视觉、手感来判定,也可以通过与表面粗糙度比较样块对照来判定。

螺纹比较样板是一种带有不同螺距的基本牙型薄片,用来与被测螺纹进行比较,从而确定被检螺纹的形状与螺距。螺纹比较样板如图 2-3-29 所示。

圆弧比较样板用来测量凹圆弧或凸圆弧的半径,由钢片研磨制成不同半径尺寸的标准圆弧形状,如图 2-3-30 所示。测量时必须使圆弧样板的测量面与工件的圆弧完全地紧密接触,当测量面与工件的圆弧之间没有间隙时,工件的圆弧半径值即为圆弧样板上所表示的数字。

图 2-3-28　车床用表面粗糙度比较样块

图 2-3-29　螺纹比较样板

图 2-3-30　圆弧比较样板

小提示

1.在车间参观时应注意周围环境,做好安全防护,避免发生事故。

2.各种量具用完之后放回原处,不可随意乱放。

3.拿量具过程中应轻拿轻放,注意保护量具刮花。

课堂测试

一、选择题

1.千分尺的活动套筒转动 1 格,测微螺杆移动(　　)mm。

　A.0.001　　　　　B.0.01　　　　　C.0.1　　　　　D.1

2.外径千分尺分值一般为(　　)。

　A.0.2 mm　　　　B.0.5 mm　　　　C.0.01 mm　　　　D.0.1 cm

3.百分表转数指示盘上小指针转动 1 格,则量杆移动(　　)。

A.1 mm   B.0.5 m   C.10 cm   D.5 cm

4.游标卡尺读数时,下列操作不正确的是(   )。

    A.平拿卡尺

    B.视线垂直于的读刻线

    C.朝着有光亮方向

    D.没有刻线完全对齐时,应选相邻刻线中较小的作为读数

5.千分尺读数时(   )。

    A.不能取下   B.必须取下

    C.最好不取下   D.取下,再锁紧,然后读数

6.深度千分尺的测微螺杆移动量是(   )。

    A.85 mm   B.35 mm   C.25 mm   D.15 mm

7.一般用于检验配合精度要求较高的圆锥工件的是(   )。

    A.角度样板

    B.游标万能角尺度

    C.圆锥量规涂色

    D.角度样板,游标万能角尺度,圆锥量规涂色都可以

二、判断题

1.千分尺微分筒上均匀刻有 100 格。   (   )

2.有的卡尺上还装有百分表或数显装置,成为带表卡尺或数显卡尺,提高了测量的准确性。

                                                 (   )

3.钳工常用的划线工具有钢直尺,划线平板,划针,划线盘,高度游标卡尺,划规,样冲,角尺和角度规及支持中心工具。   (   )

三、简答题

简述普通游标卡尺的读数方法。

项目 **3**

数控车床的基本操作

任务 3.1　熟悉数控车床操作面板

本任务我们以 GSK980TDb 为例,介绍数控车床操作面板的布局和基本功能。

学习目标

表 3-1-1　技能训练

任务描述	通过教师对数控车床操作面板上各个功能键、开关等的讲解,帮助学生认识操作面板的各种操作和控制功能。
知识目标	熟悉机床操作面板各按键和旋钮的功能和使用方法,了解数控车床的几种运动方式。
技能目标	能划分面板不同区域的功能键,如图 3-1-1 所示。 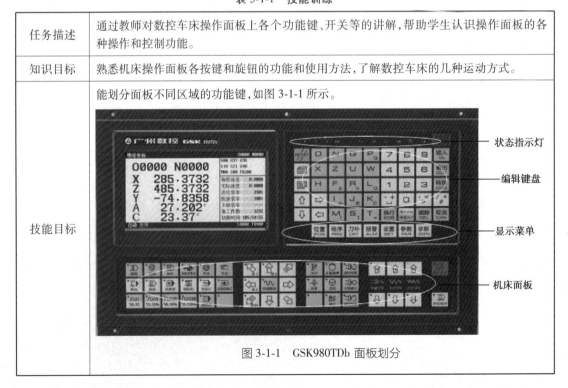 <p align="center">图 3-1-1　GSK980TDb 面板划分</p>

续表

任务内容	教师讲解各个功能键,同时进行演示。
任务准备	数控车床。

一、状态指示灯

表 3-1-2　面板状态指示灯

X○ Y○ Z○ 4th○	轴回零结束指示灯	○ ∿	快速指示灯
○ ▣	单段运行指示灯	○ ▨	程序段选跳指示灯
○ ▶◀▶	机床锁指示灯	○ MST ▶◀▶	辅助功能锁指示灯
○ ∿▶	空运行指示灯		

二、编辑键盘

图 3-1-2　GSK980TDb 系统编辑键盘

表 3-1-3　编辑键的名称和功能

名　称	按　键	功　能
复位键	RESET	CNC 复位,进给、输出停止等
地址键	O N G Pq / X Z U W / H(Y) F(E) R(V) L(D) / I(A) J(B) K(C) / M([) S(]) T(=)	地址输入 双地址键,反复按键可在二者之间切换

续表

名　称	按　键	功　能
符号键	/ * # 　 - + ∟	三符号键,反复按键可在三者间切换
数字键	7 8 9 4 5 6 1 2 3 0	数字输入
小数点键	· < >	小数点输入
输入键	输入 IN	参数、补偿量等数据输入的确定
输出键	输出 OUT	启动通信输出
转换键	转换 CHG	信息、显示的切换
插入修改键	插入INS 修改ALT	插入:把输入区内的数据插入到当前光标所指的位置 修改:用输入的数据替换光标所在的数据
删除键	删除 DEL	删除光标所在的数据、一个程序段或删除全部程序
取消键	取消 CAN	消除输入区内的数据
EOB 键	换行 EOB	程序段结束符的输入
光标移动键	⇧ ⇨ ⇩ ⇦	按箭头方向移动光标

续表

名　称	按　键	功　能
翻页键		向上和向下翻页

三、显示菜单

图 3-1-3　GSK980TDb 系统菜单显示键

表 3-1-4　GSK980TDb 系统菜单显示键的功能

名　称	按　键	备　注
位置键	位置 POS	进入位置界面。位置界面有相对坐标、绝对坐标、综合坐标、坐标 & 程序等 4 个页面,通过翻页键转换。
程序键	程序 PRG	进入程序界面。程序界面有程序内容、程序目录、程序状态、文件目录 4 个页面,通过翻页键转换。
刀补键	刀补 OFT	进入刀补界面、宏变量界面(反复按键可在两界面间转换)。刀补界面可显示刀具偏值;宏变量界面显示 CNC 宏变量。
报警键	报警 ALM	进入报警界面。报警界面有 CNC 报警、PLC 报警 2 个页面。
设置键	设置 SET	进入设置界面、图形界面(反复按键可在两界面间转换)。设置界面有开关设置、数据备份、权限设置;图形界面有图形设置、图形显示两页面。
参数键	参数 PAR	进入状态参数、数据参数、螺补参数界面(反复按键可在各界面间转换)。
诊断键	诊断 DGN	进入诊断界面、PLC 状态、PLC 数据、机床软面板、版本信息界面(反复按键可在各界面间转换)。诊断界面、PLC 状态、PLC 数据显示 CNC 内部信号状态、PLC 各地址、数据的状态信息;机床软面板可进行机床软键盘操作;版本信息界面显示 CNC 软件、硬件及 PLC 的版本号。

四、机床面板

图 3-1-4　GSK980TDb 系列标准机床控制面板

表 3-1-5　GSK980TDb 系列标准机床控制面板各按键的功能

名　称	按　键	功能说明	功能有效时操作方式
进给保持键		程序、MDI 代码运行暂停	自动方式、录入方式
循环启动键		程序、MDI 代码运行启动	自动方式、录入方式
进给倍率键		进给速度的调整	自动方式、录入方式、编辑方式、机械回零、手轮方式、单步方式、手动方式、程序回零
快速倍率键		快速移动速度的调整	自动方式、录入方式机械回零、手动方式、程序回零
主轴倍率键		主轴速度调整（主轴转速模拟量控制方式有效）	自动方式、录入方式、编辑方式、机械回零、手轮方式、单步方式、手动方式、程序回零
手动换刀键		手动换刀	机械回零、手轮方式、单步方式、手动方式、程序回零
点动开关键		主轴点动状态开/关	机械回零、手轮方式、单步方式、手动方式、程序回零
润滑开关键		机床润滑开/关	
冷却液开关键		冷却液开/关	自动方式、录入方式、编辑方式、机械回零、手轮方式、单步方式、手动方式、程序回零

名　称	按　键	功能说明	功能有效时操作方式
主轴控制键		顺时针转 主轴停止 逆时针转	机械回零、手轮方式、单步方式、手动方式、程序回零
进给轴及方向选择键		可选择进给轴及方向,中间键为快速移动选择键	自动方式、录入方式、手动方式
手动进给键		手动、单步操作方式 X、Y、Z 轴正向/负向移动	机械回零、单步方式、手动方式、程序回零
手轮控制轴选择键		手轮操作方式 X、Z 轴选择	手轮方式
手轮/单步增量选择与快速倍率选择键		手轮每格移动 0.001/0.01/0.1/1 mm,单步每步移动 0.001/0.01/0.1/1 mm,快速倍率 25%、F0%、F50%、F100%	自动方式、录入方式、机械回零、手轮方式、单步方式、手动方式、程序回零
单段开关		程序单段运行/连续运行状态切换,单段有效时单段运行指示灯亮	自动方式、录入方式
程序段选跳开关		程序段首标有"/"号的程序段是否跳过状态切换,程序段选跳开关打开时,跳段指示灯亮	自动方式、录入方式
机床锁住开关		机床锁住时机床锁住指示灯亮,X、Z 轴输出无效	自动方式、录入方式、编辑方式、机械回零、手轮方式、单步方式、手动方式、程序回零
辅助功能锁住开关		辅助功能锁住时,辅助功能锁住指示灯亮,M、S、T 功能输出无效	自动方式、录入方式
空运行开关		空运行有效时,空运行指示灯点亮,加工程序/MDI 代码段空运行	自动方式、录入方式

续表

名　　称	按　　键	功能说明	功能有效时操作方式
编辑方式选择键		进入编辑操作方式	自动方式、录入方式、机械回零、手轮方式、单步方式、手动方式、程序回零
自动方式选择键		进入自动操作方式	录入方式、编辑方式、机械回零、手轮方式、单步方式、手动方式、程序回零
录入方式选择键		进入录入(MDI)操作方式	自动方式、编辑方式、机械回零、手轮方式、单步方式、手动方式、程序回零
机械回零方式选择键		进入机械回零操作方式	自动方式、录入方式、编辑方式、手轮方式、单步方式、手动方式、程序回零
单步/手轮方式选择键		进入单步或手轮操作方式（两种操作方式由参数选择其一）	自动方式、录入方式、编辑方式、机械回零、手动方式、程序回零
手动方式选择键		进入手动操作方式	自动方式、录入方式、编辑方式、机械回零、手轮方式、单步方式、程序回零
程序回零方式选择键		进入程序回零操作方式	自动方式、录入方式、编辑方式、机械回零、手轮方式、单步方式、手动方式

知识链接

全球十大数控机床系统

1.日本的 Fanuc 系统

日本发那科公司(FANUC)是当今世界上数控系统科研、设计、制造、销售实力最强大的企业。

2.德国西门子数控系统

SIEMENS 公司 CNC 装置主要有 SINUMERIK3/8/810/820/850/880/805/802/840 系列。

3.日本三菱数控系统

工业中常用的三菱数控系统有 M700V 系列；M70V 系列；M70 系列；M60S 系列；E68 系列；E60 系列；C6 系列；C64 系列；C70 系列。

4.德国海德汉数控系统

Heidenhain 的 iTNC 530 控制系统是适合铣床、加工中心或需要优化刀具轨迹控制之加工过程的通用性控制系统,属于高端数控系统。

5.德国力士乐数控系统

6.法国 NUM 数控系统

7.西班牙 FAGOR 数控系统

8.日本 MAZAK 数控系统

9.华中数控

华中数控具有自主知识产权的数控装置形成了高、中、低 3 个档次的系列产品,研制了华中 8 型系列高档数控系统新产品。

10.广州数控

课堂测试

一、选择题

1.在程序自动运行时,按下控制面板上的"( )"按钮,自动运行暂停。

    A.进给保持   B.电源   C.伺服   D.循环

2.在数控机床的操作面板上,ZERO 表示( )。

    A.手动进给   B.主轴   C.回零点   D.手轮进给

3.在数控机床的操作面板上"HANDLE"表示( )。

    A.手动进给   B.主轴   C.回零点   D.手轮进给

4.程序输入过程中要删除一个字符,则需要按( )键。

    A.RESET   B.HELP   C.INPUT   D.CAN

5.在( )操作方式下方可对机床参数进行修改。

    A.JOG   B.MDI   C.EDIT   D.AUTO

6.自动运行过程中,按"进给保持按钮",车床刀架运动暂停,循环启动灯灭,"进给( )"灯亮,"循环启动按钮"可以解除保持,使车床继续工作。

    A.准备   B.保持   C.复位   D.显示

7.Position 可翻译为( )。

    A.位置   B.坐标   C.程序   D.原点

8.目前,数控编程广泛采用的程序段格式是( )。

    A.EIA   B.ISO   C.ASCII   D.3B

9.程序段号的作用之一是( )。

    A.便于对指令进行校对、检索、修改   B.解释指令的含义

    C.确定坐标值   D.确定刀具的补偿量

10.以下关于非模态指令( )是正确的。

    A.一经指定一直有效   B.在同组 G 代码出现之前一直有效

    C.只在本程序段有效   D.视具体情况而定

二、判断题

1.进给保持按钮对自动方式下的机床运行状态没有影响。 （　　）

2.数控机床的程序保护开关处于 ON 位置时,不能对程序进行编辑。 （　　）

3.删除某一程序字时,先将光标移至需修改的程序字上,按"Delete"。 （　　）

任务 3.2　数控车床的基本操作

学习目标

表 3-2-1　技能训练

任务描述	教师对数控车床进行开关机、回零、手动、手脉进给、试切法对刀操作的演示和讲解,帮助学生认识机床的基本操作;通过完成本次任务所设计的操作内容,学生掌握和熟悉数控车床的基本操作方法。
知识目标	(1)掌握数控车床正确的开、关机方法; (2)掌握数控车床各坐标轴回原点的操作方法,如图 3-2-1 所示;  图 3-2-1　数控车床加工 (3)掌握数控车床的手动和手脉进给操作; (4)掌握数控车试切法对刀的操作方法。
技能目标	(1)学会数控车床的进给操作方法; (2)能正确选择坐标方向和正确选择进给速度; (3)能够独立完成对刀操作。
任务内容	(1)练习操作数控车床的开、关机; (2)练习操作手动和脉冲方式移动机床主轴和工作台; (3)练习和操作手动和 MDI 方式起、停主轴; (4)练习操作试切法的对刀方式。
任务准备	数控车床。

一、数控机床基本操作的基本知识

1.回零操作

对于使用增量式反馈元件的数控车床,断电后数控系统就失去对参考点的记忆,因此接通数控系统电源后必须执行回参考点的操作。另外,机床解除紧急停止和超程报警信号后,也必须重新进行返回机床参考点的操作。

2.机床坐标系和工件坐标系

(1)机床坐标系

由机床生产厂家规定的,以机床某一固定点为坐标原点而建立的坐标系称为机床坐标系。按 JB 3051—82 的规定,车床主轴中心线为 Z 轴,垂直于 Z 轴的为 X 轴,车刀远离工件的方向为两轴的正方向,如图 3-2-2 所示。

机床原点(机床零点)一般定在主轴中心线(即 Z 轴)和主轴安装夹盘面的交点上,如图 3-2-3 所示。

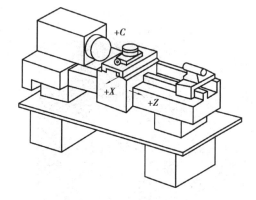

图 3-2-2 机床坐标系方向

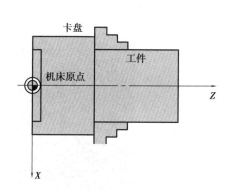

图 3-2-3 机床原点

数控装置通电时并不知道机床原点,为了在机床工作时正确建立机床坐标系,通常在每个坐标轴的移动范围内设置一个机床参考点(测量起点),机床启动时,首先要进行机动或手动的回参考点(图 3-2-4),以建立机床坐标系。机床原点实际上是通过返回(或称寻找)机床参考点来确定的(图 3-2-5)。

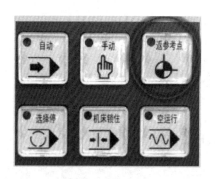

图 3-2-4 返回参考点界面

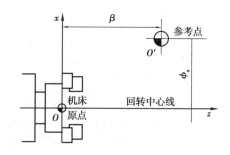

图 3-2-5 机床坐标系

(2)工件坐标系

用户确定的编制加工程序的基准点(零点)称为工件原点(图 3-2-6)。数控车床的工件原点一般定为零件精加工右端面与轴心线的交处。以工件原点为原点所构成的坐标系称为工件坐标系。工件坐标系的 X 和 Z 坐标轴与机床坐标系的 X 和 Z 坐标轴平行且方向相同(图 3-2-7)。

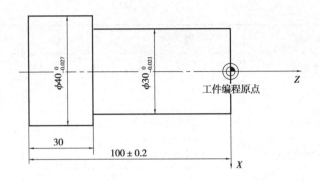

图 3-2-6　工件原点

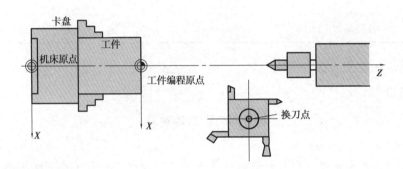

图 3-2-7　工件坐标系

（3）对刀的方法

对刀的作用是找到工件坐标系与机床坐标系之间的关系。数控车削加工中,应首先确定零件的加工原点,以建立准确的加工坐标系,同时考虑刀具的不同尺寸对加工的影响。这些都需要通过对刀来解决,对刀的方法有试切法对刀、机外对刀、自动对刀(图 3-2-8、图 3-2-9、图 3-2-10)。

图 3-2-8　试切法对刀

图 3-2-9　机外对刀

图 3-2-10　自动对刀

二、操作过程

表 3-2-2　工作准备

序　号	名　　称	规　格	单　位	数　量
1	三爪卡盘	自定心	个	1
2	卡盘扳手		副	1

续表

序　号	名　称	规　　格	单　位	数　　量
3	刀架扳手		副	1
4	垫铁		块	若干
5	棒料	$\phi 45 \times 80$	条	1
6	游标卡尺	$0 \sim 150$ mm	把	1
7	加力棒		把	1
8	铜棒		条	1
9	外圆车刀		把	1

知识链接

机外对刀和自动对刀

1.机外对刀

机外对刀的本质是测量出刀具假想刀尖点到刀具台基准之间 X 及 Z 方向的距离。利用机外对刀仪可将刀具预先在机床外校对好,以便装上机床后将对刀长度输入相应刀具补偿号即可以使用,如图1所示。

2.自动对刀

自动对刀是通过刀尖检测系统实现的,刀尖以设定的速度向接触式传感器接近,当刀尖与传感器接触并发出信号,数控系统立即记下该瞬间的坐标值,并自动修正刀具补偿值。自动对刀过程如图2所示。

图1　机外对刀

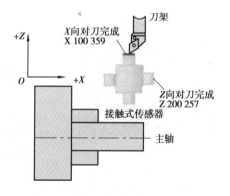

图2　自动对刀

1.数控车床开、关机操作步骤

（1）开机步骤

①按下机床电源按钮〇。

②按下系统开关按钮〇。

③开启急停按钮●（顺时针旋转急停按钮,使其弹起）。

系统完成自检、初始化时如图 3-2-11 所示,系统完成自检、初始化后,显示相对坐标界面,如图 3-2-12 所示。

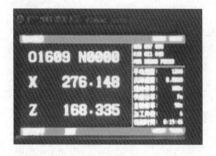

图 3-2-11　系统自检、初始化界面　　　　　图 3-2-12　相对坐标界面

（2）关机步骤

①确认 CNC 的 X、Z 轴是否处于停止状态,辅助功能（如主轴、水泵等）是否关闭。

②切断 CNC 电源。

③切断机床电源。

2.回零操作

①按回机床零点键。

②按+X 键,按+Z 键,X、Z 轴分别回机床参考点（机床在回零的过程中沿着机床参考点方向移动,最后回到机床原点后,停止移动。回零结束指示灯亮 $X\bigcirc\ Y\bigcirc\ Z\bigcirc$ 4th$\bigcirc$,机床完成机床回零后界面如图 3-2-13、图 3-2-14 所示。）

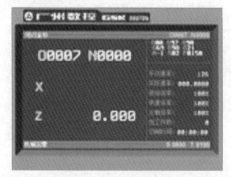

图 3-2-13　X 轴回零　　　　　　　　　图 3-2-14　Z 轴回零

3.手动操作

（1）手动进给操作

①按下手动键 指示灯亮，系统进入手动进给模式。

②X轴移动。先按住 适当时间后松开手，再按住 适当时间松开手；按下 快速移动键，再重复前面操作。

③Z轴移动。先按住 适当时间后松开手，再按住 适当时间松开手；按下 快速移动键再重复前面操作。

④切换不同的进给速度倍率按键调整。再重复②、③步。

小提示

在操作的过程中，紧密观察刀架移动的情况，不要让刀架撞上卡盘或者移动到机床的极限位置，发现速度很快、感觉有危险的时候，及时松开手。

（2）主轴控制操作

手动操作时要使主轴启动，必须首先用录入方式设定主轴转速。按 键，按 键，通过 键，找到"MDI状态"，按 ，再按 键，最后按键 。

①按下主轴正转 键，此时主轴在正转的状态。

②按下主轴停止 键，等待主轴完全停止转动。

③按下主轴反转 键，此时主轴在反转的状态。

④按下主轴停止 键。按调节主轴倍率键对主轴转速进行倍率修调。

（3）刀架转位操作

在手动操作方式下，重复按四次刀架选择 键，回转刀架按顺序依次换刀。

4.手脉进给操作

①按下手脉方式按 键，若指示灯亮，系统进入手脉进给操作模式。

②调节手脉进给倍率，选择合适的倍率。

③按下 键，顺时针旋转手摇脉冲发生器 ，再逆时针旋转手摇脉冲发生器，将手

摇脉冲发生器旋转 360°,机床移动距离相当于 100 个刻度的距离。

④按下键  ,顺时针旋转手摇脉冲发生器,再逆时针旋转手摇脉冲发生器。

5.试切法对刀操作

(1)夹持工件,把相应的刀具切换到工作位置。

(2)在手动操作方式下,启动主轴,用当前刀具在加工余量范围内试切工件外圆,车的长度必须能够方便测量,X 轴不要移动,沿 Z 轴的正方向退出来,停主轴(图 3-2-15)。

图 3-2-15　试切外圆

(3)用游标卡尺测量所车的外圆尺寸 Xa(图 3-2-16)。

(4)按"OFS/SET"键,按 CRT 屏下"刀偏"软键(图 3-2-17)。

图 3-2-16　测量外圆

图 3-2-17　刀偏界面

(5)按 CRT 屏下的软键"形状"(图 3-2-18)。

(6)将光标移到与刀具号相对应的位置后,输入"Xa"(图 3-3-19),按 CRT 屏下的软键"测量",在对应的刀补位上生成对应刀补值。

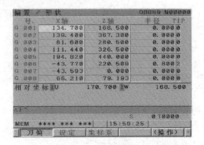

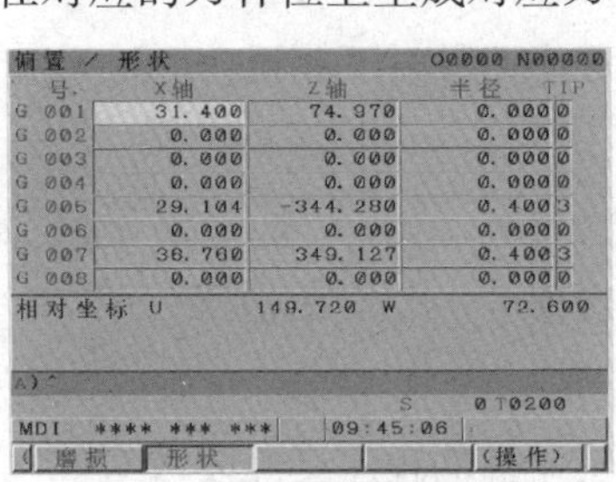

图 3-2-18　偏置/形状界面

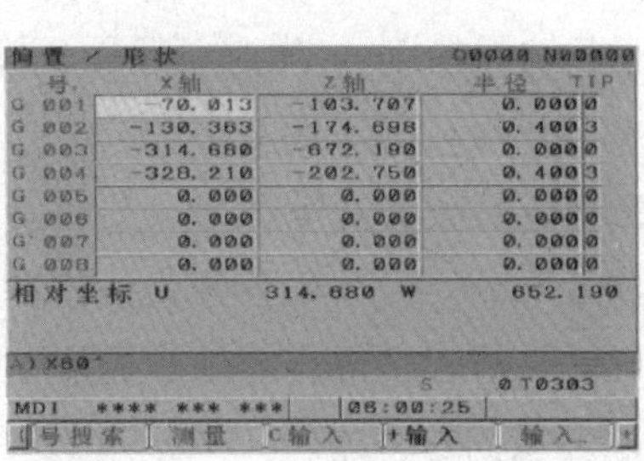

图 3-2-19　输入"Xa"测量值

(7)在手动方式下,再用该把刀去车工件端面,车平端面后,沿 X 正方向退出来,Z 方向不动,停主轴(图 3-2-20)。

图 3-2-20　试切端面

图 3-2-21　输入"Z0"测量值

(8)按"OFS/SET"键,进入"形状"补偿设定界面,将光标移到与刀位号相对应的位置后,输入"Z0",按 CRT 屏下的软键"测量",在对应的刀补位上生成准确的刀补值(图 3-2-21)。

> **小提示**
>
> **模拟作图**
>
> (1)模拟作图状态下,为保障设备及人身安全,必须先按下"机床锁定""MST 辅助锁""空运行"等按钮。
>
> (2)模拟作之后,必须要进行对刀操作,切记!
>
> (3)其他相关操作可查阅《GSK980TD 车床数控系统使用手册》。

课堂测试

一、选择题

1.工件坐标系原点称为(　　)。

　　A.机床原点　　　　B.工作原点　　　　C.坐标原点　　　　D.初始原点

2.绝对坐标编程时,移动指令点的坐标值 X、Z 都是以(　　)为基准计算。

　　A.工件坐标系原点　　　　　　　　B.机床坐标系原点

　　C.机床参考点　　　　　　　　　　D.此程序段起点的坐标值

3.机床各轴回零点后,为避免超程,手动沿 X 方向移动刀具时不能再向(　　)方向移动。

　　A.$X+$　　　　　　B.$X-$　　　　　　C.$Z+$　　　　　　D.$Z-$

4.机床通电后应首先检查(　　)是否正确。

　　A.机床导轨　　　B.各开关按钮和键　　　C.工作台面　　　D.护罩

5.以下(　　)不是进行零件数控加工的条件。

　　A.已经返回参考点　　　　　　　　B.待加工零件的程序已经装入 CNC

　　C. 空运行　　　　　　　　　　　　D. 已经设定了必要的补偿值

二、判断题

1. 数控机床的开机,关机顺序,一定要按照机床说明书的规定操作。　　　　（　　）

2. 数控车床编程原点可以设定在主轴端面中心和工件端面中心处。　　　　（　　）

3. 机床的操练、调整和修理应由有经验或受过专门训练的人员进行。　　　　（　　）

4. 工件原点设定的依据是,符合图样尺寸标注习惯,又要便于编程。　　　　（　　）

三、简答题

什么情况下应进行返回参考点操作? 简述数控车床的开、关机的基本操作步骤。

任务 3.3 刀具、工件的装夹与对刀操作

学习目标

表 3-3-1 技能训练

任务描述	教师向学生介绍车床刀具及装夹和工件装夹的基础知识,教师现场演示外圆车刀的装夹,三爪卡盘对圆柱零件的装夹,学生根据教师的演示,自己动手,独立完成操作。
知识目标	(1)掌握车床刀具的基础知识; (2)掌握工件装夹的夹具类型、装夹方法,如图 3-3-1 所示。  图 3-3-1 三爪卡盘和刀架
技能目标	(1)能正确装夹工件和刀具; (2)正确掌握使用游标卡尺。
任务内容	观看教师示范,独立完成操作。

一、数控刀及其装夹的基本知识

1.外圆车刀

外圆车刀主要用于车削外回转面。根据刀刃的位置外圆车刀分为左手偏刀、右手偏刀及刀尖,这些刀具或刀片还有主偏角、副偏角、前角、后角、刃倾角等参数变化以及断削槽的不同形状。这些参数是由被加工材料机械性能和粗、精加工及加工表面形状决定的。

2.工件的安装基本知识

1)工件安装

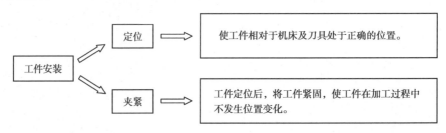

知识链接

六点定位原理

六点定位原理是指工件在空间具有 6 个自由度,即沿 X、Y、Z 3 个直角坐标轴方向的移动自由度和绕这 3 个坐标轴的转动自由度。因此,要完全确定工件的位置,就必须消除这 6 个自由度,通常用 6 个支承点(即定位元件)来限制工件的 6 个自由度,其中每一个支承点限制相应的一个自由度。

工件定位:

1) 完全定位

工件的 6 个自由度全部被夹具中的定位元件所限制,而在夹具中占有完全确定的唯一位置,称为完全定位。

2)不完全定位

根据工件加工表面的不同加工要求,定位支承点的数目可以少于 6 个,这种定位情况称为不完全定位。不完全定位是允许的。

3)欠定位

按照加工要求应该限制的自由度没有被限制的定位称为欠定位。欠定位是不允许的。

4)过定位

工件的一个或几个自由度被不同的定位元件重复限制的定位称为过定位。当过定位导致工件或定位元件变形,影响加工精度时,应该严禁采用。但当过定位并不影响加工精度,反而对提高加工精度有利时,也可以采用。各类钳加工和机加工都会用到。

2)夹具类型

在数控车床上用于装夹零件的装置称为车床夹具。车床夹具可分为通用夹具和专用夹具两大类。通用夹具是指能够装夹两种或两种以上零件的夹具,如车床上的三爪卡盘、四爪卡盘、弹簧卡套和通用心轴等。专用夹具是专门为加工某一特定零件的某一工序而设计的夹具。车床夹具安装在车床主轴上,带动零件一起随主轴旋转。

(1)三爪卡盘

三爪卡盘是一种常用的自动定心夹具,3 个卡爪可同时移动,自动定心,装夹迅速、方便,如图 3-3-2 所示。三爪卡盘适用于装夹轴类、盘套类零件,用于装夹零件的长径比小于 4,截面为圆形、小型零件,如图 3-3-3 所示。

图 3-3-2   三爪卡盘

图 3-3-3   圆形棒料

（2）四爪卡盘

四爪卡盘的 4 个卡爪是各自独立移动的,通过调整零件夹持部位在车床主轴上的位置,使零件加工表面的回转中心与车床主轴的回转中心重合,如图 3-3-4 所示。四爪卡盘适用于外形不规则、非圆柱体、偏心及位置与尺寸精度要求高的零件。用于装夹零件的长径比小于4,偏心距较小,截面为方形、椭圆形的较大、较重的零件,如图 3-3-5 所示。

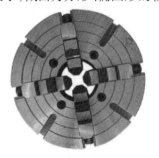

图 3-3-4　四爪卡盘　　　　　　　图 3-3-5　正六边形棒料

（3）花盘

花盘与其他车床附件配合使用,适用于外形不规则,偏心及需要端面定位夹紧的零件,如图 3-3-6 所示。

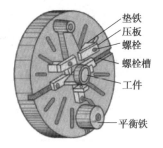

垫铁
压板
螺栓
螺栓槽
工件
平衡铁

图 3-3-6　花盘

二、工作任务

任务描述:用三爪卡盘装夹工件,并完成外圆车刀的装夹。

1.工、量具和刀具的选用

表 3-3-2　工、量具和刀具选用

序　号	名　称	规　格	单　位	数　量
1	三爪卡盘	自定心	个	1
2	卡盘扳手		副	1
3	刀架扳手		副	1
4	垫铁		块	若干

序　号	名　称	规　格	单　位	数　量
5	棒料	Φ45×80	条	1
6	外圆车刀		把	1
7	加力棒		把	1

2.外圆车刀的装夹步骤

（1）把刀架转到合适的位置后清理干净,保持与刀具接触面无异物。

（2）用刀架扳手拧松刀架上的螺钉,直至可以放入刀柄。

（3）把外圆车刀放进刀架里面,伸出适当的长度。

（4）用刀架扳手拧紧刀架上的螺钉,固定刀具。

（5）把尾座往前推,直至尾座顶尖在刀尖的位置,观察尾座顶尖和刀尖是否等高。如不等高,用刀架扳手把螺钉放松,在刀具的下表面放入适当数量的垫铁,重新拧紧螺钉,再观察尾座顶尖和刀尖是否等高,如此反复,直至尾座顶尖和刀尖等高为止,刀具的装夹完成(图 3-3-7)。

图 3-3-7　使用尾座顶尖对中心高

3.装夹刀具的注意事项

（1）车刀伸出刀架的长度要适当。

车刀安装在刀架上,一般伸出刀架的长度为刀杆厚度的 1~1.5 倍,不宜过长,伸出过长会使刀杆刚性变差,切削时易产生振动(图 3-3-8、图 3-3-9)。

图 3-3-8　刀具长度错误装夹

图 3-3-9　刀具长度正确装夹

（2）数控车床车刀垫铁要平整，数量越少越好，而且垫铁应与刀架对齐，以防产生振动（图3-3-10、图3-3-11）。

图 3-3-10　垫铁错误放置　　　　　　　　　图 3-3-11　垫铁正确放置

（3）数控车床车刀至少要用两个螺钉压紧在刀架上，并轮流逐个拧紧，拧紧力量要适当。

（4）数控车床车刀刀杆中心线应与进给方向垂直，否则会使主偏角和副偏角的数值发生变化（图3-3-12、图3-3-13）。

图 3-3-12　刀杆方向错误　　　　　　　　　图 3-3-13　刀杆方向正确

4.三爪卡盘装夹工件的步骤

（1）将托板移动，远离卡盘。

（2）张开卡盘盘口。将卡盘扳手放入卡盘调节孔内，逆时转动，使卡盘盘口张开，直至张开后的盘口比棒料的外径大（图3-3-14）。

图 3-3-14　张开卡盘盘口

（3）装入工件,并轻微锁紧。

（4）调整工件。左手转动卡盘,右手拿铜棒敲击工件。直至工件在转动时无明显晃动为止(图3-3-15)。

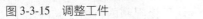
图3-3-15　调整工件　　　　　　　　　　　图3-3-16　加力棒锁紧工件

（5）使用加力棒锁紧工件。将加力棒套在卡盘扳手手柄上,用加力棒锁紧卡盘,工件装夹完毕(图3-3-16)。

小提示

1.夹紧:防止工件飞出。

2.定位:防止工件轴向转动。

3.不损伤工件。

课堂测试

一、选择题

1.(　　)是一种以内孔为基准装夹达到相对位置精准的装夹方法。

　　A.一夹一顶　　　　B.两顶尖　　　　　　C.平口钳　　　　　　　D.心轴

2.用三爪卡盘夹持轴类零件,车削加工内孔出现锥,其原因可能是(　　)。

　　A.夹紧力太大,工件变形　　　　　　B.刀具已经磨损

　　C.工件没有找正　　　　　　　　　　D.切削用量不当

3.工件夹紧要牢固、可靠,并保证工件在加工时(　　)不变。

　　A.尺寸　　　　　　B.定位　　　　　　　C.位置　　　　　　　　D.间隙

4.对于较长的或必须经过多次装夹才能加工且切位置精度要求较高的轴类工件,可采用方法(　　)安装。

　　A.一夹一顶　　　　B.两顶尖　　　　　　C.三爪卡盘　　　　　　D.四爪卡盘

5.装夹工件时应考虑(　　)。

　　A.专用夹具　　　　　　　　　　　　B.组合夹具

　　C.夹紧力靠近支撑点　　　　　　　　D.夹紧力不变

6.工件的6个自由度全部被限制,它在夹具中只有唯一的位置,称为(　　)。

A.6 个部分定位 B.六点定位

C.重复定位 D.六点欠定位

7.数控车床液动卡盘夹紧力的大小靠(　　)调整。

　A.变量泵　　　　B.溢流阀　　　　C.换向阀　　　　D.减压阀

8.手动使用夹具装夹造成工件尺寸一致性差的主要原因是(　　)。

　A.夹具制造误差 B.夹紧力一致性差

　C.热变形 D.工件余量不同

9.用心轴对有较长长度的孔进行定位时,可以限制工件的(　　)自由度。

　A.2 个移动、2 个转动 B.3 个移动、1 个转动

　C.2 个移动、1 个转动 D.1 个移动、2 个转动

10.下列关于欠定位叙述正确的是(　　)。

　A.没有限制全部 6 个自由度 B.限制的自由度大于 6 个

　C.应该限制的自由度没有被限制 D.不该限制的自由度被限制了

二、判断题

1.在三爪卡盘上车削偏心工件,垫片厚度的近似计算公式是 $x=1.5e$。　　　(　　)

2.数控加工对夹具尽量采用机械、电动、气动方式。　　　(　　)

三、简答题

常用装夹工件的方法有哪些? 简述它们分别适用于哪些场合?

任务 3.4　数控车床日常维护和保养

学习目标

表 3-4-1　技能训练

任务描述	教师通过讲解数控车床维护保养作业常规内容,帮助学生建立企业对数控车床日常维护和保养的规范行为;通过示范,带领学生熟悉掌握数控车床的日常维护与保养作业内容。
知识目标	掌握数控车床日常维护及保养的意义和保养。
技能目标	熟记数控车床日常维护及保养内容、要求,并正确实施,如图 3-4-1 所示。  图 3-4-1　数控车床
任务内容	学习数控车床的维护与保养知识,并且在生产过程中熟练运用。
任务准备	数控车床。

　　为了使数控车床保持良好的工作状态,保证稳定的加工质量,防止和减少故障发生,坚持定期检查和经常维护保养是十分重要的。不同型号的数控车床日常保养内容和要求不完全一样,对于具体的机床,应按其说明书中的规定执行。

　　常规的日常维护保养工作按表 3-4-2 进行。

表 3-4-2　操作人员日常的维护保养工作

序号	检查周期	检查部位	图　例	检查内容
1		外观清洁保养		①下班后,擦净机床表面,机台外观保持清洁,清理导轨、刀架、尾架等部位全部切屑、冷却液及脏物; ②所有的加工面抹上机油或防锈油防锈; ③检查机床内外有无磕、碰、拉伤现象; ④保持工位整洁,清除垃圾。
2	每天	润滑系统（导轨、主轴等）		①润滑泵是否正常工作,是否定时启动打油及停止; ②油箱油量是否足够,油质是否良好; ③每天使用前手动打油润滑; ④有无泄漏。
3		散热系统		①电气柜冷却风扇工作是否正常,过滤器有无堵塞; ②及时清洗过滤网/过滤器。
4		液压系统		①工作是否正常,油压泵有无噪声; ②压力表读数是否正常; ③油面是否正常,有无泄漏。

续表

序号	检查周期	检查部位	图　例	检查内容
5	每天	冷却系统		①冷却液是否足够,及时添加油或水; ②油、水脏时要及时更换清洗; ③检查有无泄漏。
6		数控系统		①留意与汇报各类提示与报警信息; ②网络连接线路、各按键、各指示灯是否正常。
7		防护装置		导轨、机床防护罩是否齐全有效。
8		气压系统		①气动控制系统压力是否在正常范围内; ②及时清理气源自动分水滤气器中滤出的水,保证自动空气干燥器工作正常。

续表

序号	检查周期	检查部位	图 例	检查内容
9	每周	各电气柜过滤网		清洗黏附的尘土。
10		排屑机		检查有无卡住现象。

除日常工作外,还需定期完成月检、季检、年检工作,主要工作内容包括如表3-4-3所示。

知识链接

设备日常维护"十字作业"方针:清洁、润滑、紧固、调整、防腐。

(1)清洁:不只是表面,要将犄角旮旯清扫干净,让设备、工装的磨损、噪声、松动、变形、渗漏等缺陷暴露出来,及时排除。

(2)润滑:少油、缺脂造成润滑不良,使设备运转不正常,部分零件过度磨损、温度过高造成硬度、耐磨性减低,甚至形成热疲劳和晶粒粗大的损坏。应定时、定量、定质,及时加油、加脂。

(3)紧固:紧固螺栓、螺母,避免部件松动、振动、滑动、脱落而造成的故障。

(4)调整:对温度、位置、压力、速度、流量、松紧、间隙等。

(5)防腐:通过隔离等方法,防止工况及环境对设备的腐蚀。

表 3-4-3 操作人员不定期维护保养工作

序号	检查周期	检查部位	检查内容
1	不定期	冷却液箱	随时检查液面高度,及时添加冷却液,太脏应及时更换。
2	半年	检查主轴驱动皮带	按说明书要求调整皮带松紧程度。

续表

序号	检查周期	检查部位	检查内容
3	半年	各轴导轨上镶条,压紧滚轮	按说明书要求调整松紧状态。
4	一年	检查和更换电机碳刷	检查换向器表面,去除毛刺,吹净碳粉,磨损过多的碳刷及时更换。
5	一年	液压油路	清洗溢流阀、减压阀、滤油器、油箱,过滤液压油或更换。
6	一年	主轴润滑恒温油箱	清洗过滤器,油箱,更换润滑油。
7	一年	冷却油泵过滤器	清洗冷却油池,更换过滤器。

(1)定期检查保养机械系统,保持运动精度,如滚珠丝杆的润滑和运动性能、导轨镶条调节与保持、主轴润滑和转动性能等。

(2)定期检查保养油路系统(润滑、液压、冷却等),如各类阀和过滤器的清洗、油路通断的控制灵敏度等。

(3)定期检查保养电气系统,如电源回路的检查维护、主轴主回路和控制回路的检查维护、进给主回路和控制回路的检查维护、PLC 辅助回路的检查维护等。

(4)数控装置及系统参数的维护。

小提示

1.机床长期不用时要定时通电,一周通电至少 1 次,每次通电至少 1 h。

2.机器在停机 12 h 以上要先暖机。

课堂测试

一、选择题

1.油量不足可能是造成(　　)现象的因素之一。

　　A.油量过高　　　　B.油泵不喷油　　　　C.油量过低　　　　D.压力表损坏

2.能防止漏气、漏水是润滑剂的作用之一的是(　　)。

　　A.密封作用　　　　B.防锈作用　　　　C.洗涤作用　　　　D.润滑作用

3.数控机床较长期闲置时最重要的是对机床定时(　　)。

　　A.清洁除尘　　　　　　　　　　B.加注润滑油

　　C.给系统通电防潮　　　　　　　D.更换电池

4.机床移动零件必须(　　)检查。

　　A.每两年　　　　B.每周　　　　C.每月　　　　D.每三年

5.数控机床应当(　　)检查切削液、润滑液的油量是否充足。

　　A.每日　　　　B.每周　　　　C.每月　　　　D.一年

6.机床通电后应首先检查(   )是否正确。

  A.机床导轨   B.各开关按钮和键

  C.工作台面   D.护罩

7.数控机床定位精度超差是(   )导致的。

  A.软件故障   B.弱点故障

  C.随机故障   D.机床品质下降引起的故障

8.润滑用的(   )主要性能是不易溶于水,但熔点低,耐热能力差。

  A.钠基润滑脂 B.钙基润滑脂   C.锂基润滑脂   D.石墨润滑脂

二、判断题

1.初期故障期的故障主要是因人工操作不习惯、维护不好、操作失误造成的。 (   )

2.数控装置内落入了灰尘和金属粉末,则容易造成元器件间决绝缘电阻下降,从而导致故障的出现和元件损坏。 (   )

3.操作工要做好车床清扫工作,保持清洁。认真执行交接班手续,做好交接班记录。

  (   )

4.电动机出现不正常现象时应及时切断电源,排除故障。 (   )

三、简答题

数控机床日常维护保养中每天要完成的项目有哪些?

项目 4

数控车削编程基础

任务 4.1 数控程序的组成与格式

学习目标

表 4-1-1 技能训练

任务描述	教师通过背景知识的讲解,帮助学生认识数控加工程序组成与格式;通过完成本任务所设定的内容使学生掌握数控系统的编程程序格式。
知识目标	(1)掌握数控车床编程的内容、方法; (2)掌握数控编程中程序的构成和常用程序段格式。
技能目标	能灵活运用所学的编程知识,如图 4-1-1 所示。 图 4-1-1 零件图纸
任务内容	听教师对程序的结构与格式的讲解。
任务准备	数控车床。

一、程序的构成

一个零件程序是一组被传送到数控装置中去的指令和数据。

一个零件程序是由遵循一定结构、句法和格式规则的若干个程序段组成的,而每个程序段是由若干指令字组成的。任何数控机床加工的一个完整程序一般由程序号、程序内容和程序结束三部分组成,如图 4-1-2 所示。

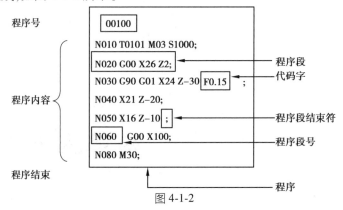

图 4-1-2

1.程序号

程序号用作加工程序的开始标识。每个工件加工程序都有自己专用的程序号。不同的数控系统,程序号地址码也不相同,常用的有%、P、O 等符号,编程时一定要按照系统说明书的规定去指定,FANUC 系列数控系统中,程序编号地址是用英文字母"O"表示;SIEMENS 系列的数控系统中,程序编号地址是用英文字母"%"表示;如写成%8、P10、O0001 等形式,否则系统不识别。

2.程序内容

程序内容由加工顺序、刀具的各种运动轨迹和各种辅助动作的若干个程序段组成。

(1)控制机床工作状态部分一般由程序前面几个程序段组成,完成刀具及补偿、主轴旋转方向、切削速度、进给速度选择、确认刀具切入工件的方式和位置、选择是否开冷却液等。

(2)控制刀具的运动轨迹部分是根据加工过程,用若干程序段描述刀具完成加工工件几何轮廓的运动轨迹。

3.程序结束

当切削加工完成后,应控制刀具安全退到指定位置,控制车床主轴的工作状态、确定程序结束的方式。

知识链接

1.程序段选跳符

如在执行程序时不想执行某一程序段(又不想删除该程序段),就在该程序段前插入"/"号,并打开程序段选跳开关。程序执行时此程序段将被跳过、不执行。如果程序段选跳开关未打开,即使程序段前有"/",该程序段仍会被执行。

2.程序注释

为方便用户查找程序,每个程序可编辑不超过 20 个字符(10 个汉字)的程序注释,程序注释位于程序名之后的括号内,在 CNC 上只能用英文字母和数字编辑程序注释;在 PC 机上可用中文编辑程序注释,程序下载至 CNC 后,CNC 可以显示中文程序注释。

二、程序指令字的格式

在上面介绍中,每一行程序即为一个程序段,用";"号分开。程序段中包括刀具指令、车床状态指令、车床坐标值运动方向(刀具运动轨迹)指令等各种信息代码。完整的程序段格式为:

N_	G_	X_Y_Z_	F_S_T_	M_
程序段号	准备功能	运动坐标	工艺性指令	辅助功能

每个程序段的开头是程序段号,一字母 N 跟 4 位(有的数控系统不要 4 位)数字组成;接着是准备功能指令,由 G 和两位数字组成;再接着是运动坐标;在工艺指令中,F 指令代表进给速度,S 指令代表主轴转速,T 指令代表刀具号。并非是所有的程序段都写成完整的形式。程序段通常具有以下特点:

1.程序长度可变

例如

N1 T0101 S1000;

N2 G00 Z100;

⋮

N6 G41 G01 X30 Z5 M08;

上述 N1、N2 程序段中仅由两个字构成,N6 程序段却由 5 个字组成,即这种格式输出的各个程序段长度是可变的。

2.不同组的代码在同一程序段内可同时使用

例如,1 中 N6 程序段中的 G41、G01 代码,由于其含义不同,可在同一程序段内使用。

3.不需要的或与上一段程序相同功能的字可省略不写

O0001	O0002
N1 G00 Z100;	N1 G00 Z100;
N2 T0101;	N2 T0101;
N3 M03 S1000;	N3 M03 S1000;
N4 G00 X50 Z2;	N4 G00 X50 Z2;
N5 G01 Z-10 F0.2;	N5 G01 Z-10 F0.2;
N6 G01 X100;	N6 X100;
N7 G01 X100 Z-40;	N7 Z-40;
N8 G01 X0 Z-40;	N8 X0 ;

程序 O0001 和 O0002 两个程序段是等效的,对这两个程序,O0001 中的 N5 程序段已经给出 G01 指令,而后面各段也执行 G01 指令,故在 N6 到 N8 程序中可省略 G01,如程序 O0002。

同样 N2 程序段中的 T0101,N3 程序段中的 S1000,N5 程序段中的 F0.2,在下面的程序段中都是指 1 号刀具,主轴转速 1 000 r/min 及进给量 0.2 mm/r 都不需要改变,可省略指定。

三、程序字的功能类别

工件加工程序是由程序段组成的,每个程序段是由若干个程序字组成的,每个字是数控系统的具体指令,它是由表示地址的英语字母(表示该字的功能)、特殊文字和数字集合而成。

1.程序指令字的格式

一个指令字是由地址符和跟在地址后面的若干个数字组成(在数字前缀以符号"+""-")。例如,G17、T0101、X318.503、Y-170.891。

2.字的分类

程序中不同的指令字符及其后的数据确立了每个指令字符的含义。根据各种数控装置的特性,程序字可以分为尺寸字和非尺寸字两种。非尺寸字符如表4-1-2所示,尺寸字符如表4-1-3所示。

表4-1-2　非尺寸字符一览表

功　能	指令字符	意　义
程序号	O	程序编号(0~9999)
程序段顺序号	N	程序段顺序号(N0~N…)
准备功能	G	指令动作方式(如直线、圆弧等)
进给功能	F	进给速度制定
主轴功能	S	主轴转速指定
刀具功能	T	刀具编号选择
辅助功能	M	机床开、关及相关控制
暂停	P,x	暂停时间指定
子程序号指定	P	子程序号指定
重复次数	L	子程序的重复次数
参数	P,Q,R,U,W,I,K,C,A	车削复合循环参数
倒角控制	C,R	自动倒角参数

表4-1-3　尺寸字符一览表

功　能	指令字符	意　义
尺寸字	X,Y,Z,D,V,W,A,B,C	坐标轴的移动
	R	圆弧半径、固定循环的参数
	I,J,K	圆心坐标

3.主要程序字的编程含义

(1)S——主轴转速。S主轴功能也称主轴转速功能。S代码后的数值为主轴转速,常用为整数,单位为转速单位(r/min)。

（2）T——刀具功能。T 代码用于选择刀具库中的刀具,其编程格式,其编程格式因数控系统不同而异。主要格式由地址功能码 T 和其后面的若干数字组成。例如:T0101 表示选择第 2 号刀,2 号偏置量。T0300 表示选择第 3 号刀,刀具偏置取消。

（3）F——进给功能。F 代码后面的数值表示刀具的运动速度,单位为 mm/min 或 mm/r,数控车床上常用 mm/r,如 F0.2,表示工件每转一周,刀具向前进给 0.2 mm。

> **小提示**
> 1.程序号写在程序的最前面,并且单列一行。
> 2.在同一数控机床中,程序号不可以重复使用。

课堂测试

一、选择题

1.手工建立新的程序时,必须最先输入的是(　　)。
　A.程序段号　　　　　　　　　　B.刀具号
　C.程序名　　　　　　　　　　　D.G 代码

2.常用地址符(　　)对应的功能是指令主轴转速。
　A.S　　　　　B.R　　　　　C.T　　　　　D.Y

3.程序段号的作用之一是(　　)。
　A.便于对指令进行校对、检索、修改　　B.解释指令的含义
　C.确定坐标值　　　　　　　　　　　D.确定刀具的补偿量

4.下列(　　)指令表示撤销刀具偏置补偿。
　A.T02D0　　　B.T0211　　　C.T0200　　　D.T0002

5.快速定位 G00 指令在定位过程中,刀具所经过的路径是(　　)。
　A.直线　　　　　　　　　　　　B.曲线
　C.圆弧　　　　　　　　　　　　D.连续多线段

6.程序需暂停 5 s 时,下列正确的指令段是(　　)。
　A.G04P5000　　B.G04P500　　C.G04P50　　　D.G04P5

7.在偏置值设置 G55 栏中的数值是(　　)。
　A.工件坐标系的原点相对机床坐标系原点偏移值
　B.刀具的长度偏差值
　C.工件坐标系的原点
　D.工件坐标系相对对刀点的偏移值

8.程序段 G90 X52 Z-100 F0.2;中 X52 的含义是(　　)。
　A.车削 100 mm 长的圆锥　　　　B.车削 100 mm 长的圆柱
　C.车削直径为 52 mm 的圆柱　　　D.车削大端直径为 52 mm 的圆锥

二、判断题

删除某一程序字时,先将光标移至需修改的程序字上,按"DELETE"。(　　)

任务 4.2 数控车床的编程指令

学习目标

表 4-2-1 技能训练

任务描述	教师通过背景知识的讲解,帮助学生认识数控加工程序的 G 指令、M 指令等功能指令。通过本任务的学习,学生能掌握数控系统的编程代码。
知识目标	(1)掌握数控车床编程的内容、方法; (2)掌握常用程序指令代码格式及编程要点。
技能目标	能灵活运用所学的编程知识,如图 4-2-1 所示。 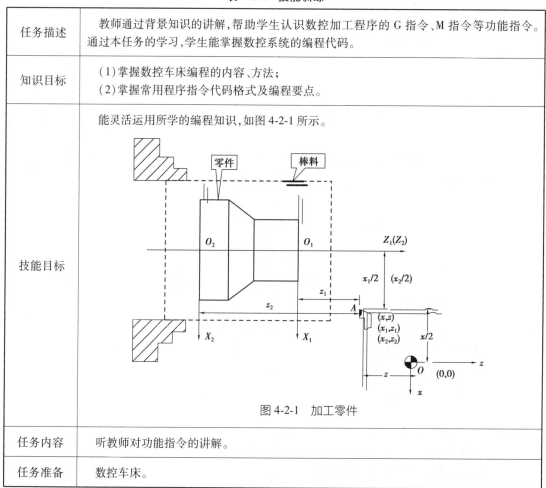 图 4-2-1 加工零件
任务内容	听教师对功能指令的讲解。
任务准备	数控车床。

一、准备功能(G 指令)

准备功能指令又称 G 指令或 G 代码,它是建立机床或控制数控系统工作方式的一种指令。这类指令在数控装置插补运算之前需预先规定,为插补运算、刀具补偿运算、固定循环等做好准备。G 指令由字母 G 和其后两位数字组成。GSK980TDb 系统常用的 G 指令及其功能的列表如表 4-2-2 所示。

表 4-2-2　GSK980TDb 系统常用的 G 指令及其功能

G 指令	组别	功能	G 指令	组别	功能
G00		快速移动	G36		自动刀具补偿测量 X
G01		直线插补	G37		自动刀具补偿测量 Z
G02		圆弧插补（顺时针）	G50		坐标系设定
G03		圆弧插补（逆时针）	G65		宏代码
G05		三点圆弧插补	G70		精加工循环
G6.2		椭圆插补（顺时针）	G71	00	轴向粗车循环
G6.3		椭圆插补（逆时针）	G72		径向粗车循环
G7.2		抛物线插补（顺时针）	G73		封闭切削循环
G7.3		抛物线插补（逆时针）	G74		轴向切槽多重循环
G32	01	螺纹切削	G75		径向切槽多重循环
G32.1		刚性螺纹切削	G76		多重螺纹切削循环
G33		Z 轴攻丝循环	G20	06	英制单位选择
G34		变螺距螺纹切削	G21		公制单位选择
G90		轴向切削循环	G96	02	恒线速开
G92		螺纹切削循环	G97		恒线速关
G84		端面刚性攻丝	G98	03	每分进给
G88		侧面刚性攻丝	G99		每转进给
G94		径向切削循环	G40		取消刀尖半径补
G04		暂停、准停	G41	07	刀尖半径左补偿
G7.1		圆柱插补	G42		刀尖半径右补
G10	00	数据输入方式有效	G17		XY 平
G11		取消数据输入方式	G18	16	ZX 平
G28		返回机床第 1 参考点	G19		YZ 平
G30		返回机床第 2、3、4 参考点	G12.1	21	极坐标插补
G31		跳转插补	G13.1		极坐标插补取
			G54～G59	16	选择工件坐标系 1～6

1.属于"00 组别""21 组别"的属非模态 G 功能,其余组的称模态 G 功能

（1）非模态 G 功能:只在所规定的程序段中有效,程序段结束时被注销。

（2）模态 G 功能:一组可相互注销的 G 功能,这些功能一旦被执行,则一直有效,直到被同一组的 G 功能注销为止。

2.G 指令使用

一个程序段中可使用若干个不同组群的 G 指令,若使用一个以上同组群的 G 指令则最后一个 G 代码有效。

3.G 指令从功能

（1）是加工方式 G 代码，执行此类 G 代码时机床有相应动作。在编程格式上必须指定相应坐标值，如"GO1 X60.Z0;"。

（2）是功能选择 G 代码，相当于功能开与关的选择，编程时不用指定地址符。数控机床通电后具有的内部默认功能一般有设定绝对坐标方式编程、使用米制长度单位量纲、取消刀具补偿、主轴和切削液泵停止工作等状态作为数控机床的初始状态。

（3）是参数设定或调用 G 代码，如 G50 坐标设定指令，执行时只改变系统坐标参数。

二、辅助功能（M 指令）

辅助功能指令又称 M 指令或 M 代码。这类指令的作用是控制机床或系统的辅助功能动作，如冷却泵的开、关；主轴的正转、反转；程序结束等。在同一程序段中，若有两个或两个以上辅助功能指令，则读后面的指令。M 指令由字母 M 和其后两位数组成。

1.GSK980TDb 系统常用辅助功能指令表（表 4-2-3）

表 4-2-3　GSK980TDb 系统数控车床常用的 M 指令

M 功能	含　义	M 功能	含　义
M00	程序停止	M25	第 2 主轴速度控制
M01	计划停止	M32	润滑开
M02	程序结束	M30	程序结束并返回开始处
M03	主轴顺时针旋转	M98	调用子程序
M04	主轴逆时针旋转	M99	子程序返回
M05	主轴旋转停	M33	润滑关
M08	切削液开	M50	取消主轴定向
M09	切削液关	M51	主轴定向第 1 点
M10	尾座进	M52	主轴定向第 2 点
M11	尾座退	M53	主轴定向第 3 点
M12	卡盘夹紧	M54	主轴定向第 4 点
M13	卡盘松开	M55	主轴定向第 5 点
M14	主轴位置控制	M56	主轴定向第 6 点
M15	主轴速度控制	M57	主轴定向第 7 点
M20	主轴夹紧	M58	主轴定向第 8 点
M21	主轴松开	M63	第 2 主轴逆时针转
M24	第 2 主轴位置控制	M64	第 2 主轴顺时针转
M41、M42、M43、M44	主轴自动换挡	M65	第 2 主轴停止

2.数控车床常用 M 指令学习

（1）M00——程序暂停

这一指令一般用于程序调试、首件试切削时检查工件加工质量及精度等需要让主轴暂停的场合，也可用于经济型数控车床转换主轴转速时的暂停。

暂停时，机床的进给停止，而全部现存的模态信息保持不变，欲继续执行后续程序，重按操作面板上的"循环启动"键即可。M00 为非模态后作用 M 功能。

（2）M01——条件程序停止

在自动、录入方式有效时，按"选择停"，使选择停按键指示灯亮，则表示进入选择停状态，此时执行 M01 代码后，程序运行停止，显示"暂停"字样，按循环启动键后，程序继续运行。如果程序选择停开关未打开，即使运行 M01 代码，程序也不会暂停。

（3）M02——程序结束

M02 一般放在主程序的最后一个程序段中。当 CNC 执行到 M02 指令时，机床的主轴、进给、冷却液全部停止，加工结束。

使用 M02 的程序结束后，若要重新执行该程序，就得重新调用该程序，或在自动加工子菜单下按子菜单 F4 键 ，然后再按操作面板上的"循环启动"键。M02 为非模态后作用 M 功能。

（4）M03——主轴正转

由尾座向主轴看，逆时针转。

（5）M04——主轴反转

由尾座向主轴看，顺时针转。

（6）M05——主轴停止

M05 指令一般用于以下情况：

①程序结束前（长可省略，因为 M02、M30 指令都包含 M05）。

②数控车床主轴换挡时，若数控车床主轴有高速挡和低速挡，则在换挡前，必须使用 M05 指令，使主轴停止，以免损坏换挡机构。

③主轴正、反转之间的切换，也必须使用 M05 指令，使主轴停止后，再用转向指令进行转向，以免伺服电动机受损。

（7）M08——冷却液开

（8）M09——冷却泵关

（9）M30——程序结束并返回到零件程序头

M30 和 M02 功能基本相同，只是 M30 指令还兼有控制返回到零件程序头（%）的作用。以方便下一个程序的执行。

使用 M30 的程序结束后，若要重新执行该程序，只需再次按操作面板上的"循环启动"键。

（10）M98、M99——子程序调用 、从子程序返回

M98 用来调用子程序。

M99 表示子程序结束，执行 M99 使控制返回到主程序。

①子程序的格式。

% ****

......

M99

在子程序开头,必须规定子程序号,以作为调用入口地址。在子程序的结尾用 M99,以控制执行完该子程序后返回主程序。

②调用子程序的格式。

M98 P_ L_

P:被调用的子程序号

L:重复调用次数

G65 指令的功能和参数与 M98 相同。

知识链接

编程手段

1)手工编程

一般对几何形状不太复杂的零件,所需的加工程序不长,计算比较简单,用手工编程比较合适。手工编程的特点:耗费时间较长,容易出现错误,无法胜任复杂形状零件的编程。数控机床不能开动的原因中有 20%~30% 是由于加工程序编制困难,编程时间较长。

2)计算机自动编程

自动编程是采用计算机自动编程时,数学处理、编写程序、检验程序等工作是由计算机自动完成的,由于计算机可自动绘制出刀具中心运动轨迹,使编程人员可及时检查程序是否正确,需要时可及时修改,以获得正确的程序。自动编程的特点就在于编程工作效率高,可解决复杂形状零件的编程难题。

三、主轴功能 S、进给功能 F 和刀具功能 T

1.主轴功能 S

主轴功能 S 控制主轴转速,其后的数值表示主轴速度,单位为 r/min。

在具有恒线速度功能的机床上,S 指令具有以下作用:

(1)限制最高转速指令 格式 G50S_;S 后面的数字表示的是最高限制转速,单位 r/min,该指令能防止因主轴转速过高,离心力太大而产生危险及影响机床寿命。

(2)设定恒线速度指令 格式 G96S_;S 后面的数字代表的是恒定的线速度,单位 m/min。

(3)取消恒线速度控制指令 格式 G97S_;S 后面的数字表示恒线速度取消后的主轴转速。S 所编程的主轴转速可以借助机床控制面板上的主轴倍率开关进行修调。

2.进给功能 F

(1)指令 格式 F_;F 后的数字为进给速度。

(2)说明

F 功能也称进给功能,其作用是指定刀具的进给速度。程序中用 F 和其后面的数字组成,F 的单位取决于 G94(每分钟进给量 mm/min)或 G95(主轴每转一转刀具的进给量,单位

mm/r）。

借助机床控制面板上的倍率按键，F 可在一定范围内进行倍率修调。当执行攻丝循环 G76、G82、螺纹切削 G32 时，倍率开关失效，进给倍率固定在 100%。

3.刀具功能 T

（1）格式　T×× ××

（2）说明

T 代码用于选刀，其后的 4 位数字，前两位表示选择的刀具号，后两位表示刀具补偿号。执行 T 指令，转动转塔刀架，选用指定的刀具。

小提示

1.由于各数控系统生产厂家及功能要求不同，系统中的 G 功能指令名称、格式、参数含义可能存在很大的差别。因此，在编制程序时必须预先了解所使用的数控系统本身所具有的 G 功能指令，不能生搬硬套。

2.使用 M 功能指令时，一个程序段中只允许出现一个 M 代码，若出现两个，则最后出现那一个有效，前面的 M 功能指令被忽略。

课堂测试

一、选择题

1.辅助指令 M03 功能是主轴（　　）指令。

　　A.反转　　　　　　B.启动　　　　　　C.正转　　　　　　D.停止

2.数控系统中，（　　）指令在加工过程中是模态的。

　　A.G01、F　　　　　B.G27、G28　　　　C.G04　　　　　　D.M02

3.G00 指令与下列的（　　）指令不是同一组的。

　　A.G01　　　　　　B.G02　　　　　　C.G03　　　　　　D.G04

4.下列（　　）指令表示撤销刀具偏置补偿。

　　A.T02D0　　　　　B.T0211　　　　　C.T0200　　　　　D.T0002

5.区别子程序与主程序唯一的标志是（　　）。

　　A.程序名　　　　　B.程序结束指令　　C.程序长度　　　　D.编程方法

6.G 代码表的 00 组的 G 代码属于（　　）。

　　A.非模态指令　　　B.模态指令　　　　C.增量指令　　　　D.绝对指令

7.进给功能用于指定（　　）。

　　A.进刀深度　　　　B.进给速度　　　　C.进给转速　　　　D.进给方向

8.指定恒线速度切削的指令是（　　）。

　　A.G94　　　　　　B.G95　　　　　　C.G96　　　　　　D.G97

9.使程序在运行过程中暂停的指令（　　）。

　　A.M00　　　　　　B.G18　　　　　　C.G19　　　　　　D.G20

10.主程序结束，程序返回至开始状态，其指令为（　　）。

　　A.M00　　　　　　B.M02　　　　　　C.M05　　　　　　D.M30

11.辅助指令 M03 功能是主轴( )指令。

    A.反转   B.启动   C.正转   D.停止

12.FANUC 系统中,M98 指令是( )指令。

    A.主轴低速范围   B.调用子程序   C.主轴高速范围   D.子程序结束

二、判断题

1.M03S2000 表示主轴正转转速为 2 000 r/min。   ( )

2.模态码就是续效代码,G00、G03、G17、G41 是模态码。   ( )

3.G21 代码是米制输入功能。   ( )

4.G28 代码是参考点返回功能,它是 00 组非模态 G 代码。   ( )

5.数控机床 G01 指令不能运行的原因之一是主轴未旋转。   ( )

三、简答题

简述 M00、M01、M02 和 M30 的区别和用法。

任务 4.3　数控车床的坐标系

学习目标

表 4-3-1　技能训练

任务描述	教师通过数控机床坐标系背景知识的介绍,完成本任务所设定的内容,使学生认识数控车床坐标系的规定,并掌握设定工件坐标系的方法。
知识目标	掌握数控车床坐标系的有关基本知识。
技能目标	(1)能灵活运用所学的编程知识; (2)能设定工件坐标系,如图 4-3-1 所示。 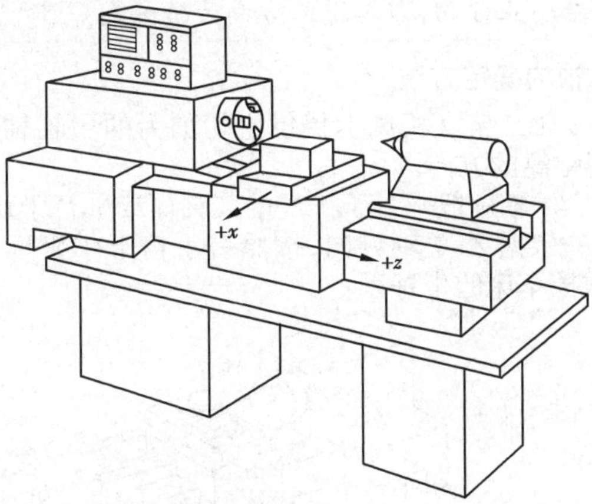 图 4-3-1　车床坐标轴及其方向
任务内容	听教师讲解数控车床坐标系的相关知识。
任务准备	数控车床。

一、坐标系的确定原则

为保证工件在数控机床上正确定位,并准确描述机床运动部件的运动范围和瞬时位置建立机床几何坐标系是必需的。

1.机床坐标系的规定

为简化编程和保证程序的通用性,对数控机床的坐标轴和方向命名制订了统一的标准,规定直线进给坐标轴用 X、Y、Z 表示,常称基本坐标轴。数控机床上的坐标系采用右手直角笛卡尔坐标系,如图 4-3-2 所示。右手的大拇指、食指和中指保持相互垂直,拇指的方向为 x 轴的正方向,食指为 y 轴的正方向,中指为 z 轴的正方向。

围绕 X、Y、Z 轴旋转的圆周进给坐标轴分别用 A、B、C 表示,根据右手螺旋定则,如图 4-3-2 所示,以大拇指指向 $+X$、$+Y$、$+Z$ 方向,则食指、中指等的指向是圆周进给运动的 $+A$、$+B$、$+C$ 方向。

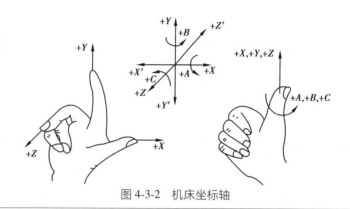

图 4-3-2　机床坐标轴

小提示

　　规定数控机床的坐标运动就是指刀具相对静止工件的运动,即工件远离刀具的坐标轴方向为该坐标轴的正方向,刀具进给方向为负方向。

2.X、Y、Z 坐标轴的确定方法

　　(1)首先确定 Z 轴　定义机床上提供主切削力的主轴轴线方向为 Z 轴。其正方向是增大刀具和工件之间距离的方向。

　　(2)确定 X 轴　X 轴一般平行于工件的装夹面或平行于切削方向。

　　(3)确定 Y 轴　依据 Z、X 轴方向,按照右手笛卡尔坐标系来确定 Y 轴及其方向。如图 4-3-3所示为卧式数控车床的坐标系。

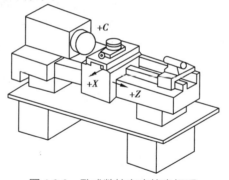

图 4-3-3　卧式数控车床的坐标系

知识链接

常见数控机床坐标系

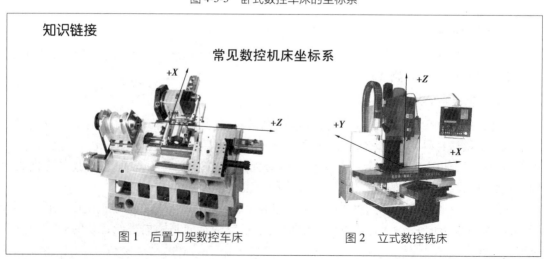

图 1　后置刀架数控车床　　　　图 2　立式数控铣床

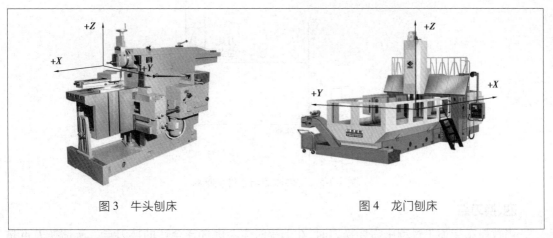

| 图3 牛头刨床 | 图4 龙门刨床 |

二、机床坐标系

机床坐标系是数控车床的基本坐标系,它是以机床原点为坐标原点建立起来的 X、Z 轴直角坐标系,如图4-3-4所示。机床原点是由厂家决定的,是数控车床上一个固定点。卧式数控车床的机床原点一般取在主轴前端面与中线交点处,但这个点不是一个物理点,而是一个定义点,它是通过机床参考点间接确定的。机床参考点是一个物理点,其位置由 X、Z 向的挡块和行程开关确定。对某台数控车床来说,机床参考点与机床原点之间有严格的位置关系,在机床出

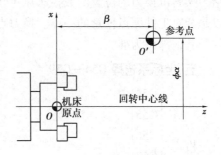

图4-3-4 机床坐标系

厂前已调试准确,确定为某一固定值,这个值就是机床参考点在机床坐标系中的坐标。

机床每次通电之后,必须进行回机床零点操作(简称"回零操作"),使刀架运动到机床参考点,其位置由机械挡块确定。通过回零操作,确定了机床原点,从而准确地建立机床坐标系。

三、工件坐标系

用数控车床加工时,工件可以通过卡盘装夹在机床坐标系中的任意位置,这样用机床坐标系描述刀具轨迹就显得不大方便。为此编程人员在编写零件加工程序时通常要选择一个工件坐标系,也称编程坐标系,这样刀具轨迹就变为工件轮廓在工件坐标系下的坐标。编程人员就不用考虑工件上的各点在机床坐标系中的位置,从而使问题大大简化。

工件坐标系是人为设定的,设定的依据既要符合尺寸标注的习惯,又要便于坐标计算和编程。一般工件坐标系的原点最好选择在工件的定位基准、尺寸基准或夹具的适当位置上。对车床编程而言,工件坐标系原点一般选在工件轴线与工件的左端面、右端面、卡爪前端面的交点上。如图4-3-5所示是以工件右端面为工件坐标系原点。实际加工时考虑加工余量和加工精度,工件坐标系原点选择在精加工的端面上或精加工后的夹紧定位面上。

对刀的实质是确定工件坐标系的原点在唯一的机床坐标系中的位置。对刀是数控加工中的主要操作和重要技能。对刀的准确性决定了零件的加工精度,同时,对刀效率还直接影响数控加工效率。

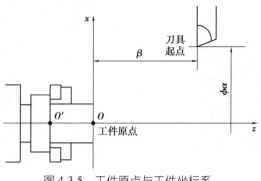

图 4-3-5　工件原点与工件坐标系

四、换刀点

当数控车床加工过程中需要换刀时,在编程时应考虑选择合适的换刀点。所谓换刀点是指刀架转位换刀的位置。数控车床上当确定了工件坐标后,换刀点可以是某一固定点,也可以是相对工件原点任意的一点。换刀点应设在工件或夹具的外部,以刀架转位换刀时不碰工件及其他部位为准。

五、坐标系选择 G54—G59

$$格式:\begin{cases} G54 \\ G55 \\ G56 \\ G57 \\ G58 \\ G59 \end{cases}$$

说明:

G54~G59 是系统预定的 6 个坐标系(图 4-3-6),可根据需要任意选用。加工时其坐标系的原点,必须设为工件坐标系的原点在机床坐标系中的坐标值,否则加工出的产品就有误差或报废,甚至出现危险。

这 6 个预定工件坐标系的原点在机床坐标系中的值(工件零点偏置值)可用 MDI 方式输入,系统自动记忆。

工件坐标系一旦选定,后续程序段中绝对值编程时的指令值均为相对此工件坐标系原点的值。

G54—G59 为模态功能,可相互注销,G54 为缺省值。

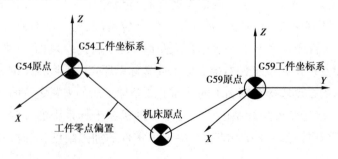

图 4-3-6　工件坐标系选择(G54—G59)

例：如图 4-3-7 所示，使用工件坐标系编程：要求刀具从当前点移动到 *A* 点，再从 *A* 点移动到 *B* 点。

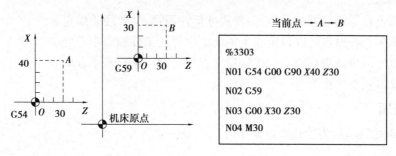

当前点 → *A* → *B*

%3303

N01 G54 G00 G90 *X*40 *Z*30

N02 G59

N03 G00 *X*30 *Z*30

N04 M30

图 4-3-7　使用工件坐标系编程

小提示

（1）使用该组指令前，先用 MID 方式输入各坐标系的坐标原点在机床坐标系中的坐标值。

（2）使用该组坐标系前必须先回参考点。

课堂测试

一、选择题

1.采用 G50 设定坐标系，数控车床在运行程序时（　　）回参考点。

　　A.用　　　　　　　　　　　　　　　　　B.不用

　　C.可以用，可以不用　　　　　　　　　　D.取决于机床制造厂的产品设计

2.工作坐标系原点称（　　）。

　　A.机床原点　　　　　　　　　　　　　　B.工作原点

　　C.坐标原点　　　　　　　　　　　　　　D.初始原点

3.为了防止换刀时刀具与工件发生干涉，换刀点的位置应设在（　　）。

　　A.机床原点　　　　　　　　　　　　　　B.工件外部

　　C.工件原点　　　　　　　　　　　　　　D.对刀点

4.由机床的档块和行程开关决定的位置称为（　　）。

　　A.机床参考点　　　　　　　　　　　　　B.机床坐标原点

　　C.机床换刀点　　　　　　　　　　　　　D.编程原点

5.在机床各坐标轴的终端设置有极限开关，由程序设置的极限称为（　　）。

　　A.硬极限　　　　　　　　　　　　　　　B.软极限

　　C.安全行程　　　　　　　　　　　　　　D.极限行程

6.机床坐标原点由（　　）坐标系规定。

　　A.右手笛卡尔　　　　　　　　　　　　　B.球

　　C.极　　　　　　　　　　　　　　　　　D.圆柱

7.机床坐标系原点是确定（　　）的基准。

　　A.固定原点　　　　　　　　　　　　　　B.浮动原点

C.工件原点   D.程序原点

二、判断题

1.工件原点设定的依据是,符合图样尺寸标注习惯,又要便于编程。   (   )

2.数控车床编程原点可以设定在主轴端面中心或工件端面中心处。   (   )

3.数控机床的机床坐标原点和机床参考点所有的机床都是重合的。   (   )

4.机床参考点在机床上是一个浮动的点。   (   )

三、简答题

数控机床在启动后为什么要返回参考点?

任务 4.4　绝对坐标与增量坐标编程

学习目标

表 4-4-1　技能训练

任务描述	教师通过数控车床绝对编程和增量坐标编程知识的介绍,完成本任务中所设定的内容,使学生认识数控车床绝对坐标编程和相对坐标编程的区别,并掌握绝对和增量坐标的编程方法。
知识目标	掌握数控车床绝对和增量坐标的编程知识。
技能目标	(1)能读懂含有绝对坐标编程和增量坐标编程的程序; (2)能灵活运用绝对坐标和增量坐标对各种零件进行编程,如图 4-4-1 所示。 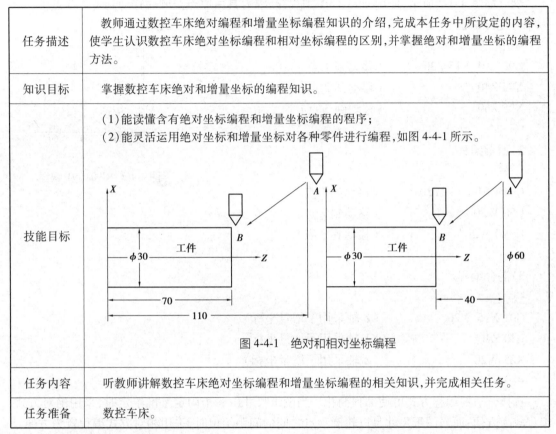 图 4-4-1　绝对和相对坐标编程
任务内容	听教师讲解数控车床绝对坐标编程和增量坐标编程的相关知识,并完成相关任务。
任务准备	数控车床。

绝对值编程 G90 与相对值编程 G91

指令格式:G90 G00/G01/G02/G03 X_Z_

G91 G00/G01/G02/G03 U_W_

说明:

G90:绝对值编程,每个编程坐标轴上的编程值是相对于程序原点的。

G91:相对值编程,每个编程坐标轴上的编程值是相对于前一位置而言的,该值等于沿轴移动的距离。

小提示

1.表示增量的字符 U、W 不能用于循环指令 G80、G81、G82、G71、G72、G73、G76 程序段中,但可用于定义精加工轮廓的程序中。

2.G90、G91 为模态功能,可相互注销,G90 为缺省值。

例 如图 4-4-2 所示,使用 G90、G91 编程:要求刀具由原点按顺序移动到 1、2、3 点。

1)绝对编程

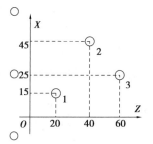

......

G90 G01 X15 Z20　　　　（移动到 1 点）

X45 Z40　　　　　　　　（移动到 2 点）

X25 Z60　　　　　　　　（移动到 3 点）

......

2)增量编程

......

G91 G01 U15 W20　　　　（移动到 1 点）

U30 W20　　　　　　　　（移动到 2 点）

U−20 W20　　　　　　　（移动到 3 点）

......

图 4-4-2　G90/G91 编程

3)混合编程

......

G01 X15 W20　　　　（Z 轴采用了增量坐标）

U30 Z40　　　　　　（X 轴采用了增量坐标）

X25 W20　　　　　　（Z 轴采用了增量坐标）

......

选择合适的编程方式可使编程简化。当图纸尺寸由一个固定基准给定时,采用绝对方式编程较为方便;而当图纸尺寸是以轮廓顶点之间的间距给出时,采用相对方式编程较为方便。

G90、G91 可用于同一程序段中,但要注意其顺序所造成的差异。

知识链接

进刀与退刀方式

1.进刀方式

进刀时采用快速走刀接近工件切削起点附近的某个点,再改用切削进给,以减少工件空走刀的时间,提高加工效率。

切削起点的确定与工件毛坯余量大小有关,应以刀具快速到该点时刀尖不与工件发生碰撞为原则。

2.退刀方式

退刀时,沿轮廓延长线退出至工件附近,再快速退刀,一般先退 X 轴,再退 Z 轴。

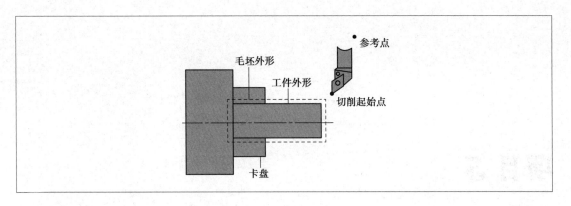

课堂测试

一、选择题

1.已知刀具沿一直线方向加工的起点坐标为(X20,Z-10),终点坐标为(X10,Z20),则程序是(　　)。

 A.G01 X20 Z-10 F100　　　　　　　　B.G01 X-10 Z20 F100

 C.G01 X10 W30 F100　　　　　　　　D.G01 U30 W-10 F100

2.绝对坐标编程时,移动指令点的坐标值 X、Z 都是以(　　)为基准计算。

 A.工件坐标系原点　　　　　　　　B.机床坐标系原点

 C.机床参考点　　　　　　　　　　D.此程序段起点的坐标值

3.相对编程的意义是(　　)。

 A.相对于加工起点(程序零点)的位移量编程

 B.按照坐标位置编程

 C.相对于当前位置的位移量时行编程

4.相对坐标也称(　　)。

 A.绝对坐标　　　　　　　　　　B.增量坐标

 C.直径坐标　　　　　　　　　　D.半径坐标

5.绝对坐标编程指令(　　)。

 A.G90　　　　　　B.G91　　　　　　C.G92　　　　　　D.G93

二、判断题

1.相对编程的意义是刀具相对于程序零点的位移量编程。　　　　　　　　　　(　　)

2."G91 G00 U30 Z-20"表示刀具快速移动到机床坐标系 X＝30 mm,Y＝−20 点。(　　)

三、简答题

简述绝对值编程与相对值编程的定义。

项目 5

轴类零件加工

任务 5.1　切削循环指令 G90 车削加工台阶轴及锥度

学习目标

表 5-1-1　技能训练

技能操作	(1)数控加工仿真软件使用； (2)数控车床系统操作：程序录入、编辑、对刀、程序校验与运行； (3)数控车床手动操作：装夹工件、刀具；机床动作； (4)数控车床操作，完成工件加工，如图 5-1-1 所示；  图 5-1-1　零件实物图例 (5)正确掌握使用外径千分尺、游标卡尺。
工艺能力	(1)工件结构：外圆轮廓—水平直线、斜直线、平整端面； (2)走刀重点：刀具快速靠近、切入、切出、快速离开工件过程。
编程指令	(1)基本 G 指令—G00、G01、G90； (2)基本 M 指令—M00、M03、M04、M05、M30； (3)F、S、T 指令。
工量刃具	游标卡尺、外径千分尺、钢板尺、外圆粗精车刀。

知识结构

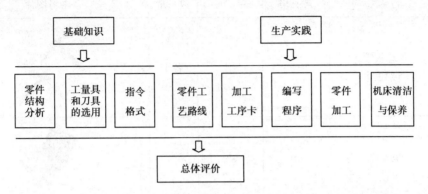

零件图纸

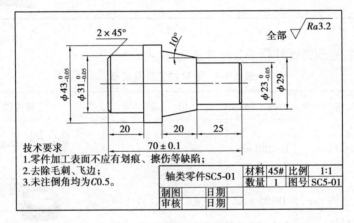

图 5-1-2　零件训练图例

一、基础知识

1.零件的结构分析

根据如图 5-1-2 所示,该零件由 $\phi43_{-0.05}^{0}$、$\phi31_{-0.05}^{0}$、$\phi23_{-0.05}^{0}$ 的圆柱面,20°锥度及倒角等表面组成。整个零件图尺寸标注符合数控加工尺寸标注要求,表面粗糙度要求为 $Ra3.2$,无热处理和硬度要求。

2.工、量具和刀具的选用

(1)选择工具:装夹工件需要的工具,如表 5-1-2 所示。

表 5-1-2　零件加工工具清单

序　号	名　　称	规　格	单　位	数　量	参考图片
1	三爪卡盘	自定心	个	1	

续表

序 号	名 称	规 格	单 位	数 量	参考图片
2	卡盘扳手 刀架扳手	—	副	各1	
3	垫刀片	—	块	若干	
4	棒料	$\phi45\times80$	条	1	

（2）选择量具：检测需要外径千分尺等量具，如表5-1-3所示。

表5-1-3 零件加工量具清单

序 号	名 称	规 格	单 位	数 量	参考图片
1	游标卡尺	0~150 mm	把	1	
2	千分尺	0~25 mm	把	1	
		25~50 mm	把	1	
3	钢板尺	0~200 mm	把	1	
4	表面粗糙度样板	—	套	1	

（3）选择刀具：加工零件需要刀具，如表5-1-4所示。

表5-1-4 零件加工刀具清单

序号	刀具号	名 称	规格 mm×mm	数量	加工表面	刀具半径 /mm	参考图片
1	T0101	95°外圆车刀	20×20	1	粗车外轮廓	0.4	

序号	刀具号	名　称	规　格 mm×mm	数　量	加工表面	刀具半径 /mm	参考图片
2	T0202	93°外圆车刀	20×20	1	精车外轮廓	0.4	
3	T0303	外圆切槽刀	20×20	1	切断	0.4	

3.G00、G01、G90 指令格式

（1）快速定位 G00 指令

格式：G00　X(U)__　Z(W)__

①X、Z：绝对编程时，目标点在工件坐标中的坐标；

②U、W：增量编程时，刀具相对于起点移动的距离。

（2）直线插补功能 G01 指令

格式：G01　X(U)__　Z(W)__　F__

①X、Z：绝对编程时，目标点在工件坐标中的坐标；

②U、W：增量编程时，刀具相对于起点移动的距离；

③F：进给速度。F 指定的速度在下一个 F 指令出现前一直有效。当指令为 G98 时，单位为 mm/min；当指令为 G99 时，单位为 mm/r。

（3）内圆、外圆柱（锥）固定切削循环 G90 指令

G90　X(U)__　Z(W)__　R__　F__

①X、Z：绝对编程时，目标点在工件坐标中的坐标；

②U、W：增量编程时，刀具相对于起点移动的距离；

③R：圆锥起点半径与圆锥终点半径之差；

④F：进给速度。

小提示

应用固定循环指令的注意事项如下：

（1）在固定循环指令中，X(U)、Z(W)一经执行，在没有执行新的固定循环指令重新指定 X(U)、Z(W)时，X(U)、Z(W)的指定值保持有效。如果执行了除 G04 指令以外的非模态（00 组）G 代码或 G00、G01、G02、G03、G32 时，X(U)、Z(W)的指定值被清除。

（2）在录入方式下执行固定循环指令时，运行结束后，重新输入固定循环指令可以按原轨迹执行固定循环。

（3）在固定循环 C90、G94 指令中，如果是单段运行，执行完整个固定循环后单段运行停止。

二、生产实践

1.零件加工工艺路线

分析零件图可知,零件需要两次装夹完成所有工序,零件加工工序步骤如图 5-1-3 所示。

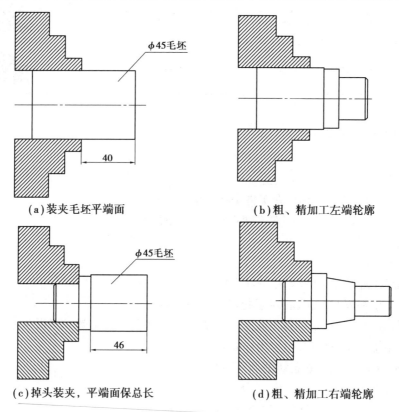

(a)装夹毛坯平端面   (b)粗、精加工左端轮廓

(c)掉头装夹,平端面保总长   (d)粗、精加工右端轮廓

图 5-1-3 加工工艺路线

2.填写加工工序卡

表 5-1-5 加工工序卡

零件图号	SC 5-01	操作人员			实习日期	
使用设备	卧式数控车床	型号	CAK6140		实习地点	数控车间
数控系统	GSK 980TA	刀架	4 刀位、自动换刀		夹具名称	自动定心三爪卡盘
工步号	工步内容	刀具号	程序号	主轴转速 n /(r·min^{-1})	进给量 f_1 /(mm·r^{-1})	背吃刀量 a_p/mm	备注
1	夹持毛坯,加工左端面	T0101	—	800	—	0.3	手动
2	粗加工左端外轮廓,留 0.5 mm 精加工余量	T0101	O0001	1 000	0.15	1.5	自动
3	精加工左端外轮廓至尺寸要求	T0202	O0001	1 500	0.1	0.5	自动

续表

工步号	工步内容	刀具号	程序号	主轴转速 n /($r \cdot min^{-1}$)	进给量 f_1 /($mm \cdot r^{-1}$)	背吃刀量 a_p/mm	备注
4	调头装夹，加工右端面保总长尺寸	T0101	—	800	—	0.3	手动
5	粗加工右端外轮廓，留 0.5 mm 精加工余量	T0101	O0002	1 000	0.15	1.5	自动
6	精加工右端外轮廓至尺寸要求	T0202	O0002	1 500	0.1	0.5	自动

3.编写加工程序

结合前面学习的基础知识，根据零件图编写加工程序，如表 5-1-6、表 5-1-7 所示。

表 5-1-6　零件左端外轮廓加工程序

程序段号	程序语句	程序说明
	O0001	程序号(零件左端程序)
N10	T0101;	调用 01 号 95°外圆粗车刀及 01 号刀补
N20	M03　S1000　G99;	主轴正转,转速 1 000 r/min,恒转速
N30	G00　X100　Z100　M08;	快速定位至坐标系中(100，100)的安全换刀点,开冷却液
N40	G00　X47　Z2;	刀具快速接近毛坯加工起点,坐标点为(47，2)
N50	G01　G90　X43.5　Z-32　F0.15;	外圆切削循环,切削终点为(43.5，-32),粗车进给速度为 0.15 mm/r
N60	(G90)　X42　Z-20　(F0.15);	外圆切削循环至终点(42，-20),G90 和 F0.15 为模态指令,可省略
N70	(G90)　X40.5　(Z-20)　(F0.15);	外圆切削循环至终点(40.5，-20)
N80	(G90)　X39　(Z-20)　(F0.15);	外圆切削循环至终点(39，-20)
N90	(G90)　X37.5　(Z-20)　(F0.15);	外圆切削循环至终点(37.5，-20)
N100	(G90)　X36　(Z-20)　(F0.15);	外圆切削循环至终点(36，-20)
N110	(G90)　X34.5　(Z-20)　(F0.15);	外圆切削循环至终点(34.5，-20)
N120	(G90)　X33　(Z-20)　(F0.15);	外圆切削循环至终点(33，-20)
N130	(G90)　X31.5　(Z-20)　(F0.15);	外圆切削循环至终点(31.5，-20)
N140	G00　X100　Z100;	快速退刀至(100,100)安全点
N150	M05;	主轴停止
N160	M00;	程序暂停

续表

程序段号	程序语句	程序说明
N170	T0202　M03　S1500;	调用 02 号 93°外圆精车刀及 02 号刀补,主轴正转,转速 1 500 r/min
N180	G00　X47　Z2;	快速定位至(47,2),刀尖接近工件
N190	(G00)　X28　(Z2);	快速定位至(28,2)
N200	G01　(X28)　Z0　F0.1;	进给切削至(28,0),精车进给速度为 0.1 mm/r
N210	(G01)　X31　Z−1.5　(F0.1);	加工 1.5×45°倒角 0.2
N220	(G01)　(X31)　Z−20　(F0.1);	切削 $\phi31_{-0.05}^{0}$ 外圆
N230	(G01)　X43　(Z−20)　(F0.1);	进给切削至(43,−20)
N240	(G01)　(X43)　Z−32　(F0.1);	切削 $\phi43_{-0.05}^{0}$ 外圆
N250	G00　X100　(Z−32);	快速退刀至(100,−32)
N260	(G00)　(X100)　Z100;	快速退刀至(100,100)安全点
N270	M05;	主轴停止
N280	T0100;	调回基准刀具 01 号刀,取消刀补
N290	M30;	程序结束,并返回开始点

表 5-1-7　零件右端外轮廓加工程序

程序段号	程序语句	程序说明
	O00002	程序号(零件右端程序)
N10	T0101;	调用 01 号 95°外圆粗车刀及 01 号刀补
N20	M03　S1000　G99;	主轴正转,转速 1 000 r/min,恒转速
N30	G00　X100　Z100　M08;	快速定位至坐标系中(100, 100)的安全换刀点,开冷却液
N40	G00　X47　Z2;	刀具快速接近毛坯加工起点,坐标点为(47, 2)
N50	G01　G90　X43.5　Z−45　F0.15;	外圆切削循环,切削终点为(43.5,−45),粗车进给速度为 0.15 mm/r
N60	(G90)　X42　(Z−45)　(F0.15);	外圆切削循环,切削终点为(42,−45),G90 和 F0.15 为模态指令,可省略
N70	(G90)　X40.5　(Z−45)　(F0.15);	外圆切削循环,切削终点为(40.5,−45)
N80	(G90)　X39　(Z−45)　(F0.15);	外圆切削循环,切削终点为(39,−45)
N90	(G90)　X37.5　(Z−45)　(F0.15);	外圆切削循环,切削终点为(37.5,−45)
N100	(G90)　X36.5　(Z−45)　(F0.15);	外圆切削循环,切削终点为(36.5,−45)

程序段号	程序语句	程序说明
N110	（G90）　X35　Z−25　（F0.15）；	外圆切削循环,切削终点为(35,−25)
N120	（G90）　X33.5　(Z−25)　（F0.15）；	外圆切削循环,切削终点为(33.5,−25)
N130	（G90）　X32　(Z−25)　（F0.15）；	外圆切削循环,切削终点为(32,−25)
N140	（G90）　X30.5　(Z−25)　（F0.15）；	外圆切削循环,切削终点为(30.5,−25)
N150	（G90）　X28.5　(Z−25)　（F0.15）；	外圆切削循环,切削终点为(28.5,−25)
N160	（G90）　X27　(Z−25)　（F0.15）；	外圆切削循环,切削终点为(27,−25)
N170	（G90）　X25.5　(Z−25)　（F0.15）；	外圆切削循环,切削终点为(25.5,−25)
N180	（G90）　X24　(Z−25)　（F0.15）；	外圆切削循环,切削终点为(24,−25)
N190	（G90）　X23.5　(Z−25)　（F0.15）；	外圆切削循环,切削终点为(23.5,−25)
N200	G00　X47　Z−23；	快速定位至(47,−23)点
N210	G01　G90　X42.5　Z−45　R−3.5　F0.15；	外圆锥切削循环,切削终点为(42.5,−45)
N220	（G90）　X40.5　(Z−45)　(R−3.5)　(F0.15)；	外圆锥切削循环,切削终点为(40.5,−45)
N230	（G90）　X38.5　(Z−45)　(R−3.5)　(F0.15)；	外圆锥切削循环,切削终点为(38.5,−45)
N240	（G90）　X36.5　(Z−45)　(R−3.5)　(F0.15)；	外圆锥切削循环,切削终点为(36.5,−45)
N250	G00　X100　Z100；	快速退刀至(100,100)安全点
N260	M05；	主轴停止
N270	M00；	程序暂停
N280	T0202　M03　S1500；	调用02号93°外圆精车刀及02号刀补,主轴正转,转速1 500 r/min
N290	G00　X47　Z2；	快速定位至(47,2)点,刀尖接近工件
N300	（G00）　X21　(Z2)；	快速定位至(21,2)点
N310	G01　(X21)　Z0　F0.1；	进给切削至(21,0)点精车进给速度为0.1 mm/r
N320	（G01）　X23　Z−1　(F0.1)；	加工1×45°倒角,进给切削至(23,−1)点
N330	（G01）　(X23)　Z−25　(F0.1)；	切削$\phi23_{-0.05}^{0}$外圆,进给切削至(23,−25)点
N340	（G01）　X29　(Z−25)　(F0.1)；	进给切削至(29,−25)点
N350	（G01）　X36　Z−45　(F0.1)；	进给切削至(36,−45)点,精加工外圆锥
N360	（G01）　X45　(Z−45)　(F0.1)；	进给切削至(45,−45)点

续表

程序段号	程序语句	程序说明
N370	G00　X100　（Z-45）；	快速退刀至(100,-45)点
N380	（G00）　（X100）　Z100；	快速退刀至(100,100)安全点
N390	M05；	主轴停止
N400	T0100；	调回基准刀具01号刀,取消刀补
N410	M30；	程序结束,并返回开始点

4.零件加工

（1）程序准备、录入及校验

待程序编辑完成后,把准备好的程序手动录入机床数控系统,并进行模拟作图,以校验程序。

（2）装刀与对刀操作

按照表5-1-4中要求,把各刀具装在相应位置上,保证刀尖中心高、刀尖伸出刀架长度适中,并装正刀具。

对刀时,采用试切对刀法,以1号刀具为基准刀具,其余刀具为非基准刀具进行对刀操作。

注意:磨刀及对刀操作时,请佩戴防护眼镜,以防粉尘或铁屑飞入眼睛!

（3）零件加工与质量控制

加工前,首先单步试车,修正主轴转速倍率、进给倍率、快速倍率等加工参数,然后运行程序自动加工。

在加工过程中,所有小组成员通过防护门,观看零件加工过程。负责加工操作的成员,必须在程序暂停的时候,对重要的加工尺寸进行检测,把所测原始数据填写到表5-1-8中,为后续的控制尺寸精度提供参考数据。如果所测原始数据与相应的理论值不同,可通过修正加工刀具对应的刀补值,从而保证零件的尺寸精度。

表5-1-8　加工过程重要尺寸检测表

序　号	检测尺寸	粗车后数值		第一次精车后数值		第二次精车后数值	
		理论值	实测值	理论值	实测值	理论值	实测值
1	$\phi 43^{0}_{-0.05}$	$\phi 43.5^{0}_{-0.05}$		$\phi 43^{0}_{-0.05}$		$\phi 43^{0}_{-0.05}$	
2	$\phi 31^{0}_{-0.05}$	$\phi 31.5^{0}_{-0.05}$		$\phi 31^{0}_{-0.05}$		$\phi 31^{0}_{-0.05}$	
3	$\phi 23^{0}_{-0.05}$	$\phi 23.5^{0}_{-0.05}$		$\phi 23^{0}_{-0.05}$		$\phi 23^{0}_{-0.05}$	
4	70 ± 0.1	70 ± 0.1		70 ± 0.1		70 ± 0.1	

（4）机床清洁与保养

加工完毕后,小组全体成员一起对机床进行清洁与保养工作,并记录清洁与保养情况。

三、总体评价

零件加工完成后,必须对加工零件进行一次全面的检测,把检测结果填入表 5-1-9 中,判断加工产品是合格品、废品及可返修品。

表 5-1-9 　零件评分表

序号	检测项目尺寸		配 分	检测结果	评分标准	得 分
1	外圆	$\phi 43_{-0.05}^{0}$	15			
2		$\phi 23_{-0.05}^{0}$	15			
3		左端 $\phi 31_{-0.05}^{0}$	15			
4		锥度	10			
5	长度	70±0.1	10			
6	倒角	1.5×45°	5			
7		1×45°	5			
8	表面粗糙度	Ra3.2	5			
9	其他	一般尺寸	10			
10	程序	程序正确合理	5			
11	安全操作	机床规范操作	5			
12	最终总评	所有检测尺寸都在公差范围内,零件完整				合格
		有一个或多个检测尺寸超出最小极限公差,零件不完整				废品
		有一个或多个检测尺寸超出最大极限公差,零件不完整				可返修品

知识链接

刀具车削参数的计算及选择

在切削加工中,通常希望获得短的加工时间、长的刀具寿命和高的加工精度。因此,必须充分考虑工件材料、形状及机床的性能,并选择合适的刀具及切削参数,即切削的三要素。

(1)切削速度 v_c(m/min)

由于主运动是工件的旋转,在其直径上的切点处,单位时间内刀尖相对工件产生的距离,称为切削速度。切削速度的计算公式为:

$$v_c = \pi Dn / 1\ 000$$

式中:n 表示转速(r/min),D 表示工件直径(mm)。

(2)进给量 f(mm/r)

进给量是指工件每旋转一周,刀具沿切削方向的移动距离。进给量与进给速度的关系为:

$$v_f = nf$$

式中:v_f 表示进给速度(mm/min);n 代表主轴转速(r/min)。

（3）切削深度 a_p（mm）

切削深度是指未加工表面和已加工表面之间的差值。

（4）切削参数的选择

选择合适的切削参数，可以提高切削效率、获得比较好的加工质量、延长刀具的使用寿命、节约加工成本。选择参数时，主要考虑以下几点原则：

①粗车时，选择大的切削深度、大的进给速度、低转速；精车时选择小的切削深度、小的进给速度、高转速。

②高速钢刀具宜选择较小的切削深度；硬质合金等高硬材料可选择较大的切削深度。

③高速钢刀具宜选择较低的切削速度；硬质合金等高硬度材料应选择较大的切削速度。

课堂测试

一、选择题

1.已知刀具沿一直线方向加工的起点坐标为（X20,Z-10），终点坐标为（X10,Z20），则程序是（   ）。

    A.G01 X20 Z-10 F100　　　　　　　　B.G01 X-10 Z20 F100

    C.G01 X10 W30 F100　　　　　　　　D.G01 U30 W-10 F100

2.切削刃选定点相对工件的主运动瞬时速度为（   ）。

    A.切削速度　　　　　B.进给量　　　　　C.工作速度　　　　　D.切削深度

3.数控系统中，（   ）指令在加工过程中是模态的。

    A.G01、F　　　　　B.G27、G28　　　　　C.G04　　　　　　　　D.M02

4.钻头直径为 10 mm，切销速度是 30 m/min，主轴转速应该是（   ）。

    A.240 r/min　　　　B.1 920 r/min　　　　C.480 r/min　　　　　D.955 r/min

5.G00 代码功能是快速定位，它属（   ）代码。

    A.模态　　　　　　B.非模态　　　　　C.标准　　　　　　　D.ISO

6.粗车时，一般（   ），最后确定一个适合的切削速度 v，就是车削用量的选择原则。

    A.应首先选择可以尽可能小的背尺刀量 a_p，其次选择较小的进给量 F

    B.应首先选择可以尽可能小的背尺刀量 a_p，其次选择较大的进给量 F

    C.应首先选择可以尽可能大的背尺刀量 a_p，其次选择较小的进给量 F

    D.应首先选择可以尽可能大的背尺刀量 a_p，其次选择较大的进给量 F

7.切削的三要素是指进给量、切削深度和（   ）。

    A.切削厚度　　　　B.切削速度　　　　C.进给速度　　　　D.主轴转速

二、判断题

粗加工、限制进给量的主要因素是切削力，精加工时，限制进给量的主要因素是表面粗糙度。　　　　　　　　　　　　　　　　　　　　　　　　　　　　　　　（   ）

三、编程题

如图 5-1-4 所示零件，给定毛坯尺寸为 $\phi45 \times 80$ mm，试用单循环指令完成零件的粗加工，并对零件进行精加工，轴向和径向精加工余量都为 0.2 mm，未注倒角为 C0.5，选用适当的刀具编写零件的加工程序。

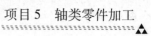

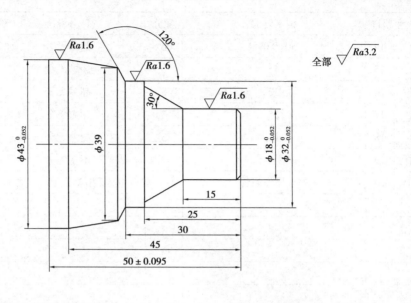

技术要求:

1.零件加工表面不应有划痕、擦伤等缺陷;

2.去除毛刺、飞边;

3.未注倒角均为C0.5。

SC-01		材料	45#	比例	1:1
		数量	1	图号	01
制图	日期				
审核	日期				

图 5-1-4

数控车工(入门)考核评分表

单位: 姓名: 准考证号:

检测项目		技术要求		配分	评分标准	检测结果	得 分
机床操作	1	按步骤开机、检查、润滑		2	不正确无分		
	2	回机床参考点		2	不正确无分		
	3	按程序格式输入程序、检查及修改		2	不正确无分		
	4	程序轨迹检查		2	不正确无分		
	5	工、夹、刀具的正确安装		2	不正确无分		
	6	按指定方式对刀		2	不正确无分		
	7	检查对刀		2	不正确无分		
外圆	8	$\phi43_{-0.052}^{0}$	Ra1.6	10/4	超差 0.01 扣 4 分、降级无分		
	9	$\phi39$	锥面 Ra3.2	6/4	超差、降级无分		
	10	$\phi32_{-0.052}^{0}$	Ra1.6	10/4	超差 0.01 扣 4 分、降级无分		
	11	$\phi18_{-0.052}^{0}$	Ra3.2	10/4	超差、降级无分		
	12	120°		3	不符无分		
	13	30°	锥面 Ra3.2	6/4	不符、降级无分		

续表

检测项目		技术要求	配分	评分标准	检测结果	得　分
长度	14	50±0.095	6	超差无分		
	15	45	3	超差无分		
	16	30	3	超差无分		
	17	25	3	超差无分		
	18	15	3	超差无分		
其他	19	未注倒角	2	不符无分		
	20	安全操作规程		违反扣总分10分/次		
总配分			100	总得分		
零件名称			图号		加工日期	
加工开始　　时　　分		停工时间　　分钟	加工时间		检测	
加工结束　　时　　分		停工原因	实际时间		评分	

任务 5.2　复合固定循环指令 G71、G70 车削加工轴及圆弧面

学习目标

表 5-2-1　技能训练

技能操作	(1)数控加工仿真软件使用； (2)数控车床系统操作：程序录入、编辑、对刀、程序校验与运行； (3)数控车床手动操作：装夹工件、刀具；机床动作； (4)数控车床操作，完成工件加工，如图 5-2-1 所示； 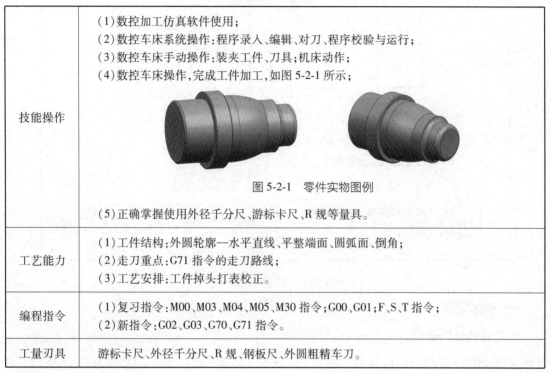 图 5-2-1　零件实物图例 (5)正确掌握使用外径千分尺、游标卡尺、R 规等量具。
工艺能力	(1)工件结构：外圆轮廓—水平直线、平整端面、圆弧面、倒角； (2)走刀重点：G71 指令的走刀路线； (3)工艺安排：工件掉头打表校正。
编程指令	(1)复习指令：M00、M03、M04、M05、M30 指令；G00、G01；F、S、T 指令； (2)新指令：G02、G03、G70、G71 指令。
工量刃具	游标卡尺、外径千分尺、R 规、钢板尺、外圆粗精车刀。

知识结构

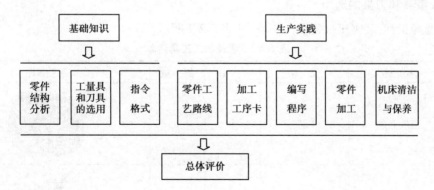

零件图纸

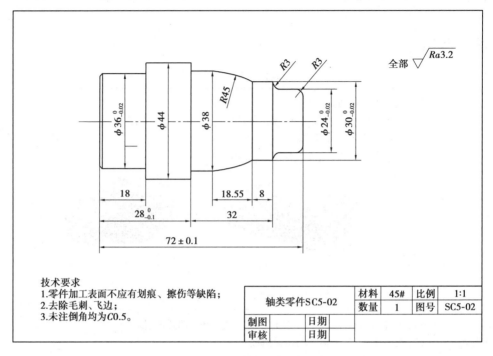

图 5-2-2 零件训练图例

一、基础知识

1.零件的结构分析

根据如图 5-2-2 所示,该零件由 $\phi 36_{-0.02}^{0}$、$\phi 44$、$\phi 38$、$\phi 30_{-0.02}^{0}$、$\phi 24_{-0.02}^{0}$ 的圆柱面,$R45$、$R3$ 圆弧及倒角等表面组成。整个零件图尺寸标注符合数控加工尺寸标注要求,表面粗糙度要求为 $Ra3.2$,无热处理和硬度要求。

2.工、量具和刀具的选用

（1）选择工具:装夹工件需要的工具,如表 5-2-2 所示。

表 5-2-2 零件加工工具清单

序号	名 称	规 格	单 位	数 量	参 考 图 片
1	三爪卡盘	自定心	个	1	
2	卡盘扳手 刀架扳手	—	副	各1	

续表

序号	名　称	规　格	单　位	数　量	参考图片
3	垫刀片	—	块	若干	
4	棒料	ϕ45×77	条	1	

（2）选择量具：检测需要外径千分尺等量具，如表 5-2-3 所示。

表 5-2-3 零件加工量具清单

序号	名　称	规　格	单　位	数　量	参考图片
1	游标卡尺	0~150 mm	把	1	
2	外径千分尺	0~25 mm 25~50 mm	把	各1	
3	钢板尺	0~200 mm	把	1	
4	表面粗糙度样板	—	套	1	
5	R 规	—	套	1	

（3）选择刀具：加工零件需要刀具，如表 5-2-4 所示。

表 5-2-4 零件加工刀具清单

序号	刀具号	名　称	规　格 mm×mm	数量	加工表面	刀具半径/ mm	参考图片
1	T0101	95°C 型刀片车刀	20×20	1	粗车外轮廓	0.4	
2	T0202	93°D 型刀片车刀	20×20	1	精车外轮廓	0.4	

113

3.G02、G03、G71、G70 指令格式

（1）G02 顺时针圆弧插补指令

格式：G02　X（U）__Z（W）__R__F__；

　　　G02　X（U）__Z（W）__I__K__F__；

说明：

①$X(U)$、$Z(W)$：圆弧终点坐标；

②R：圆弧半径；

③I、K：圆心位置坐标值；

④F：进给速度。

（2）G03 逆时针圆弧插补指令

格式：G03　X（U）__Z（W）__R__F__；

　　　G03　X（U）__Z（W）__I__K__F__；

说明：

①$X(U)$、$Z(W)$：圆弧终点坐标；

②R：圆弧半径；

③I、K：圆心位置坐标值；

④F：进给速度。

注意事项：

①用绝对尺寸编程时，X、Z 为圆弧终点坐标。

②增量尺寸编程时，U、W 为圆弧终点相对圆弧起点的增量值，R 为圆弧半径。

③F 为进给量。

④用 R 方式编程只适用于非整圆的圆弧插补，不适用于整圆加工。

⑤G02/G03 为模态指令，如下一段指令也是 G02/G03 加工可省略 G02/G03 不写。

⑥G2/G3 指令等效于 G02/G03 指令。

（3）内、外圆粗车循环 G71 指令

格式：G71 U（Δd）R（e）；

G71 P（ns）Q（nf）U（Δu）W（Δw）F__ S__ T__；

说明：

①Δd：车削深度，为半径值，无符号，该参数为模态值；

②e：退刀量，该参数为模态值；

③ns：精加工轮廓程序段中开始程序段的段号；

④nf：精加工轮廓程序段中结束程序段的段号；

⑤Δu：X 轴向精加工余量，直径值指定；

⑥Δw：Z 轴向精加工余量；

⑦F、S、T—粗加工过程中的切削用量及使用刀具。

内、外圆粗车循环 G71 走刀路线，如图 5-2-3 所示。

注意事项：

①使用 G71 指令时，需使用 G00 指令定位。

②G71 指令应与精车循环指令 G70 配合使用。

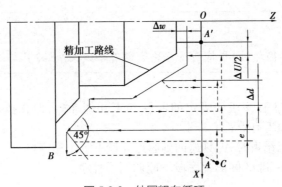

图 5-2-3　外圆粗车循环

A 为刀具循环起点;$A'{\rightarrow}B$ 为精加工路线

③F、S、T:粗车过程中从程序段号 P 到 Q 之间包括的任何 F、S、T 功能都被忽略,只有 G71 指令中指定的 F、S、T 功能有效。

④G71 外圆粗车循环指令适用于轴向尺寸较长的外圆柱面或内孔面,需多次走刀才能完成的粗加工,但该指令的应用有它的局限性,即零件轮廓必须符合 X 轴、Z 轴方向同时单调增大或单调减小。

小提示

1.在 G71 指令执行过程中,可以停止自动运行并手动移动,但是要再次执行 G71 循环时,必须返回手动移动前的位置,如果不返回就继续执行,后面的运动轨迹将错位。

2.在录入方式下不能执行 G7 代码,否则会产生报警。

3.退刀点要尽量高或者低,避免退刀时碰到工件。

---

(4)内、外圆精车循环 G70 指令

格式:G70　P(ns)　Q(nf)

说明:

①ns——精加工形状程序的第一个段号;

②nf——精加工形状程序的最后一个段号。

内、外圆精车循环 G70 走刀路线,如图 5-2-4 所示。

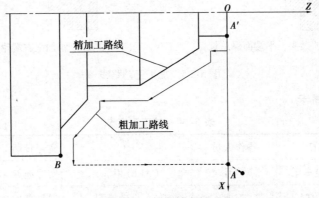

图 5-2-4　外圆精车循环

A 为刀具循环起点;$A'{\rightarrow}B$ 为精加工路线

小提示

在使用 G70 精车循环时,要特别注意快速退刀路线,防止刀具与工件发生干涉。

注意事项:

①在 G71、G72、G73 程序段中规定的 F,S 和 T 功能无效,但在执行 G70 时顺序"*ns*"和"*nf*"之间指定的 F,S 和 T 有效;

②当 G70 循环加工结束时,刀具返回到起点并读下一个程序段;

③G70 到 G73 中 ns 到 nf 间的程序段不能调用子程序。

二、生产实践

1.零件加工工艺路线

分析零件图可知,零件需要两次装夹完成所有工序,零件加工工序步骤如图 5-2-5 所示。

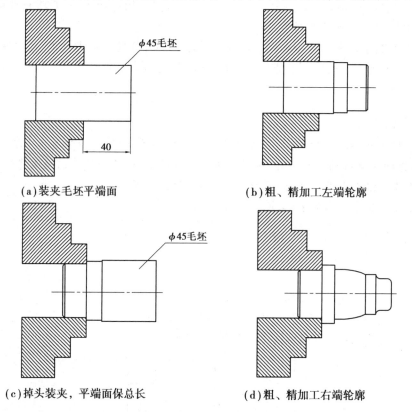

(a)装夹毛坯平端面　　　　　　(b)粗、精加工左端轮廓

(c)掉头装夹,平端面保总长　　　(d)粗、精加工右端轮廓

图 5-2-5　加工工艺路线

2.填写加工工序卡

表 5-2-5　加工工序卡

零件图号	SC5-02	操作人员		实习日期	
使用设备	卧式数控车床	型号	CAK6140	实习地点	数控车间
数控系统	GSK 980TA	刀架	4 刀位、自动换刀	夹具名称	自动定心三爪卡盘

续表

工步号	工步内容	刀具号	程序号	主轴转速 n /(r·min^{-1})	进给量 f_1 /(mm·r^{-1})	背吃刀量 a_p/mm	备注
1	夹持毛坯,加工左端面	T0101	—	800	—	0.3	手动
2	粗加工左端外轮廓, 留 0.5 mm 精加工余量	T0101	O0001	1000	0.15	1.5	自动
3	精加工左端外轮廓至尺寸要求	T0202	O0001	1500	0.1	0.5	自动
4	调头装夹,打表校正, 加工右端面保总长尺寸	T0101	—	800	—	0.3	手动
5	粗加工右端外轮廓, 留 0.5 mm 精加工余量	T0101	O0002	1000	0.15	1.5	自动
6	精加工右端外轮廓至尺寸要求	T0202	O0002	1500	0.1	0.5	自动

3.编写加工程序

结合前面学习的基础知识,根据零件图编写加工程序,如表 5-2-6、表 5-2-7 所示。

表 5-2-6　零件左端外轮廓加工程序

程序段号	程序语句	程序说明
	O0001	程序号(零件左端程序)
N10	T0101;	调用 01 号 93° 外圆粗车刀及 01 号刀补
N20	M03　S1000　G99;	主轴正转,转速 1 000 r/mm,恒转速
N30	G00　X100　Z100　M08;	快速定位至坐标系中(100, 100)的安全换刀点,开冷却液
N40	G00　X47　Z2;	刀具快速接近毛坯加工起点,坐标点为(47, 2)
N50	G90　X44.5　Z-30　F0.15;	外圆切削循环,切削终点为(44.5,-30),粗车进给速度为 0.15 mm/r
N60	X43　Z-18;	外圆切削至(43,-18)
N70	X41.5;	外圆切削至(41.5,-18)
N80	X40.5;	外圆切削至(40.5,-18)
N90	X39;	外圆切削至(39,-18)
N100	X37.5;	外圆切削至(37.5,-18)
N110	X36;	外圆切削至(36,-18)
N120	G00　X100　Z100;	快速退刀至(100,100)安全点
N130	M05;	主轴停止

续表

程序段号	程序语句	程序说明
N140	M00;	程序暂停
N150	T0202 M03 S1500;	调用 02 号 93° 外圆精车刀及 02 号刀补,主轴正转,转速1 500 r/mm
N160	G00 X47 Z2;	快速定位至(47,2),刀尖接近工件
N170	X34;	快速定位至(34,2)
N180	G01 Z0 F0.1;	进给切削至(34,0),精车进给速度为 0.10 mm/r
N190	X36 Z-1;	加工 1×45° 倒角
N200	Z-18;	切削 $\phi36^{0}_{-0.02}$ 外圆
N210	X43;	进给切削至(43,-18)
N220	X44 Z-18.5;	加工 0.5×45° 倒角
N230	Z-30;	切削 $\phi44$ 外圆
N240	G00 X100;	快速退刀至(100,-32)
N250	Z100;	快速退刀至(100,100)安全点
N260	M05;	主轴停止
N270	T0100;	调回基准刀具 01 号刀,取消刀补
N280	M30;	程序结束,并返回开始点

表 5-2-7　零件右端外轮廓加工程序

程序段号	程序语句	程序说明
	O0002	程序号(零件右端程序)
N10	T0101;	快速定位至坐标系中(100,100)的安全换刀点
N20	M03 S1000 G99;	调用 01 号 93° 外圆粗车刀及 01 号刀补,主轴正转,转速1 000 r/mm
N30	G00 X100 Z100 M08;	快速定位至坐标系中(100,100)的安全换刀点,开冷却液
N40	G00 X47 Z2;	刀具快速接近毛坯加工起点,坐标点为(47,2)
N50	G71 U1 R0.5;	外圆复合循环切削,每次进刀 1 mm,退刀 0.5 mm,从程序段号 N60—N160 语句,精加工 X 方向余量为 0.5 mm,Z 方向不留余量,进给速度为 0.15 mm/r
N60	G71 P70 Q170 U0.5 (W0) F0.15;	
N70	G00 X18;	刀尖移动到(18,2)循环开始点

续表

程序段号	程序语句	程序说明
N80	G01 Z0 F0.1;	外圆切削至(18,0)进给速度为0.1 mm/r
N90	G03 X24 Z-3 R3;	加工逆时针圆弧 R3 至(24,-3)
N100	G01 Z-9 F0.1;	外圆切削至(24,-9)进给速度为0.1 mm/r
N110	G02 X30 Z-12 R3;	加工顺时针圆弧 R3 至(38,-12)
N120	G01 Z-20;	外圆切削至(30,-20)
N130	G03 X38 Z-38.55 R45;	加工逆时针圆弧 R45 至(38,-38.55)
N140	G01 Z-44;	外圆切削至(38,-44)
N150	X43;	外圆切削至(43,-44)
N160	X44 Z-44.5;	外圆切削至(43,-44.5)
N170	G01 X47;	外圆切削至(47,-44.5)循环结束点
N180	G00 X100;	快速退刀至(100,100)安全点
N190	Z100;	
N200	M05;	主轴停止
N210	M00;	程序暂停
N220	T0202 M03 S1500;	调用 02 号 93° 外圆精车刀及 02 号刀补,主轴正转,转速1 500 r/min
N230	G00 X47 Z2;	快速定位至(47,2),刀尖接近工件
N240	G70 P70 Q170 F0.1;	外圆复合循环精加工,从程序段号 N70—N170 语句
N250	G00 X100;	快速退刀至(100,100)安全点
N260	Z100;	
N270	M05;	主轴停止
N280	T0100;	调回基准刀具 01 号刀,取消刀补
N290	M30;	程序结束,并返回开始点

4.零件加工

(1)程序准备、录入及校验

待程序编辑完成后,把准备好的程序手动录入机床数控系统,并进行模拟作图,以校验程序。

（2）装刀与对刀操作

按照表5-2-5中要求,把各刀具装在相应到位上,保证刀尖中心高、刀尖伸出刀架长度适中,并装正刀具。

对刀时,采用试切对刀法,以1号刀具为基准刀具,其余刀具为非基准刀具进行对刀操作。

注意:磨刀及对刀操作时,请佩戴防护眼镜,以防粉尘或铁屑飞入眼睛!

（3）零件加工与质量控制

加工前,首先单步试车,修正主轴转速倍率、进给倍率、快速倍率等加工参数,然后运行程序自动加工。

在加工过程中,所有小组成员通过防护门,观看零件加工过程。负责加工操作的成员,必须在程序暂停的时候,对重要的加工尺寸进行检测,把所测原始数据填写到表5-2-8中,为后续的控制尺寸精度提供参考数据。如果所测原始数据与相应的理论值不同,可通过修正加工刀具对应的刀补值,从而保证零件的尺寸精度。

表5-2-8　加工过程重要尺寸检测表

序号	检测尺寸	粗车后数值		第一次精车后数值		第二次精车后数值	
		理论值	实测值	理论值	实测值	理论值	实测值
1	$\phi36_{-0.02}^{0}$	$\phi36.5_{-0.02}^{0}$		$\phi36_{-0.02}^{0}$		$\phi36_{-0.02}^{0}$	
2	$\phi30_{-0.02}^{0}$	$\phi30.5_{-0.02}^{0}$		$\phi30_{-0.02}^{0}$		$\phi30_{-0.02}^{0}$	
3	$\phi24_{-0.02}^{0}$	$\phi24.5_{-0.02}^{0}$		$\phi24_{-0.02}^{0}$		$\phi24_{-0.02}^{0}$	
4	$28_{-0.1}^{0}$	$28_{-0.1}^{0}$		$28_{-0.1}^{0}$		$28_{-0.1}^{0}$	
5	72 ± 0.1	72 ± 0.1		72 ± 0.1		72 ± 0.1	

（4）机床清洁与保养

加工完毕后,小组全体成员一起对机床进行清洁与保养工作,并记录清洁与保养情况。

三、总体评价

零件加工完成后,必须对加工零件进行一次全面的检测,把检测结果填入表5-2-9中,判断加工产品是合格品、废品及可返修品。

表5-2-9　零件评分表

序号	检测项目尺寸		配分	检测结果	评分标准	得分
1	外圆	$\phi36_{-0.02}^{0}$	10			
2		$\phi30_{-0.02}^{0}$	10			
3		$\phi24_{-0.02}^{0}$	10			
4	长度	$28_{-0.1}^{0}$	15			
5		70 ± 0.1	10			
6	圆弧	R3（端面）	5			
7		R3	5			
8		R45	5			
9	倒角	1×45°	5			

序号	检测项目尺寸		配　分	检测结果	评分标准	得　分
10	表面粗糙度	Ra3.2	5			
11	其他	一般尺寸	10			
12	程序	程序正确合理	5			
13	安全操作	机床规范操作	5			
14	最终总评	所有检测尺寸都在公差范围内,零件完整				合格
		有一个或多个检测尺寸超出最小极限公差,零件不完整				废品
		有一个或多个检测尺寸超出最大极限公差,零件不完整				可返修品

课堂测试

一、选择题

1.G70 指令是(　　　)。

　　A.精加工切削循环指令　　　　　　　　B.圆柱粗车削循环指令

　　C.端面车削循环指令　　　　　　　　　D.螺纹车削循环指令

2.在 G71P(ns)Q(nf)U(Δu)W(Δw)S500 程序格式中,(　　　)表示 Z 轴方向上的精加工余量。

　　A.Δu　　　　　　B.Δw　　　　　　C.ns　　　　　　D.nf

3.数控车床用代号(　　　)表示。

　　A.CAD　　　　　B.CAM　　　　　C.CNC　　　　　D.ATC

4.一般数控系统由(　　　)组成。

　　A.输入装置,顺序处理装置　　　　　　B.数控装置,驱动装置,辅助装置

　　C.控制面板和显示　　　　　　　　　　D.数控柜,驱动柜

5.普通车床与数控车床主要区别是(　　　)。

　　A.数控装置　　　　　　　　　　　　　B.尾座

　　C.刀架和进给机构　　　　　　　　　　D.冷却系统

二、判断题

1.工作前必须戴好劳动保护品,女工戴好工作帽,不围围巾,禁止穿高跟鞋,操作时不准戴手套,不准与他人闲谈,精神要集中。　　　　　　　　　　　　　　　　(　　　)

2.数控车床的基本结构通常由机床主体、数控装置和伺服系统三部分组成。　　(　　　)

3.有人在设备内安装夹具及刀具或进行测量时其他人员不可靠近控制器及操作。(　　　)

4.数控机床的开机,关机顺序,一定要按照机床说明书的规定操作。　　　　　(　　　)

三、编程题

需要加工零件如图 5-2-6 所示,材料为 $\phi45\times70$ mm 的 45 号钢棒,要求两把刀具分别进行粗、精铣加工,选用循环指令进行编程。

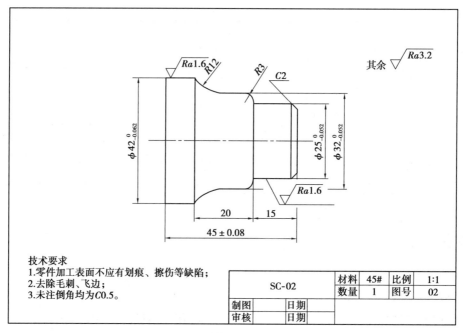

技术要求
1.零件加工表面不应有划痕、擦伤等缺陷;
2.去除毛刺、飞边;
3.未注倒角均为C0.5。

SC-02	材料	45#	比例	1:1
	数量	1	图号	02
制图	日期			
审核	日期			

图 5-2-6

数控车工(入门)考核评分表

单位:　　　　　　　　　　姓名:　　　　　　　　　　准考证号:

检测项目		技术要求		配分	评分标准	检测结果	得　分
机床操作	1	按步骤开机、检查、润滑		2	不正确无分		
	2	回机床参考点		2	不正确无分		
	3	按程序格式输入程序、检查及修改		2	不正确无分		
	4	程序轨迹检查		2	不正确无分		
	5	工、夹、刀具的正确安装		2	不正确无分		
	6	按指定方式对刀		2	不正确无分		
	7	检查对刀		2	不正确无分		
外圆	8	$\phi42_{-0.062}^{0}$	Ra1.6	10/6	超差 0.01 扣 5 分、降级无分		
	9	$\phi32_{-0.052}^{0}$	Ra3.2	10/4	超差 0.01 扣 5 分、降级无分		
	10	$\phi25_{-0.052}^{0}$	Ra1.6	10/4	超差 0.01 扣 5 分、降级无分		
圆弧	11	R12	Ra3.2	8/3	超差、降级无分		
	12	R3	Ra3.2	8/3	超差、降级无分		
长度	13	45±0.08		6	超差无分		
	14	20		4	超差无分		
	15	15		4	超差无分		

检测项目		技术要求	配分	评分标准	检测结果	得　分
其他	16	C0.5	2	不符无分		
	17	未注倒角	2	不符无分		
	18	安全操作规程		违反扣总分 10 分/次		
总配分			100	总得分		
零件名称			图号		加工日期	
加工开始　　　时　　分		停工时间　　　分钟	加工时间		检测	
加工结束　　　时　　分		停工原因	实际时间		评分	

任务 5.3　复合固定循环指令 G73 车削加工成形面

学习目标

表 5-3-1　技能训练

技能操作	(1)数控加工仿真软件使用； (2)数控车床系统操作:程序录入、编辑、对刀、程序校验与运行； (3)数控车床手动操作:装夹工件、刀具;机床动作； (4)数控车床操作,完成工件加工;如图 5-3-1 所示； 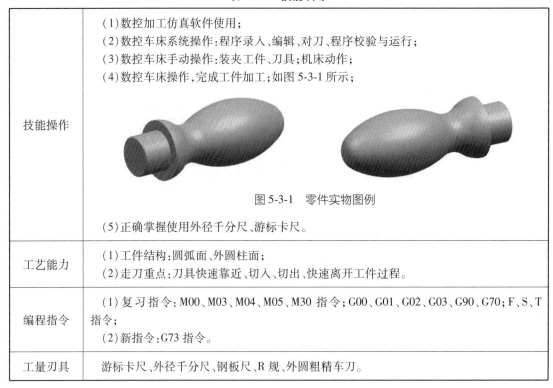<div align="center">图 5-3-1　零件实物图例</div>(5)正确掌握使用外径千分尺、游标卡尺。
工艺能力	(1)工件结构:圆弧面、外圆柱面； (2)走刀重点:刀具快速靠近、切入、切出、快速离开工件过程。
编程指令	(1)复习指令:M00、M03、M04、M05、M30 指令;G00、G01、G02、G03、G90、G70;F、S、T 指令； (2)新指令:G73 指令。
工量刃具	游标卡尺、外径千分尺、钢板尺、R 规、外圆粗精车刀。

知识结构

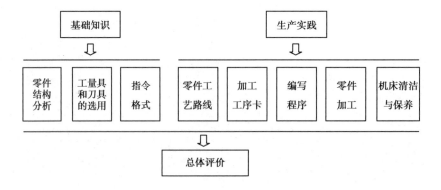

零件图纸

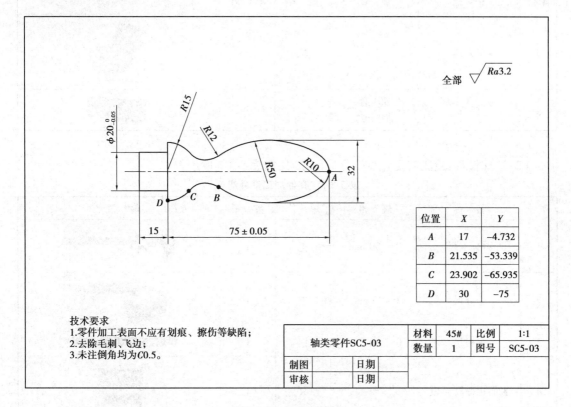

图 5-3-2 零件训练图

位置	X	Y
A	17	−4.732
B	21.535	−53.339
C	23.902	−65.935
D	30	−75

技术要求
1.零件加工表面不应有划痕、擦伤等缺陷；
2.去除毛刺、飞边；
3.未注倒角均为C0.5。

轴类零件SC5-03		材料	45#	比例	1:1
		数量	1	图号	SC5-03
制图		日期			
审核		日期			

一、基础知识

1.零件的结构分析

根据图 5-3-1 所示,该手柄由 $R10$、$R50$、$R12$、$R15$ 四个相切圆弧面、$\phi20_{-0.05}^{0}$ 的外圆柱面组成。结构清晰,尺寸标注清晰,无热处理要求。

2.工、量具和刀具的选用

(1)选择工具:装夹工件需要的工具,如表 5-3-2 所示。

表 5-3-2 零件加工工具清单

序号	名 称	规 格	单 位	数 量	参考图片
1	三爪卡盘	自定心	个	1	
2	卡盘扳手 刀架扳手	—	副	各1	

续表

序号	名　称	规　格	单　位	数　量	参考图片
3	垫刀片	—	块	若干	
4	棒料	45#钢 φ35×95	条	1	

（2）选择量具：检测需要外径千分尺等量具，如表5-3-3所示。

表5-3-3　零件加工量具清单

序号	名　称	规　格	单　位	数　量	参考图片
1	游标卡尺	0~150 mm	把	1	
2	千分尺	0~25 mm	把	1	
3	钢板尺	0~200 mm	把	1	
4	表面粗糙度样板	—	套	1	
5	R规	—	套	1	

（3）选择刀具：加工零件需要刀具，如表5-3-4所示。

表5-3-4　零件加工刀具清单

序号	刀具号	名　称	规格 mm×mm	数量	加工表面	刀具半径/mm	参考图片
1	T0101	95°外圆车刀	20×20	1	粗车左端外轮廓	0.4	
2	T0202	93°外圆车刀	20×20	1	精车左端外轮廓	0.4	
3	T0303	35°外圆尖刀	20×20	1	粗车右端外形轮廓	0.4	
4	T0404	35°外圆尖刀	20×20	1	精车右端外形轮廓	0.4	

3.G73 指令格式

（1）代码格式

G73 U（Δi） W（Δk） R（d） F _S_ T_ ;①

G73 P（ns） Q（nf） U（Δu） W（Δw）;②

$$\left. \begin{array}{l} N（ns）\dots \\ \dots \\ \dots \\ N（nf）\dots \end{array} \right\} ③（用以描述精加工轨迹）$$

式中：

Δi：X 轴粗车退刀量，粗车时 X 轴的总切削量（半径值）等于 $|\Delta i|$，$\Delta i>0$，粗车时向 X 轴的负方向切削。

Δk：Z 轴粗车退刀量，粗车时 Z 轴的总切削量等于 $|\Delta k|$，$\Delta k>0$，粗车时向 Z 轴的负方向切削。

d：粗车时的切削次数。

ns：精车轨迹的第一个程序段的程序段号。

nf：精车轨迹的最后一个程序段的程序段号。

Δu：X 轴的精加工余量。

Δw：Z 轴的精加工余量。

F、S、T：切削进给速度、主轴转速、刀具号、刀具偏置号。

小提示

建议使用 X、Z 向双向进刀或 X 向单向进刀方式，若使用 Z 向单向进刀，会使整个加工过程中刀具的主切削刃切深过大。加工内凹型面，如果使用 Z 向单向进刀方式，会使凹型轮廓破坏，所以要采用 X 向单向进刀。

知识链接

U、R 值的确定

经验计算公式：X 向总的吃刀深度 $= \dfrac{最大尺寸 \cdot 最小尺寸}{2}$

X 向总的吃刀深度为：

$U=（20-0）/2=10$

$R=U-1=9$

毛坯尺寸为 $\phi20\times50$

$U=（20-8）/2=6$

$R=U-1=5$

（2）说明

①G73 的走刀路径，表 5-3-5。

表 5-3-5　G73 代码走刀路径

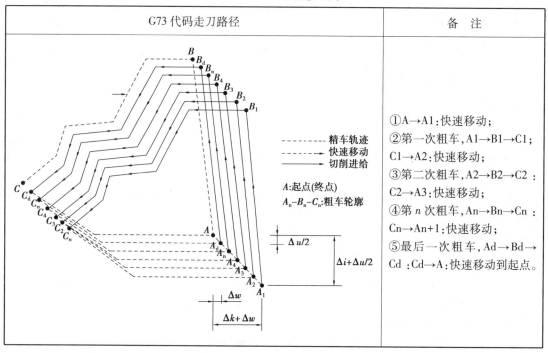

G73 代码走刀路径	备　注
精车轨迹 快速移动 切削进给 A:起点(终点) A_n-B_n-C_n:粗车轮廓	①A→A1:快速移动; ②第一次粗车,A1→B1→C1; C1→A2:快速移动; ③第二次粗车,A2→B2→C2; C2→A3:快速移动; ④第 n 次粗车,An→Bn→Cn; Cn→An+1:快速移动; ⑤最后一次粗车,Ad→Bd→ Cd ;Cd→A:快速移动到起点。

②从 G73 的加工过程来看,它特别适合毛坯已经具备所要加工工件形状的零件的加工,如铸造件、锻造件等。

③执行 G73 时,$ns \sim nf$ 程序段仅用于计算粗车轮廓,程序段并未被执行。粗加工时 G73 编程的 F、S、T 有效,而精加工时处于 $ns \sim nf$ 程序段中的 F、S、T 代码有效。

二、生产实践

1.零件加工工艺路线

分析零件图可知,零件需要两次装夹完成所有工序,零件加工工序步骤如图 5-3-3 所示。

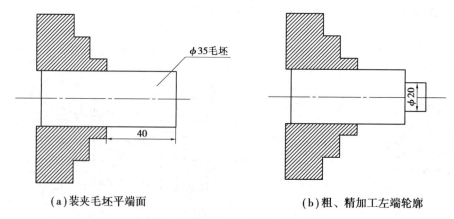

（a）装夹毛坯平端面　　　　　　（b）粗、精加工左端轮廓

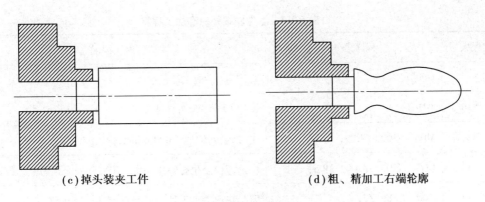

　　(c)掉头装夹工件　　　　　　　　(d)粗、精加工右端轮廓

图 5-3-3　手柄加工示意图

2.填写加工工序卡

表 5-3-6　加工工序卡

零件图号	SC 5-03	操作人员		实习日期	
使用设备	卧式数控车床	型号	CAK6140	实习地点	数控车间
数控系统	GSK 980TA	刀架	4 刀位、自动换刀	夹具名称	自动定心三爪卡盘
工步号	工步内容	刀具号	程序号	主轴转速 n /(r·min^{-1})	进给量 f_1 /(mm·r^{-1})	背吃刀量 a_p/mm	备注
---	---	---	---	---	---	---	---
1	夹持毛坯,毛坯伸出卡盘 40 mm,车零件左端面	T0101	—	800	—	0.3	手动
2	粗加工左端外轮廓	T0101	O0001	1 000	0.15	1.5	自动
3	精车左端外轮廓至尺寸要求	T0202	O0001	1500	0.1	0.5	自动
4	调头装夹,加工右端面保 75 长尺寸	T0101	—	800	—	0.3	手动
5	粗加工右端外轮廓,留 0.5 mm 精加工余量	T0303	O0002	1 000	0.15	1.5	自动
6	精加工外轮廓至尺寸要求	T0404	O0002	1 500	0.1	0.5	自动

3.编写加工程序

结合前面学习的基础知识,根据零件图编写加工程序,如表 5-3-7,表 5-3-8 所示。

表 5-3-7　零件左端外轮廓加工程序

程序段号	程序语句	程序说明
	O0001	程序号(手柄左端程序)
N10	T0101;	调用 01 号 95°外圆粗车刀及 01 号刀补
N20	M03　S1000　G99;	主轴正转,转速 1 000 r/min,恒转速
N30	G00　X100　Z100　M08;	快速定位至坐标系中(100,100)的安全换刀点,开冷却液
N40	G00　X38　Z2;	刀具快速接近毛坯加工起点,坐标点为(38,2)
N50	G90　X32　Z-15　F0.15;	外圆切削循环,切削终点为(32,-15),粗车进给速度为0.15 mm/r
N60	(G90)　X29　Z-15 ;	外圆切削循环至终点(29,-15),G90 和 F0.2 为模态指令,可省略
N70	(G90)　X26;	外圆切削循环至终点(26,-15),
N80	(G90)　X23;	外圆切削循环至终点(23,-15)
N90	(G90)　X20.5;	外圆切削循环至终点(20.5,-15)
N100	G00　X100　Z100;	快速退刀至(100,100)安全点
N110	M05	主轴停止
N120	M00	程序暂停
N130	T0202　M03　S1500	调用 02 号 93°外圆车刀,02 号刀补,主轴正转,转速1 500 r/min
N140	G00　X23　Z2	刀具快速接近工件,坐标点(23,2)
N150	G01　X20　(Z2)　F0.1	进给切削至(20,2),精车进给速度为 0.1 mm/r
N160	G01　(X20)　Z-15	精车至轮廓终点(20,-15)
N170	G01　X35	精车至轮廓终点(35,-15)
N180	G00　X100　Z100	快速退刀至安全换刀位置(100,100)
N190	M05;	主轴停止
N200	T0100	取消刀补
N210	M30	程序结束,并返回开始点

表 5-3-8　零件右端外轮廓加工程序

程序段号	程序语句	程序说明
	O0002;	程序号(手柄右端加工程序)
N10	T0303;	调用 03 号 35°外圆粗车刀及 03 号刀补
N20	M03　S1000　G99;	主轴正转,转速 500 r/min,恒转速
N30	G00　X100　Z100　M08;	快速定位至坐标系中(100,100)的安全换刀点,开冷却液
N40	G00　X38　Z2;	刀具快速移动至循环加工起点为(38,2)
N50	G73　U17.5　W0　R9　F0.15;	G73 封闭切削循环指令,X 轴的总切削量为 17.5,Z 轴的总切削量 0,粗车 9 刀,从程序段号 N70—N120 语句,精加工 X 方向余量为 0.4 mm,Z 方向不留余量,进给速度为 0.15 mm/r
N60	G73　P70　Q120　U0.4　W0;	
N70	G00　X0;	外形轮廓精加工程序段,循环开始点
N80	G01　Z0　F0.1;	精加工进给速度为 0.1mm/r
N90	G03　X17　Z-4.732　R10;	第一段 R10 圆弧使用逆时针圆弧插补指令 M03,第一段圆弧终点为(17,-4.732)
N100	(G03)　X21.535　Z-53.339　R50;	第二段 R50 圆弧使用 G03 指令,终点(21.535,-53.339)
N110	G02　X23.902　Z-65.935　R12;	第三段 R12 圆弧使用 G02 指令,终点(23.902,-65.935)
N120	G03　X30　Z-75　R15;	第三段 R15 圆弧使用 G03 指令,终点(30,-75)
N130	G01　X35	外形轮廓精加工程序段,循环结束点
N140	(G00)　X100　Z100;	快速退刀至安全换刀点(100,,100)
N150	M05;	主轴停止转动
N160	M00;	程序暂停
N170	T0404　M03　S1500;	调用 03 号 35°外圆精车刀 03 号刀补,主轴正转,转速为 1 500 r/min
N180	G00　X38　Z2;	快速定位到加工起点(38,2)
N190	G70　P70　Q120　F0.1;	G70 精加工循环
N200	G00　X100　Z100;	快速退刀至安全换刀点(100,100)
N210	M05;	主轴停止转动
N220	T0300;	取消刀补
N230	M30;	程序结束

> **小提示**
>
> 加工完成后退刀时最好先从 X 方向先退出一段距离,再使用快速退刀指令从 X、Z 方向退到安全换刀点,以免出现撞工件的情况。

4.零件加工

(1)程序准备、录入及校验

待程序编辑完成后,把准备好的程序手动录入机床数控系统,并进行模拟作图,以校验程序。

(2)装刀与对刀操作

按照表 5-3-4 中要求,把各刀具装在相应到位上,保证刀尖中心高、刀尖伸出刀架长度适中,并装正刀具。

对刀时,采用试切对刀法,以 1 号刀具为基准刀具,其余刀具为非基准刀具进行对刀操作。

注意:磨刀及对刀操作时,请佩戴防护眼镜,以防粉尘或铁屑飞入眼睛!

(3)零件加工与质量控制

加工前,首先单步试车,修正主轴转速倍率、进给倍率、快速倍率等加工参数,然后运行程序自动加工。

在加工过程中,所有小组成员通过防护门,观看零件加工过程。负责加工操作的成员,必须在程序暂停的时候,对重要的加工尺寸进行检测,把所测原始数据填写到表 5-3-9 中,为后续的控制尺寸精度提供参考数据。如果所测原始数据与相应的理论值不同,可通过修正加工刀具对应的刀补值,从而保证零件的尺寸精度。

表 5-3-9　加工过程重要尺寸检测表

序　号	检测尺寸	粗车后数值		第一次精车后数值		第二次精车后数值	
		理论值	实测值	理论值	实测值	理论值	实测值
1	$\phi20^{\ 0}_{-0.05}$	$\phi20.5$		$\phi20^{\ 0}_{-0.05}$		$\phi20^{\ 0}_{-0.05}$	
2	75 ± 0.1	75 ± 0.1		75 ± 0.1		75 ± 0.1	

(4)机床清洁与保养

加工完毕后,小组全体成员一起对机床进行清洁与保养工作,并记录清洁与保养情况。

三、总体评价

零件加工完成后,必须对加工零件进行一次全面的检测,把检测结果填入表 5-3-10 中,判断加工产品是合格品、废品及可返修品。

表 5-3-10　零件评分表

序号	检测项目尺寸		配　分	检测结果		评分标准	得　分
1	圆弧	R10	10				
2		R50	10				
3		R12	10				
4		R15	10				

续表

序号	检测项目尺寸		配　分	检测结果		评分标准	得　分
5	长度	75±0.1	15				
6	直径	$\phi 20_{-0.05}^{0}$	15				
7	倒角	C0.5	5				
8	表面粗糙度	Ra3.2	5				
9	其他	一般尺寸	10				
10	程序	程序正确合理	5				
11	安全操作	机床规范操作	5				
12	最终总评		所有检测尺寸都在公差范围内,零件完整				合格
			有一个或多个检测尺寸超出最小极限公差,零件不完整				废品
			有一个或多个检测尺寸超出最大极限公差,零件不完整				可返修品

课堂测试

一、选择题

1.程序段 G73P0035Q0060U4.0W2.0S500,W2.0 的含义是(　　　)。

　　A.Z 轴方向精加工余量　　　　　　　　B.X 轴方向精加工余量

　　C.X 轴方向的背吃刀量　　　　　　　　D.Z 轴方向的退刀量

2.下列指令中属于固定循环指令代码的有(　　　)。

　　A.G04　　　　　　B.G02　　　　　　C.G73　　　　　　　　D.G28

3.对于锻造成型的工件,最适合采用的固定循环指令为(　　　)

　　A.G73　　　　　　B.G72　　　　　　C.G74　　　　　　　　D.G71

4.下列关于数控车削复合循环的叙述中正确的是(　　　)。

　　A.G71 和 G72 刀具及安装方式一样,加工细长轴时加工效率 G71 好于 G72

　　B.G71 和 G73 走刀路线不一样,加工铸造或锻造件毛坯时,加工效率 G73 好于 G71

　　C.G71 和 G73 刀具及安装方式可一样,加工棒料毛坯时,加工效率 G73 高于 G71

　　D.G71、G72、G73 都是粗加工复合循环,可以任意选择其中之一应用于粗加工

5.复合固定循环 G71、G72、G73 程序段中的 F、S、T 对(　　　)有效。

　　A.粗加工　　　　B.半精加工　　　　　C.精加工　　　　D.粗加工和精加工

二、判断题

G73 指令中轴向余量 W 参数必须为零。　　　　　　　　　　　　　　　　　　(　　　)

三、编程题

根据图 5-3-4 进行编写程序,毛坯为 $\phi 45 \times 85$ mm 的棒料。

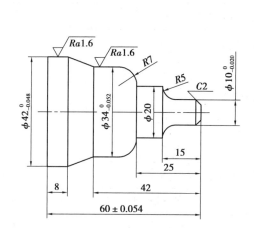

其余 $\sqrt{Ra3.2}$

技术要求

1.零件加工表面不应有划痕、擦伤等缺陷；

2.去除毛刺、飞边；

3.未注倒角均为C0.5。

	SC-03	材料	45#	比例	1:1
		数量	1	图号	03
制图		日期			
审核		日期			

图 5-3-4

数控车工(入门)考核评分表

单位：　　　　　　　　　　　姓名：　　　　　　　　　　　准考证号：

检测项目		技术要求		配分	评分标准	检测结果	得分
机床操作	1	按步骤开机、检查、润滑		2	不正确无分		
	2	回机床参考点		2	不正确无分		
	3	按程序格式输入程序、检查及修改		2	不正确无分		
	4	程序轨迹检查		2	不正确无分		
	5	工、夹、刀具的正确安装		2	不正确无分		
	6	按指定方式对刀		2	不正确无分		
	7	检查对刀		2	不正确无分		
外圆	8	$\phi 42_{-0.048}^{0}$	$Ra1.6$	10/6	超差 0.01 扣 5 分、降级无分		
	9	$\phi 34_{-0.052}^{0}$	$Ra1.6$	10/4	超差 0.01 扣 5 分、降级无分		
	10	$\phi 20$	$Ra3.2$	6/2	超差 0.01 扣 5 分、降级无分		
	11	$\phi 10_{-0.020}^{0}$	$Ra3.2$	10/2	超差 0.01 扣 5 分、降级无分		

续表

检测项目		技术要求		配分	评分标准	检测结果	得分
圆弧	12	$R7$	$Ra3.2$	8/3	超差、降级无分		
	13	$R5$	$Ra3.2$	8/3	超差、降级无分		
长度	14	60 ± 0.054		6	超差无分		
	15	42		2	超差无分		
	16	25		2	超差无分		
其他	17	$C0.5$		2	不符无分		
	18	未注倒角		2	不符无分		
	19	安全操作规程			违反扣总分 10 分/次		
总配分				100	总得分		
零件名称				图号		加工日期	
加工开始　　时　　分		停工时间　　分钟		加工时间		检测	
加工结束　　时　　分		停工原因		实际时间		评分	

任务 5.4　螺纹循环指令 G92 车削加工外螺纹及多槽

学习目标

表 5-4-1　技能训练

技能操作	（1）窄槽切削； （2）普通三角形外螺纹车削；如图 5-4-1 所示； 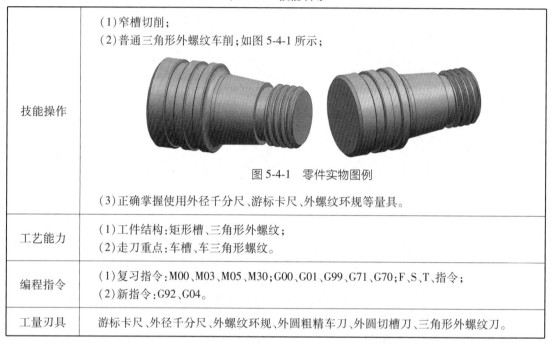 图 5-4-1　零件实物图例 （3）正确掌握使用外径千分尺、游标卡尺、外螺纹环规等量具。
工艺能力	（1）工件结构：矩形槽、三角形外螺纹； （2）走刀重点：车槽、车三角形螺纹。
编程指令	（1）复习指令：M00、M03、M05、M30；G00、G01、G99、G71、G70；F、S、T、指令； （2）新指令：G92、G04。
工量刃具	游标卡尺、外径千分尺、外螺纹环规、外圆粗精车刀、外圆切槽刀、三角形外螺纹刀。

知识结构

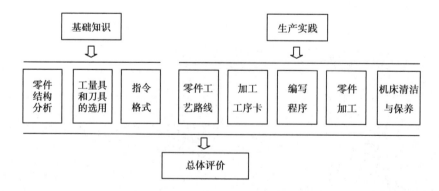

零件图纸

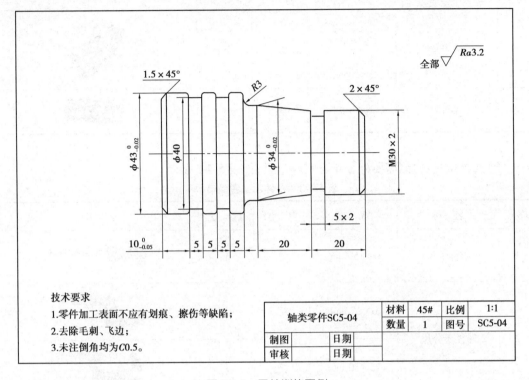

全部 $\sqrt{Ra3.2}$

$1.5 \times 45°$

$R3$

$2 \times 45°$

$\phi 43_{-0.02}^{0}$

$\phi 40$

$\phi 34_{-0.02}^{0}$

$M30 \times 2$

5×2

$10_{-0.05}^{0}$　5　5　5　5　　20　　20

技术要求

1.零件加工表面不应有划痕、擦伤等缺陷；

2.去除毛刺、飞边；

3.未注倒角均为C0.5。

轴类零件SC5-04		材料	45#	比例	1:1
		数量	1	图号	SC5-04
制图		日期			
审核		日期			

图 5-4-2　零件训练图例

一、基础知识

1.零件的结构分析

根据零件图所示,该零件由 $\phi 43_{-0.02}^{0}$ 圆柱面、圆弧 $R3$、锥度、1 个 5×2 矩形槽、两个 $\phi 40 \times 5$ 矩形槽、$M30 \times 2$ 螺纹及倒角等表面组成。整个零件图尺寸标注符合数控加工尺寸标注要求,表面粗糙度要求为 $Ra3.2$,无热处理和硬度要求。

2.工、量具和刀具的选用

(1)选择工具:装夹工件需要的工具,如表 5-4-2 所示。

表 5-4-2　零件加工工具清单

序号	名　称	规　格	单　位	数　量	参考图片
1	三爪卡盘	自定心	个	1	
2	卡盘扳手 刀架扳手	—	副	各1	

续表

序号	名　称	规　格	单　位	数　量	参考图片
3	垫刀片	—	块	若干	
4	棒料	φ45×75	条	1	

（2）选择量具：检测需要外径千分尺等量具，如表5-4-3所示。

表5-4-3　零件加工量具清单

序号	名　称	规　格	单　位	数　量	参考图片
1	游标卡尺	0~150 mm	把	1	
2	外径千分尺	0~25 mm	把	1	
		25~50 mm	把	1	
3	钢板尺	0~200 mm	把	1	
4	外径螺纹千分尺	25~50 mm	把	1	
5	外螺纹环规	M30×2	套	1	
6	角度样板	60°	套	1	

（3）选择刀具：加工零件需要刀具，如表5-4-4所示。

表5-4-4　零件加工刀具清单

序号	刀具号	名　称	规　格 mm×mm	数　量	加工表面	刀具半径/ mm	参考图片
1	T0101	95°外圆粗车刀	20×20	1	粗车外轮廓	0.4	

序号	刀具号	名　称	规　格 mm×mm	数　量	加工表面	刀具半径/ mm	参考图片
2	T0202	93°外圆精车刀	20×20	1	精车外轮廓	0.4	
3	T0303	外圆切槽刀	20×20	1	切断	0.4	
4	T0404	60°外螺纹刀	20×20	1	螺纹	0.4	

3.G92 、G04 指令格式

（1）车削螺纹固定循环指令 G92

格式：

G92 X(U)＿ Z(W)＿ F＿;（圆柱螺纹格式）

G92 X(U)＿ Z(W)＿ R＿ F＿;（圆锥螺纹格式）

说明：

X、Z:螺纹终点绝对坐标值；

U、W:螺纹终点相对循环起点的坐标增量值；

R:螺纹起点相对切削终点的半径差,外螺纹 R 为负；

F:螺纹的导程（单线螺纹的导程＝螺距）。

（2）暂停指令 G04

格式：

G04 X(P 或 U)＿

说明：

①暂停指令有三种表示时间的方法,即在地址 X、P 或 U 后面接表示暂停时间的值,这些地址有以下的区别。

a.U 地址只用于数控车床,其他两个地址既可用于数控车床,也可以用于其他数控机床。

b.暂停时间的单位可以是 s 或 ms,一般 P 后面只可用整数时间,单位是 ms。X 后面的数既可用整数,也可带小数点,视具体的数控系统而定。当数值为整数时,其单位为 ms,如果数值带有小数点,则单位为 s,地址 U 和 X 一样,只不过它只用于数控车床。

例如,以下指令表示的暂停时间都是 2 s 或 2 000 ms。

G04X2.0;

G04X2000;

G04P2000;

G04U2.0;

②在数控车床上,暂停指令 G04 一般有两种作用:一是加工凹槽时,为避免在槽的底部留下切削痕迹,用该指令使切槽刀在槽底部停留一定的时间;二是当前一指令处于恒切削速度

控制,而后一指令需要转为恒转速控制且为加工螺纹指令时,往往在中间加一段暂停指令,使主轴转速稳定后再加工螺纹。

a.对于宽度和深度均不大的窄浅槽,可采用与槽等宽的刀具,直接一次切入成型。注意切槽刀到达槽底后利用 G04 暂停指令短暂停留,以修整槽底圆度,如图 5-4-3 所示。

b.对于宽度值不大但深度较大的窄深槽,可安排采用"进→退→进→退……"的逐次进刀刀路,利于断屑和排屑,避免因排屑不畅而导致扎刀和断刀,如图 5-4-4 所示。

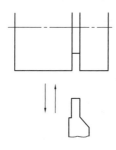

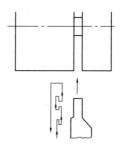

图 5-4-3　窄浅槽加工走刀刀路　　　　　图 5-4-4　窄浅槽加工走刀刀路

4.车削普通三角形外螺纹的尺寸计算

(1)d 实际大径＝d 大径−0.1×P

(2)h 牙高＝0.65P

(3)d 小径＝d 大径−1.3P

知识链接

普通螺纹切削深度及走刀次数参考表

米制螺纹							
螺距/mm	1	1.5	2	2.5	3	3.5	4
牙深(半径量)	0.649	0.974	1.299	1.624	1.949	2.273	2.598
切削次数及背吃刀量	1 次	0.7	0.8	0.9	1.0	1.2	1.5	1.5
	2 次	0.4	0.6	0.6	0.7	0.7	0.7	0.8
	3 次	0.2	0.4	0.6	0.6	0.6	0.6	0.6
	4 次	—	0.16	0.4	0.4	0.4	0.6	0.6
	5 次			0.1	0.4	0.4	0.4	0.4
	6 次			—	0.15	0.4	0.4	0.4
	7 次			—	—	0.2	0.2	0.4
	8 次				—	—	0.15	0.3
	9 次						—	0.2

续表

英制螺纹							
螺距/mm	1	1.5	2	2.5	3	3.5	4
牙深(半径量)	0.649	0.974	1.299	1.624	1.949	2.273	2.598
切削次数及 背吃刀量 1次	0.8	0.8	0.8	0.8	10.9	1.0	1.2
2次	0.4	0.6	0.6	0.6	0.6	0.7	0.7
3次	0.16	0.3	0.5	0.5	0.6	0.6	0.6
4次	—	0.11	0.14	0.3	0.4	0.4	0.5
5次	—	—	—	0.13	0.21	0.4	0.5
6次	—	—	—	—	—	0.16	0.4
7次	—	—	—	—	—	—	0.17

5.螺纹的检测

（1）用螺纹环规测量,通规能顺畅通过,止规不能通过为合格螺纹。

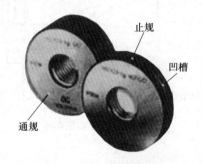

图 5-4-5   外螺纹环规结构

（2）用螺纹千分尺测量螺纹中径尺寸（如图 5-4-6 所示）。

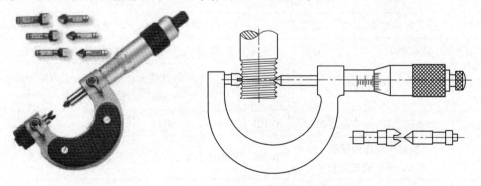

图 5-4-6   螺纹千分尺检测

二、生产实践

1.零件加工工艺路线

分析零件图可知,零件需要两次装夹完成所有工序,零件加工工序步骤如图 5-4-7 所示。

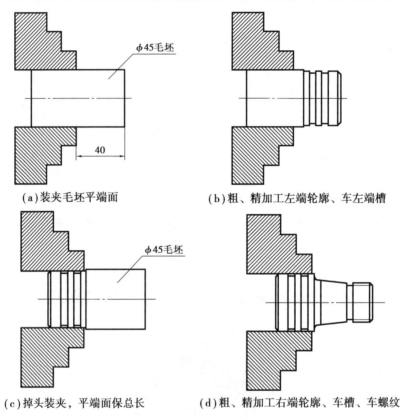

(a)装夹毛坯平端面　　　　　(b)粗、精加工左端轮廓、车左端槽

(c)掉头装夹,平端面保总长　　(d)粗、精加工右端轮廓、车槽、车螺纹

图 5-4-7　加工工艺路线

2.填写加工工序卡

表 5-4-5　加工工序卡

零件图号	SC 5-04	操作人员			实习日期		
使用设备	卧式数控车床	型号	CAK6140		实习地点		数控车间
数控系统	GSK 980TA	刀架	4 刀位、自动换刀		夹具名称		自动定心三爪卡盘
工步号	工步内容	刀具号	程序号	主轴转速 n /($\text{r} \cdot \text{min}^{-1}$)	进给量 f_1 /($\text{mm} \cdot \text{r}^{-1}$)	背吃刀量 a_p/mm	备注
1	夹持毛坯,加工左端面	T0101	—	800	—	0.3	手动
2	粗加工左端外轮廓, 留 0.5 mm 精加工余量	T0101	O0001	1 000	0.15	1.5	自动
3	精加工左端外轮廓至尺寸要求	T0202	O0001	1500	0.1	0.5	自动
4	粗、精加工左端宽槽至尺寸要求	T0303	O0001	400	0.05	3	自动

续表

工步号	工步内容	刀具号	程序号	主轴转速 n /(r · min^{-1})	进给量 f_1 /(mm · r^{-1})	背吃刀量 a_p/mm	备注
5	调头装夹,加工右端面保总长尺寸	T0101	—	800	—	0.3	手动
6	粗加工右端外轮廓,留 0.5 mm 精加工余量	T0101	O0002	1 000	0.15	1.5	自动
7	精加工右端外轮廓至尺寸要求	T0202	O0002	1 500	0.1	0.5	自动
8	加工右端螺纹退刀槽	T0303	O0002	400	0.05	2	自动
9	加工右端螺纹	T0404	O0002	600	2	按表	自动

3. 编写加工程序

结合前面学习的基础知识,根据零件图编写加工程序。

表 5-4-6 零件左端外轮廓加工程序

程序段号	程序语句	程序说明
	O0001	程序号(零件左端程序)
N10	T0101;	调用 01 号 95°外圆粗车刀及 01 号刀补
N20	M03 S1000 G99;	主轴正转,转速 1 000 r/min,恒转速
N30	G00 X100 Z100 M08;	快速定位至坐标系中(100,100)的安全换刀点,开冷却液
N40	G00 X47 Z2;	刀具快速接近毛坯加工起点,坐标点为(47,2)
N50	G71 U1.5 R0.5;	外圆复合循环切削,每次进刀 1.5 mm,退刀 0.5 mm,从程序
N60	G71 P70 Q110 U0.5 F0.15;	段号 N70—N110 语句,精加工余量为 0.5 mm,进给量为 0.15 mm/r
N70	G01 X40 F0.1;	进给定位至(40,2),精加工进给量为 F0.1 mm/r
N80	Z0;	进给定位至(40,0)
N90	X43 Z-1.5;	进给切削至(43,-1.5)
N100	Z-35;	进给切削至(43,-35)
N110	G01 X47;	进给定位至(47,-35)
N120	G00 X100 Z100;	快速退刀至(100,100)安全点
N130	M05;	主轴停止
N140	M00;	程序暂停

续表

程序段号	程序语句	程序说明
N150	T0202　M03　S1500;	调用 02 号 93°外圆精车刀及 02 号刀补,主轴正转,转速为1 500 r/ min
N160	G00　X47　Z2;	刀具快速移动至(47,2)
N170	G70　P70　Q110　F0.1;	外圆复合循环精加工,从程序段号 N70—N110 语句
N180	G00　X100　Z100;	快速退刀至(100,100)安全点
N190	M05;	主轴停止
N200	M00;	程序暂停
N210	T0303　M03　S400;	调用 03 号车槽刀及 03 号刀补,主轴正转,转速 400 r/min
N220	G00　X45　Z-15;	刀具快速移动至(45,-15)
N230	G01　X40　F0.05;	车槽 φ40×5,进给速度为 0.05 mm/r
N240	G04　X3;	车槽刀在槽底停顿 3 秒
N250	X45;	退刀至(45,-15)
N260	G00　X45　Z-25;	快速移动到(45,-25)
N270	G01　X40 F0.05;	车槽 φ40×5,进给速度为 0.05 mm/r
N280	G04　X3;	切槽刀在槽底停顿 3 秒
N290	G00　X45;	退刀至(45,-25)
N300	G00　X100　Z100;	快速退刀至(100,100)安全点
N310	M05;	主轴停止
N320	T0100;	调回基准刀具 01 号刀,取消刀补
N330	M30;	程序结束,并返回开始点

表 5-4-7　零件右端外轮廓加工程序

程序段号	程序语句	程序说明
	O0002	程序号(零件右端程序)
N10	T0101;	调用 01 号 95°外圆粗车刀及 01 号刀补
N20	M03　S1000　G99;	主轴正转,转速 1 000 r/min,恒转速
N30	G00　X100　Z100 M08;	快速定位至坐标系中(100,100)的安全换刀点,开冷却液
N40	G00　X47　Z2;	刀具快速接近毛坯加工起点,坐标点为(47,2)
N50	G71　U1.5　R0.5;	外圆复合循环切削,每次进刀 1.5 mm,退刀 0.5 mm,从程序段号 N70—N130 语句,精加工余量为 0.5 mm,进给量为 0.15 mm/r
N60	G71　P70　Q130　U0.5　F0.15;	

程序段号	程序语句	程序说明
N70	G01　X26　F0.1；	进给定位至(26,2),精加工进给量为 0.1 mm/r
N80	Z0；	进给定位至(26,0)
N90	X29.8　Z-2；	进给切削至(29.8,-2)
N100	Z-20；	进给切削至(29.8,-20)
N110	X34　Z-40；	进给切削至(34,-40)
N120	G02　X40　Z-43　R3；	进给切削至(40,-43)
N130	G01　X47；	进给切削至(47,-43)
N140	G00　X100　Z100；	快速退刀至(100,100)安全点
N150	M05；	主轴停止
N160	M00；	程序暂停
N170	T0202　M03　S1500；	调用 02 号 93° 外圆精车刀及 02 号刀补,主轴正转,转速为 1 500 r/ min
N180	G00　X47　Z2；	刀具快速移动至(47, 2)
N190	G70　P70　Q130　F0.1；	外圆复合循环精加工,从程序段号 N70—N130 语句
N200	G00　X100　Z100；	快速退刀至(100,100)安全点
N210	M05；	主轴停止
N220	M00；	程序暂停
N230	T0303　M03　S400；	调用 03 号车槽刀及 03 号刀补,主轴正转,转速 400 r/min
N240	G00　X32　Z-20；	刀具快速移动至(32,-20)
N250	G01　X26　F0.05；	车螺纹退刀槽 5×2,进给速度为 0.05 mm/r
N260	G04　X3；	切槽刀在槽底停顿 3 秒
N270	X32；	退刀至(32,-20)
N280	G00　X100　Z100；	快速退刀至(100,100)安全点
N290	M05；	主轴停止
N300	M00；	程序暂停
N310	T0404　M03　S600；	调用 04 号车槽刀及 04 号刀补,主轴正转,转速 600 r/min
N320	G00　X32　Z2；	刀具快速移动至(32,2)

续表

程序段号	程序语句	程序说明
N330	G92 X29.2 Z-16 F2;	车螺纹第一刀,车削终点(29.2,-16),螺纹导程2 mm
N340	X28.6;	车螺纹第二刀,车削终点(28.6,-16)
N350	X28.2;	车螺纹第三刀,车削终点(28.2,-16)
N360	X27.9;	车螺纹第四刀,车削终点(27.9,-16)
N370	X27.7;	车螺纹第五刀,车削终点(27.7,-16)
N380	X27.5;	车螺纹第六刀,车削终点(27.5,-16)
N390	X27.4;	车螺纹第七刀,车削终点(27.4,-16)
N400	G00 X100 Z100;	快速退刀至(100,100)安全点
N410	M05;	主轴停止
N420	T0100;	调回基准刀具01号刀,取消刀补
N430	M30;	程序结束,并返回开始点

4.零件加工

（1）程序准备、录入及校验

待程序编辑完成后,把准备好的程序手动录入机床数控系统,并进行模拟作图,以校验程序。

（2）装刀与对刀操作

①切槽刀:

切槽刀有左、右两个刀尖及切削刃中心处等三个刀位点,在整个加工程序中应采用同一个刀位点,一般采用左侧刀尖作为刀位点,对刀、编程较方便。如图5-4-8所示。

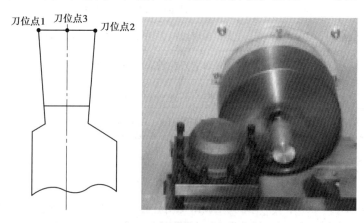

图5-4-8 切槽刀对刀示意图

②螺纹刀：

螺纹车刀安装时应采用螺纹角度样板给予校正位置,位置装正后,应用刀架螺钉压紧,至少用两个螺钉交替拧紧,如图 5-4-9 所示。

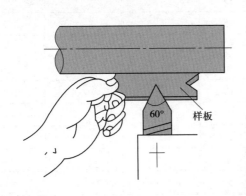 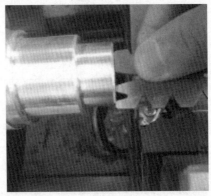

图 5-4-9　螺纹刀对刀示意图

（3）零件加工与质量控制

加工前,首先单步试车,修正主轴转速倍率、进给倍率、快速倍率等加工参数,然后运行程序自动加工。

在加工过程中要关闭防护门,观看零件加工过程。在程序暂停的时候,对重要的加工尺寸进行检测,把所测数据填写到表 5-4-8 中,为后续的控制尺寸精度提供参考数据。如果所测数据与相应的理论值不同,可通过刀补修正加工刀具对应的刀补值,从而保证零件的尺寸精度。

表 5-4-8　加工过程重要尺寸检测表

序号	检测尺寸	粗车后数值		第一次精车后数值		第二次精车后数值	
		理论值	实测值	理论值	实测值	理论值	实测值
1	$\phi43^{0}_{-0.02}$	$\phi43.5^{0}_{-0.02}$		$\phi43^{0}_{-0.02}$		$\phi43^{0}_{-0.02}$	
2	$\phi40\times5$	$\phi40\times5$		$\phi40\times5$		$\phi40\times5$	
3	$\phi34^{0}_{-0.02}$	$\phi34.5^{0}_{-0.02}$		$\phi34^{0}_{-0.02}$		$\phi34^{0}_{-0.02}$	
4	5×2	5×2		5×2		5×2	
5	M30×2	M30×2		M30×2		M30×2	
6	75±0.1	75±0.1		75±0.1		75±0.1	

（4）机床清洁与保养

加工完毕后,需要对机床进行清洁与保养工作,并记录清洁与保养情况。

三、总体评价

零件加工完成后,必须对加工零件进行一次全面的检测,把检测结果填入表 5-4-9 中,判断加工产品是合格品、废品及可返修品。

表 5-4-9　零件评分表

序号	检测项目尺寸		配分	检测结果	评分标准	得分
1	外圆	$\phi43_{-0.02}^{0}$	15			
2		$\phi34_{-0.02}^{0}$	15			
3	车槽	$\phi40\times5$	10			
		5×2	5			
4	三角形螺纹	M30×2	15			
5	长度	75±0.1	10			
6	倒角	1.5×45°	3			
7		2×45°	2			
8	表面粗糙度	Ra3.2	5			
9	其他	一般尺寸	10			
10	程序	程序正确合理	5			
11	安全操作	机床规范操作	5			
12	最终总评	所有检测尺寸都在公差范围内,零件完整				合格
		有一个或多个检测尺寸超出最小极限公差,零件不完整				废品
		有一个或多个检测尺寸超出最大极限公差,零件不完整				可返修品

课堂测试

一、选择题

1.G92 X_Z_F_指令中的"F_"的含义是(　　　)。

　　A.进给量　　　　　　B.螺距　　　　　　　C.导程　　　　　　　D.切削长度

2.一般数控系统由(　　　)组成。

　　A.输入装置,顺序处理装置　　　　　　B.数控装置,驱动装置,辅助装置

　　C.控制面板和显示　　　　　　　　　　D.数控柜,驱动柜

3.普通车床与数控车床主要区别是(　　　)。

　　A.数控装置　　　　　　　　　　　　　B.尾座

　　C.刀架和进给机构　　　　　　　　　　D.冷却系统

4.数控机床的基本结构不包括(　　　)。

　　A.数控装置　　　　　　　　　　　　　B.程序介质

　　C.伺服控制单元　　　　　　　　　　　D.机床本体

5.断电后计算机信息依然存在的部件为(　　　)。

　　A.寄存器　　　　　　　　　　　　　　B.RAM 存储器

　　C.ROM 存储器　　　　　　　　　　　D.运算器

6.切槽加工时,切到进给量 f 选用如果(　　　)反而引起震动。

A.过小　　　　　B.适中　　　　　C.过大　　　　　D.快

7.FANUC 系统程序段 G04 P1000 中,P 指令表示(　　)。

A.缩放比例　　　B.子程序号　　　C.循环参数　　　D.暂停时间

8.FANUC 车床螺纹加工单一循环程序段 N0025G92 X50 Z−351 I2.5 F2 表示圆锥螺纹加工循环,螺纹大小半径差为(　　)mm。

A.5　　　　　　B.1.25　　　　　C.2.5　　　　　D.2

二、判断题

1.工作前必须戴好劳动保护品,女工戴好工作帽,不围围巾,禁止穿高跟鞋,操作时不准戴手套,不准与他人闲谈,精神要集中。　　　　　　　　　　　　　　　　(　　)

2.数控车床的基本结构通常由机床主体、数控装置和伺服系统三部分组成。　(　　)

3.有人在设备内安装夹具及刀具或进行测量时其他人员不可靠近控制器及操作。
　　　　　　　　　　　　　　　　　　　　　　　　　　　　　　　　(　　)

4.数控机床的开机、关机顺序,一定要按照机床说明书的规定操作。　　　(　　)

三、编程题

如图 5-4-10 所示,给定材料为 φ45×80 mm 的 45 号圆钢,用 G92 编写螺纹部分的加工程序。

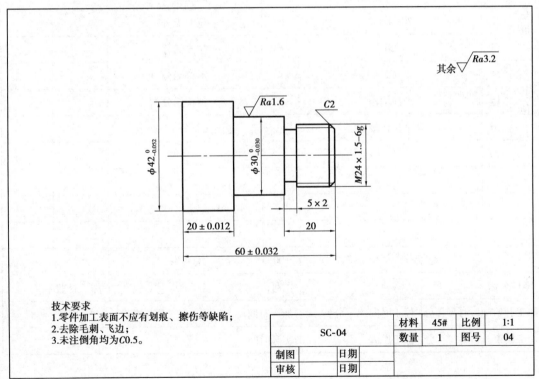

图 5-4-10

<h2 style="text-align:center">数控车工(入门)考核评分表</h2>

单位：　　　　　　　　　　姓名：　　　　　　　　　　　　　　　准考证号：

检测项目		技术要求		配分	评分标准	检测结果	得　分
机床操作	1	按步骤开机、检查、润滑		2	不正确无分		
	2	回机床参考点		2	不正确无分		
	3	按程序格式输入程序、检查及修改		2	不正确无分		
	4	程序轨迹检查		2	不正确无分		
	5	工、夹、刀具的正确安装		2	不正确无分		
	6	按指定方式对刀		2	不正确无分		
	7	检查对刀		2	不正确无分		
外圆	8	$\phi42_{-0.052}^{0}$	Ra3.2	12/4	超差0.01扣5分、降级无分		
	9	$\phi30_{-0.030}^{0}$	Ra1.6	12/6	超差0.01扣5分、降级无分		
螺纹	10	M24×1.5-6 g	Ra3.2	16/4	不符无分、降级无分		
长度	11	60±0.032		10	超差无分		
	12	20±0.012		10	超差无分		
	13	20		6	超差无分		
其他	14	C2		4	不符无分		
	15	未注倒角		2	不符无分		
	16	安全操作规程			违反扣总分10分/次		
	总配分			100	总得分		
零件名称				图号		加工日期	
加工开始　　时　　分		停工时间　　分钟		加工时间		检测	
加工结束　　时　　分		停工原因		实际时间		评分	

任务 5.5　复合固定循环指令 G76、G75 车削加工外螺纹及槽

学习目标

表 5-5-1　技能训练

技能操作	(1)切槽刀走刀轨迹,宽槽切削; (2)螺纹切削,掌握修磨加工该零件的螺纹刀具;如图 5-5-1 所示;  图 5-5-1　零件实物图例 (3)掉头加工工艺及打表操作; (4)正确掌握使用外径螺纹千分尺、螺纹环规等量具。
工艺能力	(1)工件结构:外圆轮廓宽槽、螺纹; (2)走刀重点:刀具快速靠近、切入、切出、快速离开工件过程。
编程指令	(1)复习指令:M00、M03、M04、M05、M08、M30 指令;G00、G01、G02、G03、G04、G99、G71、G70;F、S、T 指令; (2)新指令:G75、G76。
工量刀具	外径螺纹千分尺、螺纹环规、外圆粗精车刀、外圆切槽刀、外圆螺纹刀。

知识结构

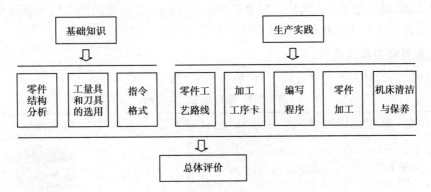

零件图纸

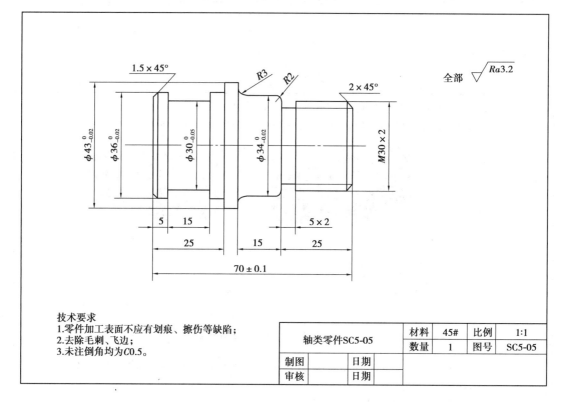

图 5-5-2　零件训练图例

轴类零件SC5-05		材料	45#	比例	1:1
		数量	1	图号	SC5-05
制图		日期			
审核		日期			

技术要求
1.零件加工表面不应有划痕、擦伤等缺陷；
2.去除毛刺、飞边；
3.未注倒角均为C0.5。

一、基础知识

1.零件的结构分析

根据图 5-5-2 所示,该零件由 $\phi43_{-0.02}^{0}$、$\phi36_{-0.02}^{0}$、$\phi34_{-0.02}^{0}$ 的圆柱面,宽槽 $\phi34_{-0.05}^{0}$,M30×2 螺纹,圆弧 $R3$,$R2$ 及倒角等表面组成。整个零件图尺寸标注符合数控加工尺寸标注要求,表面粗糙度要求为 $Ra3.2$,无热处理和硬度要求。

2.工、量具和刀具的选用

(1)选择工具:装夹工件需要的工具,如表 5-5-2 所示。

表 5-5-2　零件加工工具清单

序号	名　称	规　格	单　位	数　量	参考图片
1	三爪卡盘	自定心	个	1	
2	卡盘扳手 刀架扳手	—	副	各1	

序号	名　　称	规　　格	单　位	数　量	参考图片
3	垫刀片		块	若干	
4	棒料	$\phi45\times75$	条	1	

（2）选择量具：检测需要外径千分尺等量具，如表 5-5-3 所示。

表 5-5-3　零件加工量具清单

序号	名　　称	规　　格	单　位	数　量	参考图片
1	游标卡尺	0～150 mm	把	1	
2	千分尺	0～25 mm	把	1	
		25～50 mm	把	1	
3	钢板尺	0～200 mm	把	1	
4	外径螺纹千分尺	25～50 mm	把	1	
5	外螺纹环规	M30×2	套	1	
6	角度样板	60°	套	1	

（3）选择刀具：加工零件需要刀具，如表 5-5-4 所示。

表 5-5-4　零件加工刀具清单

序号	刀具号	名　　称	规　格 mm×mm	数量	加工表面	刀具半径/ mm	参考图片
1	T0101	95°外圆粗车刀	20×20	1	粗车外轮廓	0.4	

续表

序号	刀具号	名 称	规 格 mm×mm	数量	加工表面	刀具半径/ mm	参考图片
2	T0202	93°外圆精车刀	20×20	1	精车外轮廓	0.4	
3	T0303	外圆切槽刀	20×20	1	切断	0.4	
4	T0404	60°外螺纹刀	20×20	1	螺纹	0.4	

3.G75、G76 指令格式

（1）G75 外径切槽复合循环

外径切槽复合循环功能适用在外圆柱面上切削沟槽或切断加工。断续分层切入时便于处理深沟槽的断屑和散热。

格式：

G75 R(e)；

G75 X(U)Z(W) P(Δi) Q(Δk) R(Δd) F(f)；

说明：

①R(e)：每次沿 X 方向切削后的退刀量；

②X(U)Z(W)：切槽终点处坐标值，U、W 为增量坐标值；

③P(Δi)：X 方向的每次切入深度，单位微米（直径）；

④Q(Δk)：刀具完成一次径向切削后，在 Z 方向的移动量，单位微米；

⑤R(Δd)：刀具在切削底部的退刀量。

⑥F(f)：进给速度。

（2）G75 外径切槽复合循环进刀路线

对于宽度较大的矩形槽，可安排切槽刀采用排刀的方式径向切削开粗，然后沿一侧车削到槽底，精加工槽底到另一侧，可以消除排刀间的刀痕和余量，保证槽底的光洁度。如图5-5-3所示。

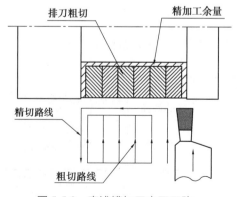

图 5-5-3 宽浅槽加工走刀刀路

小提示

1.根据 G75 指令切削循环的特点,G75 指令常用于深槽、宽槽、等距多槽的加工,但不用于高精度槽的加工。

2.零件加工中,槽的定位是非常重要的,编程要引起注意。

3.切槽刀通常有三个刀位点,编程时要根据基准标注情况进行选择。

4.切宽槽的时候应注意计算刀宽与槽宽之间的关系。

5.G75 指令相当于用数个 G94 指令组成循环加工,Δk 不能大于刀宽。

（3）G76 螺纹切削复合循环

在加工螺纹的指令中,G32 指令编程时程序烦琐,G92 指令相对较简单且容易掌握,但需计算出每一刀的编程位置,而采用螺纹切削循环指令 G76,并且给定相应螺纹参数,只用两个程序段就可以自动完成螺纹粗、精多次路线的加工。

格式:

G76 P(m)(r)(α) Q($d$min) R(d);

G76 X(U)＿ Z(W)＿ R(i)　P(K)　Q(d)　F(L);

说明:

①m 为精车重复次数,从 01~99,用两位数表示,该参数为模态量;

②r 为螺纹尾端倒角值,该值的大小可设置在 0.0~9.9L,系数应为 0.1 的整倍数,用 00~99 的两位整数来表示,其中 L 为导程,该参数为模态量;

③α 为刀尖角度,可从 80°、60°、55°、30°、29°、0°六个角度中选择用两位整数来表示,该参数为模态量;

④m、r、α 用地址 P 同时指定,例如,$m=2$,$r=1.2L$,$\alpha=60°$,表示为 P021260;

⑤Δdmin 为最小车削深度,用半径编程指定,单位:μm,该参数为模态量;

⑥d 为精车余量,用半径编程指定,单位:μm,该参数为模态量;

⑦X(U)、Z(W)为螺纹终点绝对坐标或增量坐标;

⑧i 为螺纹锥度值,用半径编程指定。如果 $i=0$,则为直螺纹,可省略;

⑨h 为螺纹高度,用半径编程指定,单位:μm;

⑩Δd 为第一次车削深度,用半径编程指定,单位:μm;L 为螺纹的导程。

注意:主轴速度从粗切到精切必须保持恒定,否则螺纹导程不正确。在螺纹加工轨迹中应设置足够的升速段和降速退刀段,以消除伺服滞后造成的螺距误差。如图 5-5-4 所示,实际加工螺纹的长度应包括切入和切出的空行程量,切入空刀行程量,一般取 2~5 mm;切出空刀行程量,一般取 0.5~1 mm。

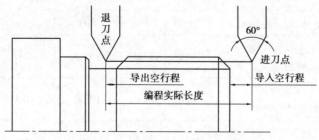

图 5-5-4　螺纹加工进、退刀点

二、生产实践

1.零件加工工艺路线

分析零件图可知,零件需要两次装夹完成所有工序,零件加工工序步骤如图 5-5-5 所示。

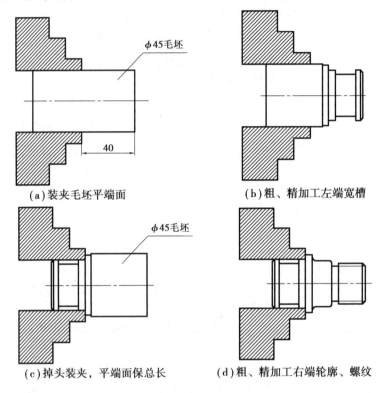

(a)装夹毛坯平端面 　　　　　(b)粗、精加工左端宽槽

(c)掉头装夹,平端面保总长 　　　(d)粗、精加工右端轮廓、螺纹

图 5-5-5　加工工艺路线图

2.填写加工工序卡

表 5-5-5　加工工序卡

零件图号	SC 5-04	操作人员			实习日期	
使用设备	卧式数控车床	型号	CAK6140		实习地点	数控车间
数控系统	GSK 980TA	刀架	4 刀位、自动换刀		夹具名称	自动定心三爪卡盘

工步号	工步内容	刀具号	程序号	主轴转速 n /(r·min^{-1})	进给量 f_1 /(mm·r^{-1})	背吃刀量 a_p/mm	备注
1	夹持毛坯,加工左端面	T0101	—	800	—	0.3	手动
2	粗加工左端外轮廓,留 0.5 mm 精加工余量	T0101	O0001	1 000	0.15	1.5	自动
3	精加工左端外轮廓至尺寸要求	T0202	O0001	1 500	0.1	0.5	自动
4	粗、精加工左端宽槽至尺寸要求	T0303	O0001	400	0.05	3	自动

续表

工步号	工步内容	刀具号	程序号	主轴转速 n /(r · min^{-1})	进给量 f_1 /(mm · r^{-1})	背吃刀量 a_p/mm	备注
5	调头装夹,加工右端面保总长尺寸	T0101	—	800	—	0.3	手动
6	粗加工右端外轮廓,留 0.5 mm 精加工余量	T0101	O0002	1 000	0.15	1.5	自动
7	精加工右端外轮廓至尺寸要求	T0202	O0002	1 500	0.1	0.5	自动
8	加工右端螺纹退刀槽	T0303	O0002	400	0.05	2	自动
9	加工右端螺纹	T0404	O0002	800	2	按表	自动

3.编写加工程序

结合前面学习的基础知识,根据零件图编写加工程序。如表 5-5-6、表 5-5-7 所示。

表 5-5-6　零件左端外轮廓加工程序

程序段号	程序语句	程序说明
	O0001	程序号(零件左端程序)
N10	T0101;	调用 01 号 95°外圆粗车刀及 01 号刀补
N20	M03　S1000　G99;	主轴正转,转速 1 000 r/min,恒转速
N30	G00　X100　Z100　M08;	快速定位至坐标系中(100, 100)的安全换刀点,开冷却液
N40	G00　X47　Z2;	刀具快速接近毛坯加工起点,坐标点为(47, 2)
N50	G71　U1.5　R0.5 ;	外圆复合循环切削,每次进刀 0.5 mm,退刀 0.5 mm,从程序
N60	G71 P70　Q140　U0.5　F0.15;	段号 N70—N140 语句,精加工余量为 0.5 mm,进给量为 0.15 mm/r
N70	G00　X33;	刀尖移动到(33,2),
N80	G01　Z0　F0.1;	外圆切削至(33,0),精加工进给量为 0.1 mm/r
N90	X36　Z-1.5;	外圆切削至(36,-1.5)
N100	Z-25;	外圆切削至(36,-25)
N110	X42;	外圆切削至(42,-25)
N120	X43　Z-25.5;	外圆切削至(43,-25.5)
N130	Z-32;	外圆切削至(43,-32)
N140	G01　X47;	外圆切削至(47,-32)

续表

程序段号	程序语句	程序说明
N150	G00　X100　Z100;	快速退刀至(100,100)安全点
N160	M05;	主轴停止
N170	M00;	程序暂停
N180	T0202　M03　S1500;	调用02号93°外圆精车刀及02号刀补,主轴正转,转速1 500 r/min
N190	G00　X47　Z2;	快速定位至(47,2),刀尖接近工件
N200	G70　P70　Q140　F0.1;	外圆复合循环精加工,从程序段号N70—N140语句
N210	G00　X100　Z100;	快速退刀至(100,100)安全点
N220	M05;	主轴停止
N230	M00;	程序暂停
N240	T0303　M03　S400;	调用03号切槽车刀及03号刀补,主轴正转,转速400 r/min
N250	G00　X38　Z−8;	快速定位至(38,−8),刀尖接近工件
N260	G75　R0.5;	外圆切槽循环,每次退刀0.5 mm,设切槽刀宽为3 mm,终点坐标(30,−20),X轴方向每次进刀2 mm,Z方向每次进刀2.5 mm,进给量为F0.05 mm/r
N270	G75　X30　Z−20　P2000　Q2500　F0.05;	
N280	G00　X100　Z100;	快速退刀至(100,100)安全点
N290	M05;	主轴停止
N300	M30;	程序结束,并返回开始点

表5-5-7　零件右端外轮廓加工程序

程序段号	程序语句	程序说明
	O00002	程序号(零件右端程序)
N10	T0101;	调用01号95°外圆粗车刀及01号刀补
N20	M03　S1000　G99;	主轴正转,转速1 000 r/min,恒转速
N30	G00　X100　Z100　M08;	快速定位至坐标系中(100, 100)的安全换刀点,开冷却液
N40	G00　X47　Z2;	刀具快速接近毛坯加工起点,坐标点为(47, 2)
N50	G71　U1.5　R0.5;	外圆复合循环切削,每次进刀0.5 mm,退刀0.5 mm,从程序段号N70—N170语句,精加工余量为0.5 mm,进给量为0.15 mm/r
N60	G71　P70　Q170　U0.5　F0.15;	

续表

程序段号	程序语句	程序说明
N70	G00　X28；	刀尖移动到(28,2),
N80	G01　Z0　F0.1；	外圆切削至(28,0),精加工进给量为 0.1 mm/r
N90	X29.8　Z-2；	外圆切削至(29.8,-2)
N100	Z-25；	外圆切削至(29.8,-25)
N110	X30；	外圆切削至(30,-25)
N120	G03　X34　Z-27　R2；	外圆弧切削至(34,-27)
N130	G01　Z-37；	外圆切削至(34,-37)
N140	G02　X40　Z-40　R3；	外圆弧切削至(40,-40)
N150	G01　X42；	外圆切削至(42,-40)
N160	X43　Z-40.5；	外圆切削至(43,-40.5)
N170	G01　X47；	外圆切削至(47,-40.5)
N180	G00　X100　Z100；	快速退刀至(100,100)安全点
N190	M05；	主轴停止
N200	M00；	程序暂停
N210	T0202　M03　S1500；	调用 02 号 93° 外圆精车刀及 02 号刀补,主轴正转,转速1 500 r/min
N220	G00　X47　Z2；	快速定位至(47,2),刀尖接近工件
N230	G70　P70　Q170　F0.1；	外圆复合循环精加工,从程序段号 N70—N170 语句
N240	G00　X100　Z100；	快速退刀至(100,100)安全点
N250	M05；	主轴停止
N260	M00；	程序暂停
N270	T0303　M03　S400；	调用 03 号切槽车刀及 03 号刀补,主轴正转,转速 400 r/min
N280	G00　X32　Z-23；	快速定位至(32,-23),刀尖接近工件
N290	G01　X26　F0.05；	设切槽刀宽为 3 mm,切削至(26,-23),进给量为 0.05 mm/r
N300	G04　X2；	切槽刀在槽底停留 2 秒,光滑槽底
N310	G01　X32　F0.2；	切槽刀退刀至(32,-23)
N320	G00　W-2；	Z 轴移动 2 mm

续表

程序段号	程序语句	程序说明
N330	G01 X26 F0.05;	切削至(26,-25),进给量为F0.05 mm/r
N340	G04 X2;	切槽刀在槽底停留2秒,光滑槽底
N350	G01 X32 F0.2;	切槽刀退刀至(32,-25)
N360	G00 X100 Z100;	快速退刀至(100,100)安全点
N370	M05;	主轴停止
N380	M00;	程序暂停
N390	T0404 M03 S800;	调用04号螺纹车刀及04号刀补,主轴正转,转速800 r/min
N400	G00 X32 Z2;	快速定位至(32,2),刀尖接近工件
N410	G76 P020060 Q50 R0.05;	精加工2次,倒角量0,60°三角螺纹;最小切深0.05 mm;精加工余量0.05 mm,牙深1.3 mm,第一刀切深0.2 mm
N420	G76 X27.4 Z-22 P1300 Q200 F2;	
N430	G00 X100 Z100;	快速退刀至(100,100)安全点
N440	M05;	主轴停止
N450	M30;	程序结束,并返回开始点

4.零件加工

(1)程序准备、录入及校验

待程序编辑完成后,把准备好的程序手动录入机床数控系统,并进行模拟作图,以校验程序。

(2)装刀与对刀操作

按照表5-1-4中要求,把各刀具装在相应位置上,保证刀尖中心高、刀尖伸出刀架长度适中,并装正刀具。

对刀时,采用试切对刀法,以1号刀具为基准刀具,其余刀具为非基准刀具进行对刀操作。

注意:磨刀及对刀操作时,请佩戴防护眼镜,以防粉尘或铁屑飞入眼睛!

(3)零件加工与质量控制

加工前,首先单步试车,修正主轴转速倍率、进给倍率、快速倍率等加工参数,然后运行程序自动加工。

在加工过程中要关闭防护门,观看零件加工过程。在程序暂停的时候,对重要的加工尺寸进行检测,把所测数据填写到表5-5-8中,为后续的控制尺寸精度提供参考数据。如果所测数据与相应的理论值不同,可通过刀补修正加工刀具对应的刀补值,从而保证零件的尺寸精度。

表 5-5-8　加工过程重要尺寸检测表

序号	检测尺寸	粗车后数值		第一次精车后数值		第二次精车后数值	
		理论值	实测值	理论值	实测值	理论值	实测值
1	$\phi 43_{-0.02}^{0}$	$\phi 43.5_{-0.02}^{0}$		$\phi 43_{-0.02}^{0}$		$\phi 43_{-0.02}^{0}$	
2	$\phi 36_{-0.02}^{0}$	$\phi 36.5_{-0.02}^{0}$		$\phi 36_{-0.02}^{0}$		$\phi 36_{-0.02}^{0}$	
3	$\phi 34_{-0.02}^{0}$	$\phi 34.5_{-0.02}^{0}$		$\phi 34_{-0.02}^{0}$		$\phi 34_{-0.02}^{0}$	
4	$\phi 34_{-0.05}^{0}$	$\phi 34.5_{-0.05}^{0}$		$\phi 34_{-0.05}^{0}$		$\phi 34_{-0.05}^{0}$	
5	M30×2						
6	70±0.1	70±0.1		70±0.1		70±0.1	

（4）机床清洁与保养

加工完毕后,需要对机床进行清洁与保养工作,并记录清洁与保养情况。

三、总体评价

零件加工完成后,必须对加工零件进行一次全面的检测,把检测结果填入表 5-5-9 中,判断加工产品是合格品、废品及可返修品。

表 5-5-9　零件评分表

序号	检测项目尺寸		配　分	检测结果	评分标准	得　分
1	外圆	$\phi 43_{-0.02}^{0}$	10			
2		$\phi 36_{-0.02}^{0}$	10			
3		$\phi 34_{-0.02}^{0}$	10			
4		$\phi 34_{-0.05}^{0}$	10			
5	长度	70±0.1	10			
6	螺纹	M30×2	15			
7	倒角	1.5×45°	5			
8		2×45°	5			
9	表面粗糙度	Ra3.2	5			
10	其他	一般尺寸	10			
11	程序	程序正确合理	5			
12	安全操作	机床规范操作	5			
13	最终总评	所有检测尺寸都在公差范围内,零件完整				合格
		有一个或多个检测尺寸超出最小极限公差,零件不完整				废品
		有一个或多个检测尺寸超出最大极限公差,零件不完整				可返修品

知识链接

应用 G94 加工宽槽

G94——端面自动车削循环指令

格式

G94 X(U)_Z(W)_R_F;

式中 X(U)、Z(W)——切削循环终点的坐标;

R——端面切削起始点与终点的在 Z 轴方向的坐标增量;

F——切削速度。

在使用 G94 指令时,如果设定 Z 轴不移动或设定 W 值为零时,就可以进行宽槽加工。如图所示,毛坯为 $\phi30$ 的棒料。

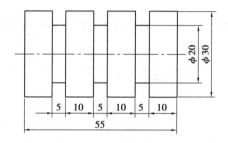

G94 加工宽槽程序

程序段号	程序语句	程序说明
	O0003	程序号(零件右端程序)
N10	T0101;	调用 01 号 4 mm 宽槽刀
N20	M03 S300;	主轴正转,转速 300 r/min
N30	G00 X32 Z0;	移动刀具,快速靠近工件
N40	G00 Z-14;	Z 轴进刀至右边的第一个槽处
N50	G94 X20 W0 F50;	应用 G94 指令加工槽
N60	W-1;	扩槽
N70	G00 Z-24;	移动刀具至第二个槽处
N80	G94 X20 W0 F0.1;	应用 G94 指令加工槽
N90	W-1;	扩槽
N100	G00 Z-34;	移动刀具至第三个槽处
N110	G94 X20 W0 F0.1;	应用 G94 指令加工槽
N120	W-1;	扩槽
N130	G00 Z100;	快速退刀
N140	M30;	程序结束

课堂测试

一、选择题

1.G75 指令主要用于宽槽的(　　　)。

　　A.粗加工　　　　　　B.半精加工　　　　　　C.精加工　　　　　　D.超精加工

2.FANUC 系统数控系统中,能实现螺纹加工的一组代码是(　　)。

　　A.G03、G90、G73　　　　　　　　　　B.G32、G92、G76

　　C.G04、G94、G71　　　　　　　　　　D.G41、G96、G75

3.G75 指令结束后,切刀停在(　　　)。

　　A.终点　　　　　　B.机床原点　　　　　　C.工件原点　　　　　　D.起点

4.G76 指令中的 F 指螺纹的(　　　)。

　　A.大径　　　　　　B.小径　　　　　　C.螺距　　　　　　D.导程

5.G76 指令,主要用于(　　　)的加工,以简化编程。

　　A.切槽　　　　　　B.钻孔　　　　　　C.棒料　　　　　　D.螺纹

6.从提高刀具的耐用度的角度考虑,螺纹加工应优先选用(　　)指令。

　　A.G32　　　　　　B.G92　　　　　　C.G76　　　　　　D.G85

二、判断题

G76X(U)Z(W)R(i)P(K)Q(Δd)程序格式中,i 表示锥螺纹始点和终点的半径值。

　　　　　　　　　　　　　　　　　　　　　　　　　　　　　　　　　(　　　)

三、编程题

根据图 5-5-6 进行编程。

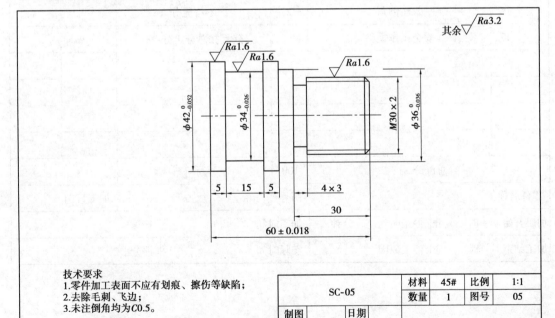

图 5-5-6

数控车工(入门)考核评分表

单位: 姓名: 准考证号:

检测项目		技术要求	配 分	评分标准	检测结果	得 分
机床操作	1	按步骤开机、检查、润滑	2	不正确无分		
	2	回机床参考点	2	不正确无分		
	3	按程序格式输入程序、检查及修改	2	不正确无分		
	4	程序轨迹检查	2	不正确无分		
	5	工、夹、刀具的正确安装	2	不正确无分		
	6	按指定方式对刀	2	不正确无分		
	7	检查对刀	2	不正确无分		
外圆	8	$\phi42_{-0.052}^{0}$　　　　$Ra1.6$	10/6	超差 0.01 扣 5 分、降级无分		
	9	$\phi34_{-0.026}^{0}$　　　　$Ra1.6$	12/6	超差 0.01 扣 5 分、降级无分		
	10	$\phi36_{-0.036}^{0}$　　　　$Ra3.2$	10/4	超差 0.01 扣 5 分、降级无分		
螺纹	11	M30×2　　　　$Ra1.6$	14/6	不符无分、降级无分		
长度	12	60±0.018	6	超差无分		
	13	两处 5	4	超差无分		
	14	15	4	超差无分		
其他	15	C2	2	不符无分		
	16	未注倒角	2	不符无分		
	17	安全操作规程		违反扣总分 1 分/次		
	总配分		100	总得分		
零件名称			图号		加工日期	

加工开始　　时　　分	停工时间　　分钟	加工时间	检测
加工结束　　时　　分	停工原因	实际时间	评分

任务 5.6　应用子程序切削加工

学习目标

表 5-6-1　技能训练

技能操作	(1)多个相同结构槽的切削;如图 5-6-1 所示; 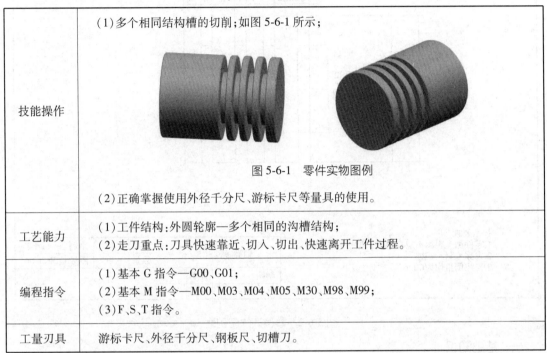 图 5-6-1　零件实物图例 (2)正确掌握使用外径千分尺、游标卡尺等量具的使用。
工艺能力	(1)工件结构:外圆轮廓—多个相同的沟槽结构; (2)走刀重点:刀具快速靠近、切入、切出、快速离开工件过程。
编程指令	(1)基本 G 指令—G00、G01; (2)基本 M 指令—M00、M03、M04、M05、M30、M98、M99; (3)F、S、T 指令。
工量刀具	游标卡尺、外径千分尺、钢板尺、切槽刀。

知识结构

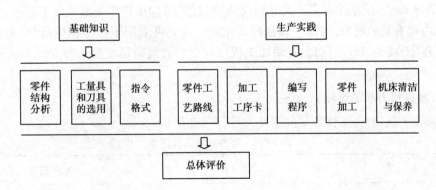

零件图纸

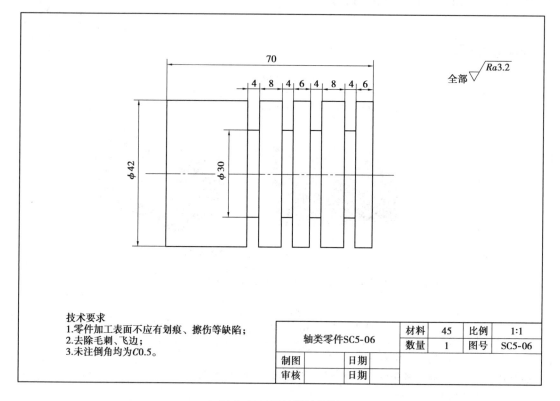

技术要求
1.零件加工表面不应有划痕、擦伤等缺陷;
2.去除毛刺、飞边;
3.未注倒角均为C0.5。

	轴类零件SC5-06	材料	45	比例	1:1
		数量	1	图号	SC5-06
制图		日期			
审核		日期			

图 5-6-2　零件训练图例

一、基础知识

1.零件的结构分析

根据图 5-6-2 所示,该零件加工 4 个 4 mm 宽的槽,槽深为 10 mm,槽与槽之间的距离分别是 6 mm 和 8 mm。该零件有多个尺寸相同的槽,若采用 G01 指令编制其加工程序,大量的程序会出现内容重复的现象,增加了编程的工作量。为此可采用子程序调用指令,来编制该零件的加工程序,减少编程工作量,缩短加工程序长度。表面粗糙度要求为 Ra3.2,无热处理和硬度要求。

2.工、量具和刀具的选用

(1)选择工具:装夹工件需要的工具,如表 5-6-2 所示。

表 5-6-2　零件加工工具清单

序号	名　称	规　格	单　位	数　量	参考图片
1	三爪卡盘	自定心	个	1	

续表

序号	名　称	规　格	单　位	数　量	参考图片
2	卡盘扳手 刀架扳手	—	副	各1	
3	垫刀片	—	块	若干	
4	棒料	45#钢 Φ50×90	条	1	

（2）选择量具：检测需要外径千分尺等量具，如表 5-6-3 所示。

表 5-6-3　零件加工量具清单

序号	名　称	规　格	单　位	数　量	参考图片
1	游标卡尺	0~150 mm	把	1	
2	钢板尺	0~200 mm	把	1	
3	表面粗糙度样板	—	套	1	

（3）选择刀具：加工零件需要刀具，如表 5-6-4 所示。

表 5-6-4　零件加工刀具清单

序号	刀具号	名　称	规　格 mm×mm	数量	加工表面	刀具半径/ mm	参考图片
1	T0101	95°外圆车刀	20×20	1	外圆及端面	0.4	
2	T0202	外圆切槽刀	刀宽 4 mm	1	切槽	0.4	

3.M98、M99 指令格式

（1）子程序的调用格式

M98 P＿＿＿＿＿＿＿＿

说明:M98为子程序调用功能,P后面最多接八位数字,后四位数字表示子程序的程序号,前四位数字表示子程序调用次数。

（2）子程序的结束与返回

子程序的结束与主程序不同,最后一个程序段用M99结束。子程序结束后,一般情况下,返回主程序调用程序的下一程序段。

二、生产实践

1.零件加工工艺路线

分析零件图可知,零件只需要一次装夹就可以完成所有工序,零件加工工序步骤如图5-6-3所示。

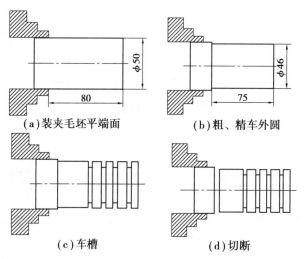

（a）装夹毛坯平端面　　　（b）粗、精车外圆

（c）车槽　　　（d）切断

图5-6-3　加工示意图

2.填写加工工序卡

表5-6-5　加工工序卡

零件图号	SC5-06	操作人员			实习日期	
使用设备	卧式数控车床	型号	CAK6140		实习地点	数控车间
数控系统	GSK 980TA	刀架	4刀位、自动换刀		夹具名称	自动定心三爪卡盘

工步号	工步内容	刀具号	程序号	主轴转速 n /(r · min^{-1})	进给量 f_1 /(mm · r^{-1})	背吃刀量 a_p/mm	备注
1	夹持毛坯,毛坯伸出卡盘80 mm,车零件左端面	T0101	—	800	—	0.3	手动
2	车外圆	T0101	O0001	1 000	0.15	1.5	自动
3	车槽	T0202	O0001	400	0.05	—	自动
4	切断	T0202	O0001	400	0.05	2	自动

3.编写加工程序

结合前面学习的基础知识,根据零件图编写加工程序。如表 5-6-6、表 5-6-7 所示。

表 5-6-6 零件主程序

程序段号	程序语句	程序说明
	O0001	程序号
N10	T0101;	调用 01 切槽刀及 01 号刀补
N20	M03 S400 M08 G99;	主轴正转,转速 400 r/min,开冷却液,恒转速
N30	G00 X100 Z100;	快速定位至坐标系中(100,100)的安全换刀点
N40	G00 X52 Z2;	定位到加工的起点,坐标为(52,0)
N50	G90 X47 Z-75 F0.15;	外圆切削循环,切削终点为(47,-75),粗车进给速度为 0.15 mm/r
N60	X46;	外圆切削循环,切削终点为(46,-75)
N70	G00 X100 Z100;	快速退刀至(100,100)安全点
N80	T0202 M03 S400;	调用 02 号切槽刀及 02 号刀补,主轴正转,转速 400 r/min
N90	G00 X48 Z0;	快速定位至(48,0)点,刀尖接近工件
N100	M98 P2 0002;	调用子程序(O0002)2 次
N110	G00 Z-74;	快速定位刀(48,-74),准备切断加工
N120	G01 X0 F0.05;	切断
N130	G00 X100 Z100;	快速退刀至(100,100)安全点
N140	M09;	关切削液
N150	M05;	主轴停止
N170	M30;	程序结束

表 5-6-7 零件子程序

程序段号	程序语句	程序说明
	O0002	程序号
N10	G00 W-10;	移动至第一道槽的位置
N20	G01 X30 F0.1;	加工第一道槽
N30	G00 X48;	退出

续表

程序段号	程序语句	程序说明
N40	W-12;	移动第二道槽的位置
N50	G01　X30;	加工第二道槽
N60	G00　X48;	退出
N70	M99;	子程序结束

小提示

1.编制时应注意子程序与主程序之间的衔接问题。

2.应用子程序指令的加工程序在试切阶段应特别注意机床的安全问题。

3.子程序在使用增量方式编制时,应注意程序是否闭合,以及积累及误差对零件加工精度的影响。

4.零件加工

(1)程序准备、录入及校验

待程序编辑完成后,把准备好的程序手动录入机床数控系统,并进行模拟作图,以校验程序。

(2)装刀与对刀操作

按照表5-6-4中要求,把各刀具装在相应刀位上,保证刀尖中心高、刀尖伸出刀架长度适中,并装正刀具。

对刀时,采用试切对刀法。

注意:磨刀及对刀操作时,请佩戴防护眼镜,以防粉尘或铁屑飞入眼睛!

(3)零件加工与质量控制

加工前,首先单步试车,修正主轴转速倍率、进给倍率、快速倍率等加工参数,然后运行程序自动加工。

在加工过程中,所有小组成员通过防护门,观看零件加工过程。负责加工操作的成员,必须在程序暂停的时候,对重要的加工尺寸进行检测,把所测原始数据填写到表5-6-8中,为后续的控制尺寸精度提供参考数据。如果所测原始数据与相应的理论值不同,可通过修正加工刀具对应的刀补值,从而保证零件的尺寸精度。

表5-6-8　加工过程重要尺寸检测表

序号	检测尺寸	加工后数值	
		理论值	实测值
1	$\phi 30$	$\phi 30$	
2	$\phi 46$	$\phi 46$	
3	4	4	

（4）机床清洁与保养

加工完毕后,小组全体成员一起对机床进行清洁与保养工作,并记录清洁与保养情况。

三、总体评价

零件加工完成后,必须对加工零件进行一次全面的检测,把检测结果填入表 5-6-9 中,判断加工产品是合格品、废品及可返修品。

表 5-6-9　零件评分表

序号	检测项目尺寸		配　分	检测结果	评分标准	得　分
1	长度	4	15			
		6	10			
		8	10			
		70	10			
2	直径	$\phi30$	15			
		$\phi46$	15			
3	表面粗糙度	$Ra3.2$	5			
4	其他	一般尺寸	5			
5	程序	程序正确合理	10			
6	安全操作	机床规范操作	5			
7	最终总评	所有检测尺寸都在公差范围内,零件完整				合格
		有一个或多个检测尺寸超出最小极限公差,零件不完整				废品
		有一个或多个检测尺寸超出最大极限公差,零件不完整				可返修品

知识链接

宏程序

以一组子程序的形式储存并带有变量的程序称为用户宏程序,简称宏程序;调用宏程序的指令称为用户宏程序或宏程序调用指令(简称宏指令)。GSK980TDb 系统用户宏程序功能有两种类型。用户宏程序的最大特征有以下几方面:

（1）可以在宏程序中使用变量。

（2）可以进行变量之间的运算。

（3）宏指令可以对变量进行赋值。

（4）宏程序的基本指令

格式:

G65　P_L_

式中 G65——宏程序调用指令

P——被调用的宏程序序号

L——宏程序重复运算的次数,重复次数为 1 时,可省略不写。

宏程序与子程序相同的一点是,一个宏程序可被另一个宏程序调用,最多可调用四重。

课堂测试

一、选择题

1.区别子程序与主程序唯一的标志是( )。

    A.程序名   B.程序结束指令   C.程序长度   D.编程方法

2.用数控机床进行零件加工,首先须把加工路径和加工条件转换为程序,此种程序即称为( )。

    A.子程序   B.主程序   C.宏程序   D.加工程序

3.下列有关于子程序说法正确的是( )。

    A.子程序可以调用其他主程序

    B.子程序可以调用其他同等级的子程序。

    C.子程序可以调用自己的上级子程序。

    D.子程序可以调用子程序本身

二、判断题

1.子程序的编写方式必须是增量方式。   ( )

2.一个主程序调用另一个主程序称为主程序嵌套。   ( )

3.一个子程序在两处被调用,其层级可以是不相同的。   ( )

4.子程序可以调用其他下级子程序。   ( )

三、编程题

如图 5-6-4,已知毛坯直径为 $\phi32$ mm,长度为 77 mm,要求用子程序编写加工程序。

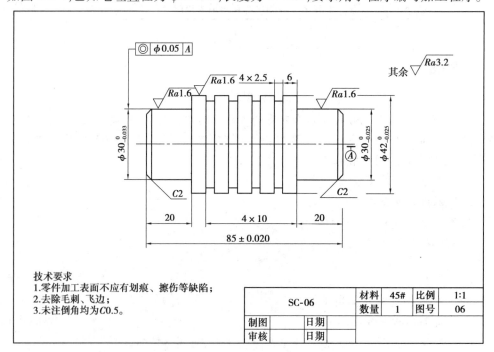

图 5-6-4

数控车工(入门)考核评分表

单位： 姓名： 准考证号：

检测项目		技术要求	配 分	评分标准	检测结果	得 分
机床操作	1	按步骤开机、检查、润滑	2	不正确无分		
	2	回机床参考点	2	不正确无分		
	3	按程序格式输入程序、检查及修改	2	不正确无分		
	4	程序轨迹检查	2	不正确无分		
	5	工、夹、刀具的正确安装	2	不正确无分		
	6	按指定方式对刀	2	不正确无分		
	7	检查对刀	2	不正确无分		
外圆	8	$\phi 42_{-0.025}^{0}$ $Ra1.6$	10/4	超差 0.01 扣 5 分、降级无分		
	9	$\phi 30_{-0.025}^{0}$ $Ra1.6$	10/4	超差 0.01 扣 5 分、降级无分		
	10	$\phi 30_{-0.033}^{0}$ $Ra1.6$	10/4	超差 0.01 扣 5 分、降级无分		
槽	11	4×2.5 四处 $Ra3.2$	8/4	不符无分、降级无分		
长度	12	85±0.020	8	超差无分		
	13	20 两处	6	超差无分		
	14	6 四处	8	超差无分		
几何公差	15	◎ $\phi 0.05$ A	4	超差 0.01 扣 2 分		
其他	16	C2 两处	4	不符无分		
	17	未注倒角	2	不符无分		
	18	安全操作规程		违反扣总分 10 分/次		
总配分			100	总得分		

零件名称			图号		加工日期	
加工开始	时 分	停工时间 分钟	加工时间		检测	
加工结束	时 分	停工原因	实际时间		评分	

项目 **6**

复杂类零件加工

任务 6.1　套类零件切削加工

学习目标

表 6-1-1　技能训练

技能操作	(1)数控加工仿真软件使用;数控车床手动操作:装夹工件、刀具;机床动作; (2)数控车床系统操作:程序录入、编辑、对刀、程序校验与运行。
知识目标	(1)能正确制定较复杂套筒零件的加工工艺方案; (2)掌握套筒零件的编程方法和技巧,如图 6-1-1 所示;  图 6-1-1　零件实物图例 (3)合理选择具有孔类特征零件的切削刀具; (4)能在数控车床上正确安装镗孔刀具及其对刀操作方法; (5)正确使用内径百分表进行内径尺寸的测量。
工艺能力	(1)工件结构:内圆柱面、内锥面、外圆柱面和倒角; (2)走刀重点:加工内轮廓时,循环切削起点、切出点的位置选择。
工量刃具	游标卡尺、外径千分尺、钢板尺、中心钻、麻花钻、90°外圆车刀、内孔车刀。

知识结构

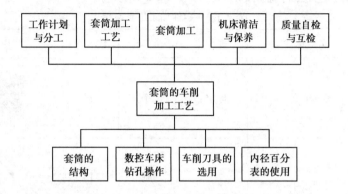

零件图纸

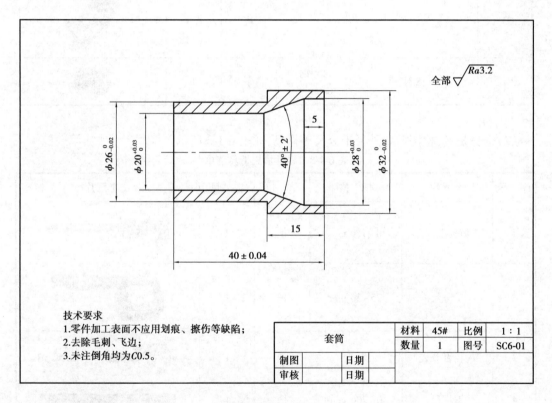

图 6-1-2 零件训练图例

一、基础知识

1.零件的结构分析

根据图 6-1-2 所示，该零件由 $\phi26_{-0.02}^{0}$、$\phi32_{-0.02}^{0}$ 的外圆柱、$\phi20_{0}^{+0.03}$、$\phi28_{0}^{+0.03}$ 的内圆柱面和 $40°\pm2'$ 的内锥度及倒角等表面组成。整个零件图尺寸标注符合数控加工尺寸标注要求，表面粗糙度要求为 $Ra3.2$，无热处理和硬度要求。

2.工、量具和刀具的选用

(1)选择工具:装夹工件需要的工具,如表6-1-2所示。

表 6-1-2　零件加工工具清单

序 号	名 称	规 格	单 位	数 量	参考图片
1	三爪卡盘	自定心	个	1	
2	卡盘扳手 刀架扳手	—	副	1	
3	垫刀片	—	块	若干	
4	棒料	45#钢 φ35×45	条	1	

(2)选择量具:检测需要外径千分尺等量具,如表6-1-3所示。

表 6-1-3　零件加工量具清单

序 号	名 称	规 格	单 位	数 量	参考图片
1	游标卡尺	0~150 mm	把	1	
2	千分尺	25~50 mm	把	1	
3	内径百分表	18~35	把	1	
4	钢板尺	0~200 mm	把	1	
5	表面粗糙度样板	—	套	1	

（3）选择刀具：加工零件需要刀具，如表6-1-4所示。

表6-1-4 零件加工刀具清单

序号	刀具号	名 称	规 格 /（mm×mm）	数量	加工表面	刀具半径 /mm	参考图片
1	尾座	中心钻	φ2.5	1	—	—	
2	尾座	麻花钻	φ18	1	—	—	
3	T0101	90°外圆车刀	20×20	1	粗车外圆轮廓	0.4	
4	T0202	90°外圆尖刀	20×20	1	精车外圆轮廓	0.4	
5	T0404	内孔车刀	16×16	1	内表面	0.4	

3.钻孔

（1）钻中心孔

①用途

在工件安装中，一夹一顶或两顶都要先预制中心孔，在钻孔时为了保证同轴度，也要先钻中心孔来确定中心位置。如图6-1-3所示。

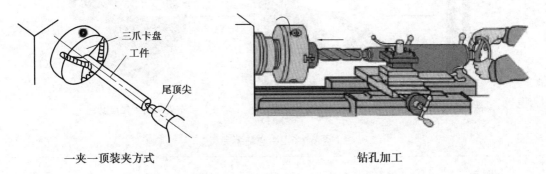

一夹一顶装夹方式　　　　　　　钻孔加工

图6-1-3 钻中心孔

②中心孔类型

中心孔是机械设计中常见的结构要素，可用作零件加工和检测的基准。中心孔可分A型、B型和C型。如图6-1-4所示。

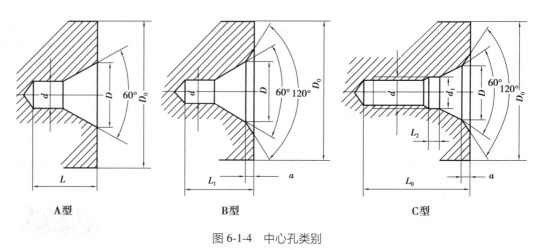

A型   B型   C型

图 6-1-4   中心孔类别

③中心钻类型

A型是普通中心钻,用于精度要求一般的工件   **B型是护锥的中心钻,用于精度要求较高并需多次使用中心孔的工件**   **C型是带螺纹的中心钻,需要把其他零件轴向固定在轴上时使用**

图 6-1-5   中心钻类型

④中心钻装夹

根据加工需要选择合适的中心钻,根据机床尾座套筒锥度选择带莫氏锥柄的钻夹头。如图 6-1-6 所示。

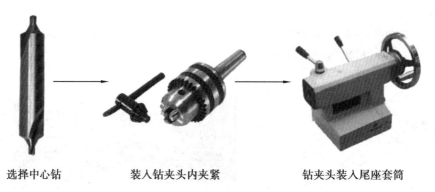

选择中心钻   装入钻夹头内夹紧   钻夹头装入尾座套筒

图 6-1-6   中心钻装夹

小提示

1.中心钻轴线必须与工件旋转中心一致;

2.工件端面必须平整,允许留凸台,避免钻孔时中心钻折断;

3.注意中心钻的磨损情况,磨损后不能强行钻入工件,避免中心钻折断;

4.及时进退,以便排屑,并及时注入切削液。

（2）麻花钻

麻花钻是钻孔最常用的刀具，一般用高速钢制成，其尺寸精度一般可以达到 IT11～IT12，表面粗糙度 $Ra12.5$～$Ra25$。

①麻花钻的组成

麻花钻由柄部、颈部和工作部分组成。柄部是钻头的夹持部分，装夹时起定心作用，切削时起传递转矩的作用，柄部有直柄和莫氏锥柄两种。颈部是为磨制钻头时供砂轮越程使用，钻头的规格、材料和商标一般也刻印在颈部。麻花钻的工作部分又分为切削部分和导向部分，起切削和导向作用。如图 6-1-7 所示。

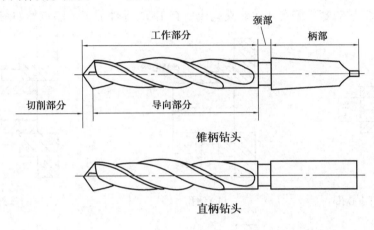

图 6-1-7 麻花钻

②麻花钻的选用

a.直径选择：麻花钻的直径根据工件精度要求来定，对于精度要求不高的孔可用麻花钻直接钻出，对于精度要求较高的孔必须选择小孔直径的钻头加工，钻出孔后，再进行精车加工。

b.长度选择：比工件要求长度略长。不宜选择过长或过短的钻头。

③麻花钻的安装

a.直柄麻花钻用钻夹头装夹，再将钻夹头的锥柄插入尾座锥孔内。

b.锥柄麻花钻用过渡套夹装夹应牢固可靠，防止打滑，如图 6-1-8 所示。

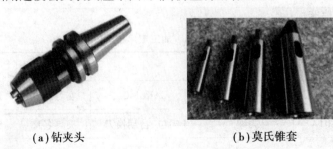

（a）钻夹头   （b）莫氏锥套

图 6-1-8 麻花钻夹具

小提示

1.起钻和即将钻透工件时,进给量一定要小;

2.钻小孔或深孔时,排屑要及时,防止咬死或折断钻头;

3.钻钢件时,应加切削液,以防钻头发热退火。

二、生产实践

1.零件加工工艺路线

分析零件图可知,零件需要两次装夹完成所有工序,零件加工工序步骤如图 6-1-9 所示。

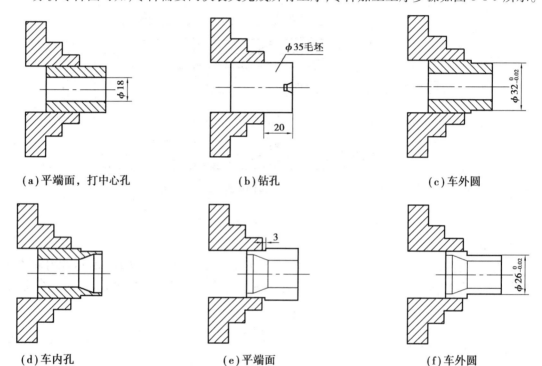

(a)平端面,打中心孔　　　(b)钻孔　　　(c)车外圆

(d)车内孔　　　(e)平端面　　　(f)车外圆

图 6-1-9　套筒加工工序示意图

2.填写加工工序卡

表 6-1-5　加工工序卡

零件图号	SC6-01	操作人员			实习日期		
使用设备	卧式数控车床	型号	CAK6140		实习地点		数控车间
数控系统	GSK 980TA	刀架	4 刀位、自动换刀		夹具名称		自动定心三爪卡盘
工步号	工步内容	刀具号	程序号	主轴转速 $n/(\text{r} \cdot \text{min}^{-1})$	进给量 $f_1/(\text{mm} \cdot \text{r}^{-1})$	背吃刀量 a_p/mm	备注
1	夹持毛坯外圆,平端面,打中心孔	T0101	—	1 000	—	—	手动

工步号	工步内容	刀具号	程序号	主轴转速 $n/(\mathrm{r}\cdot\mathrm{min}^{-1})$	进给量 $f_1/(\mathrm{mm}\cdot\mathrm{r}^{-1})$	背吃刀量 a_p/mm	备注
2	钻 $\phi18$ 通孔	尾座	—	600	—	—	手动
3	粗车零件右端 $\phi32$ mm,车长度尺寸 15 mm,径向留精加工余量 0.5 mm	T0101	O0001	1 000	0.15	1.5	自动
4	精车零件右端 $\phi32$ mm,车长度尺寸 15 mm 及 0.5×45°的倒角,保证尺寸精度	T0202	O0001	1 500	0.1	0.5	自动
5	加工内孔,保证尺寸精度	T0404	O0001	1 000	0.15	1.5	自动
6	调头夹持 $\phi32$ mm 外圆,车端面,保证总长 40 mm	T0202	—	800	—	—	手动
7	粗车零件左端 $\phi26$mm,车长度尺寸 25 mm,径向留精加工余量 0.5 mm	T0101	O0002	1 000	0.15	1.5	自动
8	精车零件左端 $\phi26$ mm,车长度尺寸 25 mm,及 0.5×45°的倒角,保证尺寸精度	T0202	O0002	1 500	0.1	0.5	自动

3.编写加工程序

结合前面学习的基础知识,根据零件图编写加工程序,如表 6-1-6、表 6-1-7 所示。

表 6-1-6 套筒右端及内孔加工程序

程序段号	程序语句	程序说明
	O0001;	程序号
N10	T0101;	调用 01 号 90°外圆粗车刀及 01 号刀补
N20	M03　S1000　G99;	主轴正转,转速 1 000 r/min,恒转速
N20	G00　X100　Z100 M08;	快速定位至坐标系中(100,100)的安全换刀点,切削液开
N40	G00　X33　Z2;	刀具快速接近毛坯加工起点,坐标点为(33,2)
N50	G01　Z-15　F0.15;	外圆切削循环,切削终点为(33,-15),粗车进给速度为 F0.15 mm/r
N60	G01　X36 ;	进给退刀至(36,-15)点,退出毛坯外径
N70	G00　X100　Z100;	快速退刀至安全换刀点

续表

程序段号	程序语句	程序说明
N80	M05;	主轴停转
N90	M00;	程序暂停
N100	T0202 M03 S1500;	调用 T02 号外圆精车到及 02 号刀补,主轴正转,精车转速为 1 500 r/min
N110	G00 X27 Z2;	快速定位到(27,2)点,准备倒角
N120	G01 X32 Z-0.5 F0.15;	加工 0.5×45°倒角,进给速度为 F0.15 mm/r
N130	G01 Z-15;	直线插补切削外圆,切削终点(32,-15)
N140	G01 X36;	进给退刀至(36,-15)点
N150	G00 X100 Z100;	快速退刀至(100,100)安全换刀点
N160	M05;	主轴停止转动
N170	M00;	程序暂停
N180	T0404 M03 S1000;	调用 04 号内孔车刀及 04 号刀补,主轴正转,转速为 1 000 r/min
N190	G00 X17 Z2;	快速定位至(17,2)点,准备内孔车削循环
N200	G71 U1 R0.5;	循环车削每次车切深 1 mm,退刀 0.5 mm
N210	G71 P220 Q280 U-0.5 W0.1 F0.15;	对 N220 至 N280 程序段进行循环切削,X 方向的精加工余量为 0.5 mm,Z 方向的精加工余量为 0.1 mm,粗加工进给速度为 0.15 mm/r
N220	G00 X29;	快速定位至(29,2)点,准备加工 0.5×45°倒角
N230	G01 Z0 F0.1;	进给切削至(29,0)点,进给速度为 0.1 r/min
N240	G01 X28 Z-0.5;	加工 0.5×45°倒角
N250	G01 Z-5;	直线插补切削内孔,切削终点为(28,-5)
N260	G01 X20 Z-15.99;	直线插补切削锥孔,切削终点为(20,-15.99)
N270	G01 Z-46;	直线插补切削内孔,切削终点为(20,-46),刀尖切出孔口 1 mm
N280	G00 X17;	快速退刀至(17,-46)点
N290	G70 P220 Q280 F0.1;	调用 N220 至 N280 程序段进行精加工轮廓
N300	G00 Z2;	快速退刀至(17,2)点

程序段号	程序语句	程序说明
N310	G00　X100　Z100;	快速退刀至(100,100)点
N320	M05　T0100;	主轴停转,调回基准刀,取消刀补
N330	M30;	程序结束

表 6-1-7　零件左端加工程序

程序段号	程序语句	程序说明
	O0002;	程序号
N10	T0101;	调用 01 号 90°外圆粗车刀及 01 号刀补
N20	M03　S1000　G99;	主轴正转,转速 1 000 r/min,恒转速
N30	G00　X100　Z100　M08;	快速定位至坐标系中(100,100)的安全换刀点,开切削液
N40	G00　X36　Z2;	刀具快速接近毛坯加工起点,坐标点为(36,2),准备外圆车削循环
N50	G71　U1　R0.5;	循环切削,每次切深 1 mm,退刀 0.5 mm
N60	G71　P70　Q110　U0.5　W0.1　F0.15;	对 N60 至 N110 程序段进行循环车削,X 方向的精加工余量为 0.5 mm,Z 方向的精加工余量为 0.1 mm,粗加工进给速度为 0.15 mm/r
N70	G00　X21;	快速定位至(21,2)点,准备加工 0.5×45°倒角
N80	G01　Z0　F0.1;	直线插补切削,精加工进给速度为 0.1 mm/r
N90	G01　X26　Z-0.5;	加工 0.5×45°倒角
N100	G01　Z-25;	直线插补切削,切削终点(26,-25)
N110	G01　X36;	退刀至(36,-25)点
N120	G00　X100　Z100;	退刀至(100,100)点
N130	M05;	主轴停转
N140	M00;	程序暂停
N150	T0202　M03　S1500;	调用 T02 号外圆精车到及 02 号刀补,主轴正转,精车转速为 1 500 r/min
N160	G00　X26　Z2;	快速定位至(26,2)点
N170	G70　P60　Q110　F0.1;	调用 N60 至 N110 程序段进行精加工

续表

程序段号	程序语句	程序说明
N180	G00 X100;	X 方向先快速退刀至 100 点
N190	Z100;	Z 方向退刀至 100 点
N200	M05;	主轴停转
N210	M30;	程序结束

小提示

数控车削内孔的指令与外圆车削指令基本相同,但也有区别,编程时要注意:

粗车循环指令 G71、G73,在加工外径时,余量 U 为正,但在加工内轮廓的时候,余量 U 应为负。

若精车循环指令 G70 采用半径补偿加工,以刀具从右向左为例。在加工外径时,半径补偿指令 G42,刀具方位编号是"3"。在加工内轮廓时,半径补偿指令用 G41,刀具方位编号是"2"。

在加工内轮廓时,切削循环起点,切出点的位置选择要慎重,要保证在狭小的内结构中移动而不干涉工件,起点、切出点的 X 值一般取与预加工孔直径稍小一点的值。

4.零件加工

(1)程序准备、录入及校验

待程序编辑完成后,把准备好的程序手动录入机床数控系统,并进行模拟作图,以校验程序。

(2)装刀与对刀操作

按照表 6-1-4 中要求,把各刀具装在相应位置上,保证刀尖中心高、刀尖伸出刀架长度适中,并装正刀具。

对刀时,采用试切对刀法,以 1 号刀具为基准刀具,其余刀具为非基准刀具进行对刀操作。

内孔车刀安装得正确与否,直接影响车削情况及孔的精度,所以在安装的时候一定要注意以下几点:

①刀尖应与工件中心等高或稍高。如果刀尖低于工件中心,由于切削抗力的作用,容易将刀柄压低而产生扎刀的现象,并造成孔径过大。刀柄伸出刀架不宜过长,一般比加工孔长 5~6 mm。

②刀柄应基本平行于工件轴线,否则在切削到一定深度时刀柄后半部分容易碰到工件孔口。

③不通孔车刀装夹时,内偏刀的主刀刃与孔底平面成 3°~5°角,并且在车平面时有足够

的退刀余地。

注意:磨刀及对刀操作时,请佩戴防护眼镜,以防粉尘或铁屑飞入眼睛!

(3)零件加工与质量控制

加工前,首先单步试车,修正主轴转速倍率、进给倍率、快速倍率等加工参数,然后运行程序自动加工。

在加工过程中,所有小组成员通过防护门,观看零件加工过程。负责加工操作的成员,必须在程序暂停的时候,对重要的加工尺寸进行检测,把所测原始数据填写到表 6-1-8 中,为后续的控制尺寸精度提供参考数据。如果所测原始数据与相应的理论值不同,可通过修正加工刀具对应的刀补值,从而保证零件的尺寸精度。

表 6-1-8　加工过程重要尺寸检测表

序号	检测尺寸	粗车后数值		精车后数值	
		理论值	实测值	理论值	实测值
1	$\phi32_{-0.02}^{0}$	$\phi33_{-0.02}^{0}$		$\phi32_{-0.02}^{0}$	
2	$\phi20_{0}^{+0.03}$	$\phi19_{0}^{+0.03}$		$\phi20_{0}^{+0.03}$	
3	$\phi28_{0}^{+0.03}$	$\phi27_{0}^{+0.03}$		$\phi28_{0}^{+0.03}$	
4	$\phi32_{-0.02}^{0}$	$\phi33_{-0.02}^{0}$		$\phi32_{-0.02}^{0}$	
5	40 ± 0.04	40 ± 0.04		40 ± 0.04	

(4)机床清洁与保养

加工完毕后,小组全体成员一起对机床进行清洁与保养工作,并记录清洁与保养情况。$\phi26_{-0.02}^{0}$、$\phi32_{-0.02}^{0}$的外圆柱、$\phi20_{0}^{+0.03}$、$\phi28_{0}^{+0.03}$的内圆柱面和 $40°\pm0.04'$。

三、总体评价

零件加工完成后,必须对加工零件进行一次全面的检测,把检测结果填入表 6-1-9 中,判断加工产品是合格品、废品及可返修品。

表 6-1-9　零件评分表

序号	检测项目尺寸		配　分	检测结果	评分标准	得　分
1	外圆	$\phi32_{-0.02}^{0}$	10			
2		$\phi26_{-0.02}^{0}$	10			
3	内孔	$\phi20_{0}^{+0.03}$	10			
4		$\phi28_{0}^{+0.03}$	10			
5		$40°\pm0.04'$	15			
6	长度	40 ± 0.04	10			

续表

序号	检测项目尺寸		配　分	检测结果	评分标准	得　分
7	倒角	0.5×45°	10			
8	表面粗糙度	Ra3.2	5			
9	其他	一般尺寸	10			
10	程序	程序正确合理	5			
11	安全操作	机床规范操作	5			
12	最终总评	所有检测尺寸都在公差范围内,零件完整				合格品
		有一个或多个检测尺寸超出最小极限公差,零件不完整				废品
		有一个或多个检测尺寸超出最大极限公差,零件不完整				可返修品

知识链接

1)套类零件的特点

(1)由内外回转表面组成;

(2)同轴度要求比较高;

(3)零件壁较薄,易变形;

(4)长度一般大于直径;

(5)在工作中承受径向力和轴向力;

(6)用于油缸或缸套时主要起导向作用。

2)车内孔时的质量分析

(1)尺寸精度达不到要求。

①孔径大于要求尺寸:原因可能是镗孔刀安装不正确,刀尖不锋利。

②孔径小于要求尺寸:原因可能是刀杆细造成"让刀"的现象,塞规磨损或选择不当。

(2)几何精度达不到要求。

①内孔成多边形:原因可能是工件壁薄,在装夹时变形引起。

②内孔有锥度:原因可能是切削量过大或刀杆太细造成"让刀"现象所引起。

③表面粗糙度达不到要求:原因可能是刀刃不锋利、角度不正确、切削用量选择不当或冷却液不充分引起。

课堂测试

一、选择题

1.车削内孔所用的刀具是(　　　　)。

A.外圆车刀　　　　　　　　　　B.螺纹刀

C.切槽刀　　　　　　　　　　　D.内孔车刀

2.测量内孔内径用到(　　　)

A.千分尺　　　　　B.内径百分表　　　　C.钢直尺　　　　D.量规

3.在钻孔前首先钻出中心孔,可以保证(　　　)

A.同轴度　　　　　B.平面度　　　　　C.同心度　　　　D.圆柱度

4.麻花钻尺寸精度一般可以达到(　　　)

A.IT11—IT12　　　　　　　　　　B.IT8—IT10

C.IT10—IT11　　　　　　　　　　D.IT6—IT8

5.麻花钻由柄部、颈部和(　　　)组成。

A.头部　　　　　B.执行部分　　　　C.工作部分　　　　D.尾部

6.(　　　)可以循环车削内孔。

1.G82　　　　　B.G71　　　　　C.G75　　　　D.G85

二、判断题

1.循环指令 G71 在加工内轮廓的时候,余量 U 应为正。 (　　　)

2.柄部是钻头的夹持部分,装夹时起定心作用,切削时起传递转矩的作用。 (　　　)

三、编程题

加工如图 6-1-10 所示零件,零件毛坯尺寸 $\phi45\times40$ mm,材料为 45 钢。试编制加工程序。

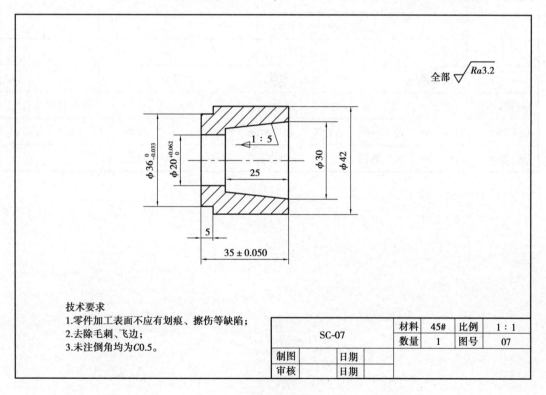

图 6-1-10

数控车工考核评分表

单位：　　　　　　　　　　姓名：　　　　　　　　准考证号：

检测项目		技术要求		配　分	评分标准	检测结果	得　分
外圆	1	$\phi42$	Ra3.2	10/4	超差0.01扣5分、降级无分		
	2	$\phi30_{-0.033}^{\ 0}$	Ra3.2	12/4	超差0.01扣5分、降级无分		
内孔	3	$\phi20_{\ 0}^{+0.062}$	Ra3.2	12/4	不符无分、降级无分		
锥度	4	1：5	Ra3.2	16/4	不符无分、降级无分		
长度	5	35 ± 0.050		12	超差无分		
	6	25		8	超差无分		
	7	5		8	超差无分		
其他	8	未注倒角		6	不符无分		
	9	安全操作规程			违反扣总分10分/次		
总配分				100	总得分		
零件名称				图号		加工日期	
加工开始　时　分		停工时间　分钟		加工时间		检测	
加工结束　时　分		停工原因		实际时间		评分	

任务 6.2　盘类零件切削加工

学习目标

表 6-2-1　新技能训练点

机床操作	(1)数控车床手动操作:装夹工件、刀具;机床动作; (2)数控车床系统操作:程序录入、编辑、对刀、程序校验与运行; (3)数控加工仿真软件使用,数控车床操作,完成工件加工如图 6-2-1 所示。  图 6-2-1　零件实物图例 SC 6-02
知识目标	(1)运用 G00、G01、G71 、G92 指令进行编程; (2)掌握修磨加工该零件的刀具; (3)掌握正确使用外径千分尺、游标卡尺、螺纹环规等量具。
工艺能力	(1)工件结构:外圆轮廓—水平直线、斜直线、平整端面; (2)走刀重点:刀具快速靠近、切入、切出、离开工件过程。
编程指令	(1)基本 G 指令—G00、G01 、G71 、G92; (2)基本 M 指令—M00、M03、M05、M30。
工量刀具	游标卡尺、内、外千分尺、螺纹环规、外圆粗精车刀、内孔车刀、螺纹刀、麻花钻等。

知识结构

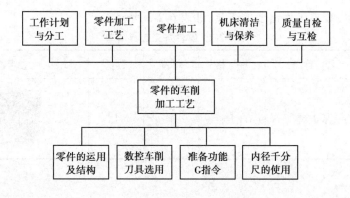

零件分析

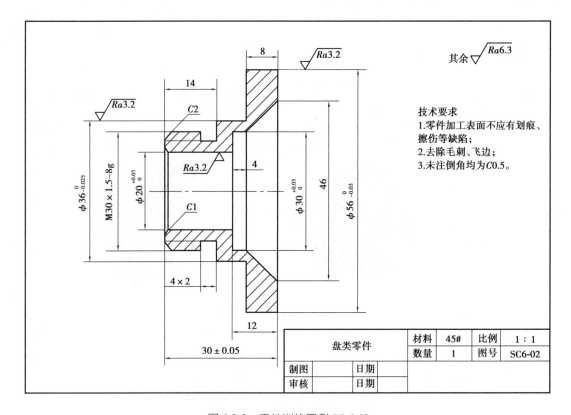

图 6-2-2　零件训练图例 SC 6-02

一、基础知识

1.零件的结构分析

根据图 6-2-2 所示,该零件由外轮廓$\phi 36_{-0.025}^{0}$、$\phi 56_{-0.03}^{0}$的外圆柱面,螺纹、退刀槽和45°锥度锥孔、$\phi 30_{0}^{+0.05}$、$\phi 20_{0}^{+0.05}$的内轮廓及倒角等表面组成。整个零件图尺寸标注符合数控加工尺寸标注要求,表面粗糙度要求有 3 处 $Ra3.2$,其余的为 $Ra6.3$,无热处理和硬度要求。

2.工、量具和刀具的选用

(1)选择工具:装夹工件需要的工具,如表 6-2-2 所示。

表 6-2-2　零件加工工具清单

序号	名　称	规　格	单位	数量	参考图片
1	三爪卡盘	自定心	个	1	

续表

序号	名　称	规　格	单位	数量	参考图片
2	卡盘扳手 刀架扳手	—	副	1	
3	垫刀片	—	块	若干	
4	棒料	45#钢	条	1	

（2）选择量具：检测需要外径千分尺等量具，如表6-2-3所示。

表6-2-3　零件加工量具清单

序号	名　称	规　格	单位	数量	参考图片
1	游标卡尺	0~150 mm	把	1	
2	千分尺	0~25 mm 25~50 mm 50~75 mm	把	各1	
3	内径千分尺	0~25 mm 25~50 mm	把	各1	
4	钢板尺	0~200 mm	把	1	
5	表面粗糙度样板	—	套	1	
6	螺纹环规	M30×1.5	—	—	

（3）选择刀具：加工零件需要刀具，如表 6-2-4 所示。

表 6-2-4 零件加工刀具清单

序号	刀具号	名 称	规格/（mm×mm）	数量	加工表面	刀具半径/mm	参考图片
1	T0101	93°外圆粗加工	20×20	1	粗车外轮廓	0.4	
2	T0202	切槽刀	刀宽 4	1	切断	0.4	
3	T0303	螺纹刀	20×20	1	车螺纹	0.4	
4	T0404	内孔车刀	16×16	1	粗、精车内轮廓	0.4	
5	围坐	中心钻	A3	1	中心孔	—	
6	尾座	麻花钻	φ18	1	内孔	—	

二、生产实践

1.零件加工工艺路线

分析零件图可知，零件需要两次装夹完成所有工序，零件加工工序步骤如图 6-2-3 所示。

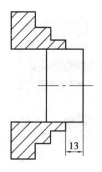

（a）装夹毛坯平端面

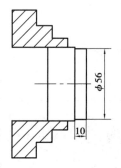

（b）粗、精加工右端外轮廓

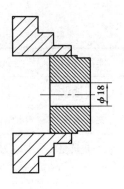

(c) 钻孔

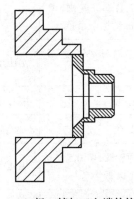

(d) 粗、精加工内轮廓

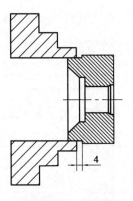

(e) 调头装夹，保证总长

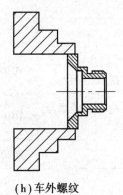

(f) 粗、精加工左端外轮廓

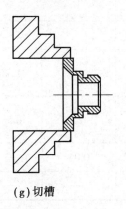

(g) 切槽

(h) 车外螺纹

图 6-2-3   加工工艺路线图

小提示

　　盘类零件中的孔的位置精度要求较高, 在安排孔的加工时, 应尽可能选择经过精加工后的平面为基准定位, 这样可以最大限度地保证孔的位置精度。

2.填写加工工序卡

表6-2-5 加工工序卡

零件图号	SC6-02	操作人员			实习日期	
使用设备	卧式数控车床	型号	CAK6140		实习地点	数控车间
数控系统	GSK 980TA	刀架	4 刀位、自动换刀		夹具名称	自动定心三爪卡盘
工步号	工步内容	刀具号	程序号	主轴转速 $n/(\text{r} \cdot \text{min}^{-1})$	进给量 $f_1/(\text{mm} \cdot \text{r}^{-1})$	背吃刀量 a_p/mm	备注
1	夹持毛坯,加工右端面	T0101	—	800	—	0.3	手动
2	粗加工右端外轮廓,留0.5 mm精加工余量	T0101	O0001	1 000	0.15	1.5	自动
3	精加工右端外轮廓至尺寸要求	T0101	O0001	1 500	0.1	0.5	自动
4	钻中心孔	中心钻	—	1 000	—		手动
5	钻 $\phi18$ 孔	$\phi18$ 钻头	—	600	—		手动
6	粗加内轮廓,留0.5 mm精加工余量	T0404	O0002	1 000	0.15	1.5	自动
7	精加工内轮廓至尺寸要求	T0404	O0002	1 500	0.1	0.5	自动
8	调头装夹						手动
9	粗加工左端外轮廓,留0.5 mm精加工余量	T0101	O0003	1 000	0.15	1.5	自动
10	精加工左端外轮廓至尺寸要求	T0101	O0003	1 500	0.1	0.5	自动
11	切槽	T0202	O0004	400	0.05	—	自动
12	车螺纹	T0303	O0005	800	—		自动

3.编写加工程序

结合前面学习的基础知识,根据零件图编写加工程序。如表6-2-6—6-2-10所示。

表6-2-6 零件右端外轮廓加工程序

程序段号	程序语句	程序说明
	O0001;	程序号(零件右端外轮廓程序)

续表

程序段号	程序语句	程序说明
N10	T0101;	调用 01 号 93°外圆车刀及 01 号刀补
N20	M03 S1000 G99;	主轴正转,转速 1 000 r/mm,确定进给量为每转进给
N30	G00 X100 Z100 M08;	快速定位至坐标系中(100,100)的安全换刀点
N40	G00 X62 Z2;	刀具快速接近毛坯加工起点,坐标点为(62,2)
N50	G71 U1.5 R0.5;	背吃刀量为1,退刀量为0.5
N60	G71 P70 Q110 U0.5 W0.2 F0.15;	定义精加工轮廓,设置精加工余量 X 向 0.5 mm,Z 向 0.2 mm,进给量 0.15 mm/r
N70	G00 X55;	快速定位至(55,2)点
N80	G01 Z0;	进给切削至点(55,0)
N90	X56 Z-0.5;	切倒角 C0.5
N100	Z-10;	进给切削至点(56,-10)
N110	G01 X62;	进给切削至点(62,-10)
N120	G00 X100 Z100;	快速定位至坐标系中(100,100)的安全换刀点
N130	T0101;	调用 01 号 93°外圆粗车刀及 01 号刀补
N140	M03 S1500;	主轴正转,转速 1 500 r/mm
N150	G00 X62 Z2;	刀具快速接近毛坯加工起点,坐标点为(62,2)
N160	G70 P70 Q110 F0.1;	执行精车循环,进给量为 0.1 mm/r
N170	G00 X100 Z100;	快速定位至坐标系中(100,100)的安全换刀点
N180	M05;	主轴停止
N190	M30;	程序结束,并返回开始点

表 6-2-7 零件内轮廓加工程序

程序段号	程序语句	程序说明
	O0002;	程序号(零件右端内轮廓程序)
N10	T0404;	调用 04 号内孔车刀及 04 号刀补
N20	M03 S1000 G99;	主轴正转,转速 1 000 r/mm,确定进给量为每转进给

续表

程序段号	程序语句	程序说明
N30	G00 X100 Z100 M08;	快速定位至坐标系中(100,100)的安全换刀点
N40	G00 X16 Z2;	刀具快速接近毛坯加工起点,坐标点为(16,2)
N50	G71 U1 R0.5;	背吃刀量为1,退刀量为0.5
N60	G71 P70 Q140 U−0.5 W0.2 F0.15;	定义精加工轮廓,设置精加工余量 X 向 0.5 mm, Z 向 0.2 mm,进给量 0.15 mm/r
N70	G00 X46;	快速定位至点(46,2)
N80	G01 Z0;	进给切削至点(46,0)
N90	X30 Z−8;	进给切削至点(30,−8)
N100	Z−12;	进给切削至点(30,−12)
N110	X21;	进给切削至点(21,−12)
N120	X20 Z−12.5;	进给切削至点(20,−12.5)
N130	Z−35.5;	进给切削至点(20,−35.5)
N140	G01 X16;	进给切削至点(16,−35.5)
N150	G00 X100 Z100;	快速定位至坐标系中(100,100)的安全换刀点
N160	T0404;	调用 04 号内孔车刀及 04 号刀补
N170	M03 S1500;	主轴正转,转速 1 500 r/mm
N180	G00 X16 Z2;	刀具快速接近毛坯加工起点,坐标点为(16,2)
N190	G70 P70 Q140 F0.1;	执行精车循环,进给量为 0.1 mm/r
N200	G00 X100 Z100;	快速定位至坐标系中(100,100)的安全换刀点
N210	M05;	主轴停止
N220	M30;	程序结束,并返回开始点

表 6-2-8 零件左端外轮廓加工程序

程序段号	程序语句	程序说明
	O0003;	程序号(零件左端外轮廓程序)
N10	T0101;	调用 01 号 93°外圆车刀及 01 号刀补

续表

程序段号	程序语句	程序说明
N20	M03　S1000　G99；	主轴正转,转速 1 000 r/mm,确定进给量为每转进给
N30	G00　X100　Z100　M08；	快速定位至坐标系中(100,100)的安全换刀点
N40	G00　X62　Z2；	刀具快速接近毛坯加工起点,坐标点为(62,2)
N50	G71　U1　R0.5；	背吃刀量为1,退刀量为0.5
N60	G71　P70　Q160　U0.5　W0.2 F0.15；	定义精加工轮廓,设置精加工余量 X 向 0.5 mm, Z 向 0.2 mm,进给量 0.15 mm/r
N70	G00　X26；	快速定位至(26,2)点
N80	G01　Z0；	进给切削至点(26,0)
N90	X29.8　Z-2；	切倒角 C2
N100	Z-14；	进给切削至点(29.8,-14)
N110	X35；	进给切削至点(35,-14)
N120	X36　Z-14.5；	进给切削至点(36,-14.5)
N130	Z-22；	进给切削至点(36,-22)
N140	X55；	进给切削至点(55,-22)
N150	X56　Z-22.5；	进给切削至点(56,-22.5)
N160	G01　X62；	进给切削至点(62,-22.5)
N170	G00　X100　Z100；	快速定位至坐标系中(100,100)的安全换刀点
N180	T0101；	调用 01 号 93°外圆粗车刀及 01 号刀补
N190	M3　S1500；	主轴正转,转速 1 500 r/mm
N200	G00　X62　Z2；	刀具快速接近毛坯加工起点,坐标点为(62,2)
N210	G70　P70　Q160　F0.1；	执行精车循环,进给量为 0.1 mm/r
N220	G00　X100　Z100；	快速定位至坐标系中(100,100)的安全换刀点
N230	M05；	主轴停止
N240	M30；	程序结束,并返回开始点

表 6-2-9　零件切槽加工程序

程序段号	程序语句	程序说明
	O0004;	程序号(零件左端切槽程序)
N10	T0202;	调用 02 号切槽刀及 02 号刀补
N20	M03　S400　G99;	主轴正转,转速 1 000 r/mm,确定进给量为每转进给
N30	G00　X100　Z100　M08;	快速定位至坐标系中(100,100)的安全换刀点
N40	G00　X62　Z2;	刀具快速接近毛坯加工起点,坐标点为(62,2)
N50	G01　X37　Z−14;	刀具接近毛坯加工起点,坐标点为(37,−14)
N60	G01　X26　F0.05;	进给切削至点(26,−14),进给量为 0.05 mm/r
N70	G0　X62;	刀具快速退回加工起点,坐标点为(62,−14)
N80	G0　X100　Z100;	快速定位至坐标系中(100,100)的安全换刀点
N90	M05;	主轴停止
N100	M30;	程序结束,并返回开始点

表 6-2-10　零件车螺纹加工程序

程序段号	程序语句	程序说明
	O0005;	程序号(零件左端车螺纹程序)
N10	T0303;	调用 03 号切槽刀及 03 号刀补
N20	M03　S800　G99;	主轴正转,转速 1 000 r/mm,确定进给量为每转进给
N30	G00　X100　Z100　M08;	快速定位至坐标系中(100,100)的安全换刀点
N40	G00　X32　Z3;	刀具快速接近毛坯加工起点,坐标点为(32,3)
N50	G92　X29.8　Z−12　F1.5;	螺纹加工
N60	X29;	螺纹加工
N70	X28.4;	螺纹加工
N80	X28;	螺纹加工
N90	X27.86;	螺纹加工
N100	X27.86;	螺纹加工
N110	X27.86;	螺纹加工

程序段号	程序语句	程序说明
N120	G0 X100 Z100;	快速定位至坐标系中(100,100)的安全换刀点
N130	M05;	主轴停止
N140	M30;	程序结束,并返回开始点

4.零件加工

(1)程序准备、录入及校验

小组成员结合前面学习的基础知识,根据零件图编写加工程序。

待程序编辑完成后,小组成员把准备好的程序手动录入机床数控系统,并进行模拟作图,以校验程序。

(2)装刀与对刀操作

按照表6-2-4中要求,把各刀具装在相应位置上,保证刀尖中心高、刀尖伸出刀架长度适中,并装正刀具。

对刀时,采用试切对刀法,以1号刀具为基准刀具,其余刀具为非基准刀具进行对刀操作。

注意:磨刀及对刀操作时,请佩戴防护眼镜,以防粉尘或铁屑飞入眼睛!

(3)零件加工与质量控制

加工前,首先单步试车,修正主轴转速倍率、进给倍率、快速倍率等加工参数,然后运行程序自动加工。

在加工过程中,所有小组成员通过防护门,观看零件加工过程。负责加工操作的成员,必须在程序暂停的时候,对重要的加工尺寸进行检测,把所测原始数据填写到表6-2-11中,为后续的控制尺寸精度提供参考数据。如果所测原始数据与相应的理论值不同,可通过修正加工刀具对应的刀补值,从而保证零件的尺寸精度。

表6-2-11 加工过程重要尺寸检测表

序号	检测尺寸	粗车后数值		精车后数值	
		理论值	实测值	理论值	实测值
1	$\phi36_{-0.05}^{0}$	$\phi37_{-0.05}^{0}$		$\phi36_{-0.05}^{0}$	
2	$\phi56_{-0.05}^{0}$	$\phi57_{-0.05}^{0}$		$\phi56_{-0.05}^{0}$	
3	$\phi20_{0}^{+0.05}$	$\phi19_{0}^{+0.05}$		$\phi20_{0}^{+0.05}$	
4	$\phi30_{0}^{+0.05}$	$\phi29_{0}^{+0.05}$		$\phi30_{0}^{+0.05}$	
5	30 ± 0.05	30 ± 0.05		30 ± 0.05	

（4）机床清洁与保养

加工完毕后,小组全体成员一起对机床进行清洁与保养工作,小组长记录清洁与保养情况。

三、总体评价

零件加工完成后,必须对加工零件进行一次全面的检测,把检测结果填入表 6-2-12 中,判断加工产品是合格品、废品及可返修品。

表 6-2-12　零件评分表

序号	检测项目尺寸		配　分	检测结果	评分标准	得　分
1	外圆	$\phi 36_{-0.025}^{0}$	15			
2		$\phi 56_{-0.03}^{0}$	15			
3	内孔	$\phi 20_{0}^{+0.05}$	10			
4		$\phi 30_{0}^{+0.05}$	10			
5	长度	30 ± 0.05	5			
6	倒角	$2 \times 45°$	5			
7		$1 \times 45°$				
8	螺纹	M30×1.5-8g	15			
9	表面粗糙度	Ra3.2	5			
10	其他	一般尺寸	10			
11	程序	程序正确合理	5			
12	安全操作	机床规范操作	5			
13	最终总评	所有检测尺寸都在公差范围内,零件完整				合格品
		有一个或多个检测尺寸超出最小极限公差,零件不完整				废品
		有一个或多个检测尺寸超出最大极限公差,零件不完整				可返修品

课堂测试

编程题

如图 6-2-4 所示,对该零件进行工艺设计及编制加工程序。零件毛坯尺寸 $\phi45 \times 45$ mm,材料为 45#钢。

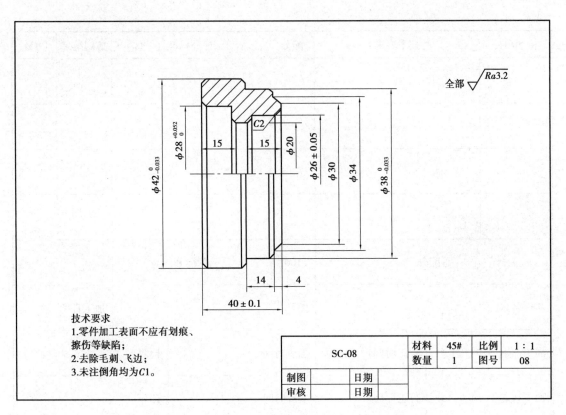

全部 $\sqrt{Ra3.2}$

技术要求
1.零件加工表面不应有划痕、擦伤等缺陷；
2.去除毛刺、飞边；
3.未注倒角均为$C1$。

	SC-08	材料	45#	比例	1：1
		数量	1	图号	08
制图		日期			
审核		日期			

图 6-2-4

数控车工考核评分表

单位：　　　　　　　姓名：　　　　　　　准考证号：

检测项目		技术要求		配分	评分标准	检测结果	得分
外圆	1	$\phi 42_{-0.033}^{0}$	Ra3.2	12/4	超差 0.01 扣 5 分、降级无分		
	2	$\phi 38_{-0.033}^{0}$	Ra3.2	12/4	超差 0.01 扣 5 分、降级无分		
内孔	3	$\phi 28_{0}^{+0.052}$	Ra3.2	10/4	不符无分、降级无分		
	4	$\phi 26\pm0.050$	Ra3.2	10/4			
长度	5	40 ± 0.1		10	超差 0.01 扣 5 分		
	6	14		5	超差无分		
	7	4		5	超差无分		
	8	15 两处		12	超差无分		
其他	9	$C2$		4	不符无分		
	10	未注倒角		4	不符无分		
	11	安全操作规程			违反扣总分 10 分/次		

续表

检测项目	技术要求	配分	评分标准	检测结果	得分
总配分		100	总得分		
零件名称		图号		加工日期	
加工开始　　时　　分	停工时间　　分钟	加工时间		检测	
加工结束　　时　　分	停工原因	实际时间		评分	

任务 6.3 车配合件 1-阶梯轴配合

学习目标

表 6-3-1 技能训练

技能操作	(1)外圆和内孔加工; (2)阶梯轴配合加工; (3)掉头加工工艺及打表操作; (4)正确掌握使用外径千分尺、游标卡尺、内径千分尺等量具。
	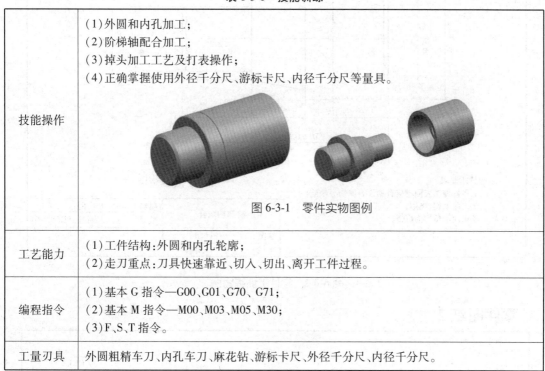 图 6-3-1 零件实物图例
工艺能力	(1)工件结构:外圆和内孔轮廓; (2)走刀重点:刀具快速靠近、切入、切出、离开工件过程。
编程指令	(1)基本 G 指令—G00、G01、G70、G71; (2)基本 M 指令—M00、M03、M05、M30; (3)F、S、T 指令。
工量刃具	外圆粗精车刀、内孔车刀、麻花钻、游标卡尺、外径千分尺、内径千分尺。

知识结构

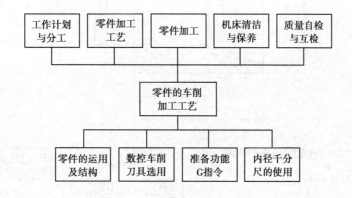

零件图纸 1

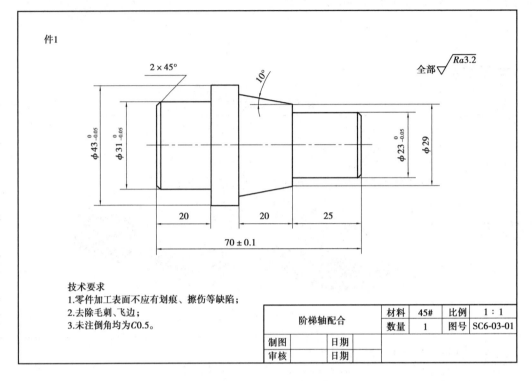

图 6-3-2　零件 1 训练图例

零件图纸 2

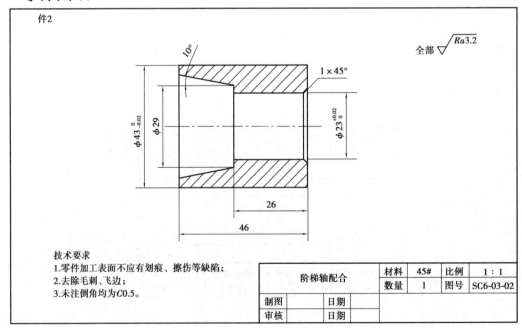

图 6-3-3　零件 2 训练图例

装配图纸

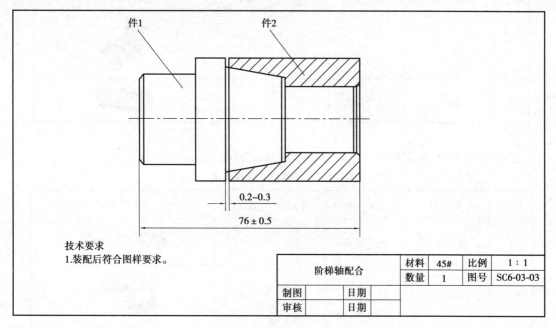

图 6-3-4　轴套类零件装配图例

一、基础知识

1.零件的结构分析

根据图 6-3-2 所示,零件 1 由 $\phi 43^{0}_{-0.05}$、$\phi 31^{0}_{-0.05}$、$\phi 23^{0}_{-0.05}$ 的圆柱面,20°锥度及倒角等表面组成。整个零件图尺寸标注符合数控加工尺寸标注要求,表面粗糙度要求为 $Ra3.2$,无热处理和硬度要求。

根据图 6-3-3 所示,零件 2 由 $\phi 43^{0}_{-0.02}$ 外圆柱面,$\phi 23^{0.02}_{0}$ 圆柱孔、20°锥孔及倒角等表面组成。整个零件图尺寸标注符合数控加工尺寸标注要求,表面粗糙度要求为 $Ra3.2$,无热处理和硬度要求。

2.工、量具和刀具的选用

（1）选择工具:装夹工件需要的工具,如表 6-3-2 所示。

表 6-3-2　零件加工工具清单

序号	名　称	规　格	单位	数量	参考图片
1	三爪卡盘	自定心	个	1	
2	卡盘扳手 刀架扳手	—	副	各1	

续表

序号	名　称	规　格	单位	数量	参考图片
3	垫刀片	—	块	若干	
4	棒料	$\phi 45 \times 80$	条	1	

（2）选择量具：检测需要外径千分尺等量具，如表6-3-3所示。

表6-3-3　零件加工量具清单

序号	名　称	规　格	单位	数量	参考图片
1	游标卡尺	0~150 mm	把	1	
2	外径千分尺	0~25 mm	把	1	
		25~50 mm	把	1	
3	内测千分尺	5~30 mm	把	1	
4	钢板尺	0~200 mm	把	1	

（3）选择刀具：加工零件需要刀具，如表6-3-4所示。

表6-3-4　零件加工刀具清单

序号	刀具号	名　称	规格 /(mm×mm)	数量	加工表面	刀具半径 /mm	参考图片
1	T0101	95°外圆粗车刀	20×20	1	粗车外轮廓	0.4	
2	T0202	93°外圆精车刀	20×20	1	精车外轮廓	0.4	

序号	刀具号	名　称	规格/(mm×mm)	数量	加工表面	刀具半径/mm	参考图片
3	T0404	内孔车刀	16×16	1	内孔轮廓	0.4	
4	—	麻花钻头	φ20	1	钻孔	—	

二、生产实践

1.零件加工工艺路线

分析零件图可知,该零件需要两次装夹完成所有工序,零件加工工序步骤如图 6-3-5 所示。

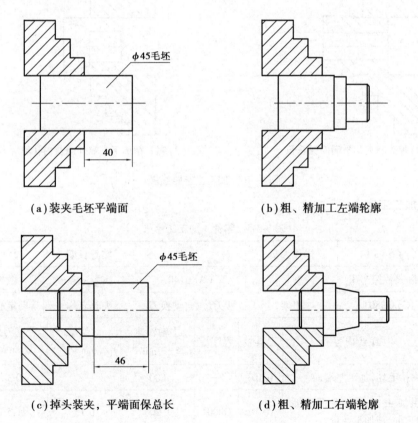

　　（a）装夹毛坯平端面　　　　　　（b）粗、精加工左端轮廓

　　（c）掉头装夹,平端面保总长　　（d）粗、精加工右端轮廓

图 6-3-5　加工工艺路线图

分析零件图可知,该零件需要两次装夹完成所有工序,零件加工工序步骤如图 6-3-6 所示。

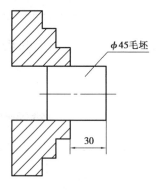

（a）装夹毛坯平端面

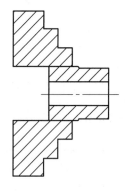

（b）粗、精加工右端外圆，用钻头钻孔

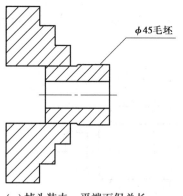

（c）掉头装夹，平端面保总长

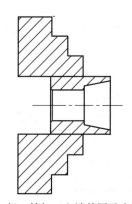

（d）粗、精加工左端外圆及内孔轮廓

图 6-3-6　加工工艺路线图

2.填写加工工序卡

表 6-3-5　零件 1 加工工序卡

零件图号	SC6-03-01	操作人员		实习日期	
使用设备	卧式数控车床	型号	CAK6140	实习地点	数控车间
数控系统	GSK 980TA	刀架	4 刀位、自动换刀	夹具名称	自动定心三爪卡盘
工步号	工步内容	刀具号	程序号	主轴转速 $n/(\mathrm{r \cdot min^{-1}})$	进给量 $f_1/(\mathrm{mm \cdot r^{-1}})$	背吃刀量 a_p/mm	备注
1	夹持毛坯,加工左端面	T0101	—	800	—	0.3	手动
2	粗加工左端外轮廓,留 0.5 mm精加工余量	T0101	O0001	1 000	0.15	1.5	自动
3	精加工左端外轮廓至尺寸要求	T0202	O0001	1 500	0.1	0.5	自动

工步号	工步内容	刀具号	程序号	主轴转速 $n/(\text{r}\cdot\text{min}^{-1})$	进给量 $f_1/(\text{mm}\cdot\text{r}^{-1})$	背吃刀量 a_p/mm	备注
4	调头装夹，加工右端面保总长尺寸	T0101	—	800	—	0.3	手动
5	粗加工右端外轮廓，留0.5 mm精加工余量	T0101	O0002	1 000	0.15	1.5	自动
6	精加工右端外轮廓至尺寸要求	T0202	O0002	1 500	0.1	0.5	自动

表 6-3-6　零件 2 加工工序卡

零件图号	SC6-03-02		操作人员			实习日期		
使用设备	卧式数控车床		型号		CAK6140	实习地点		数控车间
数控系统	GSK 980TA		刀架		4 刀位、自动换刀	夹具名称		自动定心三爪卡盘

工步号	工步内容	刀具号	程序号	主轴转速 $n/(\text{r}\cdot\text{min}^{-1})$	进给量 $f_1/(\text{mm}\cdot\text{r}^{-1})$	背吃刀量 a_p/mm	备注
1	夹持毛坯，加工右端面	T0101	—	800	—	0.3	手动
2	粗加工右端外轮廓，留0.5 mm精加工余量	T0101	O0003	1 000	0.15	1.5	自动
3	精加工右端外轮廓至尺寸要求	T0202	O0003	1 500	0.1	0.5	自动
4	钻 $\phi20$ 通孔	$\phi20$ 钻头	—	350	—	—	手动
5	粗加工右端内孔轮廓，留0.5 mm精加工余量	T0303	O0003	1 000	0.15	1.5	自动
6	精加工右端内孔轮廓至尺寸要求	T0404	O0003	1 500	0.1	0.5	自动
7	调头装夹，加工左端面保总长尺寸	T0101	—	800	—	0.3	手动
8	粗加工左端外轮廓，留0.5 mm精加工余量	T0101	O0004	1 000	0.15	1.5	自动
9	精加工左端外轮廓至尺寸要求	T0202	O0004	1 500	0.1	0.5	自动
10	粗加工左端内孔轮廓，留0.5 mm精加工余量	T0404	O0004	1 000	0.15	1.5	自动
11	精加工左端内孔轮廓至尺寸要求	T0404	O0004	1 500	0.1	0.5	自动

3.编写加工程序

结合前面学习的基础知识,根据零件图编写加工程序,如表 6-3-7—6-3-10 所示。

表 6-3-7　零件 1 左端外轮廓加工程序

程序段号	程序语句	程序说明
	O0001;	程序号(零件左端程序)
N10	T0101;	调用 01 号 95°外圆粗车刀及 01 号刀补
N20	M03　S1000　G99;	主轴正转,转速 1 000 r/min,恒转速
N30	G00　X100　Z100　M08;	快速定位至坐标系中(100,100)的安全换刀点,开切削液
N40	G00　X47　Z2;	刀具快速接近毛坯加工起点,坐标点为(47,2)
N50	G71　U1.5　R0.5;	外圆复合循环切削,每次进刀 1.5 mm,退刀 0.5 mm,从程
N60	G71　P70　Q140　U0.5　W0　F0.15;	序段号 N70—N140 语句,精加工余量为 0.5 mm,进给量为 0.15 mm/r
N70	G00　X28;	刀尖移动到(28,2)
N80	G01　Z0　F0.1;	外圆切削至(28,0),精加工进给量为 F0.1 mm/r
N90	X31　Z−1.5;	外圆切削至(31,−1.5)
N100	Z−20;	外圆切削至(31,−20)
N110	X42;	外圆切削至(42,−20)
N120	X43　Z−20.5;	外圆切削至(43,−20.5)
N130	Z−30;	外圆切削至(43,−30)
N140	G01　X47;	外圆切削至(47,−30)
N150	G00　X100　Z100;	快速退刀至(100,100)安全点
N160	M05;	主轴停止
N170	M00;	程序暂停
N180	T0202　M03　S1500;	调用 02 号 93°外圆精车刀及 02 号刀补,主轴正转,转速 1 500 r/min
N190	G00　X47　Z2;	快速定位至(47,2),刀尖接近工件
N200	G70　P70　Q140　F0.1;	外圆复合循环精加工,从程序段号 N70—N140 语句
N210	G00　X100　Z100;	快速退刀至(100,100)安全点
N220	M05;	主轴停止
N230	M30;	程序暂停

表 6-3-8　零件 1 右端外轮廓加工程序

程序段号	程序语句	程序说明
	O0002;	程序号(零件右端程序)
N10	T0101;	调用 01 号 95° 外圆粗车刀及 01 号刀补
N20	M03　S1000　G99;	主轴正转,转速 1 000 r/min,恒转速
N30	G00　X100　Z100　M08;	快速定位至坐标系中(100,100)的安全换刀点,开切削液
N40	G00　X47　Z2;	刀具快速接近毛坯加工起点,坐标点为(47,2)
N50	G71　U1.5　R0.5;	外圆复合循环切削,每次进刀 1.5 mm,退刀 0.5 mm,从程
N60	G71　P70　Q150　U0.5　W0　F0.15;	序段号 N70—N150 语句,精加工余量为 0.5 mm,进给量为 0.15 mm/r
N70	G00　X20;	刀尖移动到(20,2)
N80	G01　Z0　F0.1;	外圆切削至(20,0),精加工进给量为 F0.1 mm/r
N90	X23　Z-1.5;	外圆切削至(23,-1.5)
N100	Z-25;	外圆切削至(23,-25)
N110	X29;	外圆切削至(29,-25)
N120	X36　Z-45;	外圆切削至(36,-45)
N130	X42;	外圆切削至(42,-45)
N140	X43　Z-45.5;	外圆切削至(43,-45.5)
N150	G01　X47;	外圆切削至(47,-45.5)
N160	G00　X100　Z100;	快速退刀至(100,100)安全点
N170	M05;	主轴停止
N180	M00;	程序暂停
N190	T0202　M03　S1500;	调用 02 号 93° 外圆精车刀及 02 号刀补,主轴正转,转速 1 500 r/min
N200	G00　X47　Z2;	快速定位至(47,2),刀尖接近工件
N210	G70　P70　Q150　F0.1;	外圆复合循环精加工,从程序段号 N70—N150 语句
N220	G00　X100　Z100;	快速退刀至(100,100)安全点
N230	M05;	主轴停止
N240	M05;	程序暂停
N250	M30;	程序结束,并返回开始点

表 6-3-9　零件 2 右端外轮廓和内孔加工程序

程序段号	程序语句	程序说明
	O0003；	程序号(零件左端程序)
N10	T0101；	调用 01 号 95°外圆粗车刀及 01 号刀补
N20	M03　S1000　G99；	主轴正转,转速 1 000 r/min,恒转速
N30	G00　X100　Z100　M08；	快速定位至坐标系中(100,100)的安全换刀点,开切削液
N40	G00　X47　Z2；	刀具快速接近毛坯加工起点,坐标点为(47,2)
N50	G71　U1.5　R0.5；	外圆复合循环切削,每次进刀 1.5 mm,退刀 0.5 mm,从程
N60	G71　P70　Q90　U0.5　F0.15；	序段号 N70—N90 语句,精加工余量为 0.5 mm,进给量为 0.15 mm/r
N70	G00　X43；	刀尖移动到(43,2)
N80	G01　Z-25　F0.1；	外圆切削至(43,-25),精加工进给量为 0.1 mm/r
N90	G01　X47；	外圆切削至(47,-25)
N100	G00　X100　Z100；	快速退刀至(100,100)安全点
N110	M05；	主轴停止
N120	M00；	程序暂停
N130	T0202　M03　S1500；	调用 02 号 93°外圆精车刀及 02 号刀补,主轴正转,转速 1 500 r/min
N140	G00　X47　Z2；	快速定位至(47,2),刀尖接近工件
N150	G70　P70　Q90　F0.1；	外圆复合循环精加工,从程序段号 N70—N90 语句
N160	G00　X100　Z100；	快速退刀至(100,100)安全点
N170	M05；	主轴停止
N180	M00；	程序暂停
N190	T0404　M03　S1000；	调用 04 号内孔车刀及 04 号刀补,主轴正转,转速 1 000 r/min
N200	G00　X18　Z2；	刀具快速接近加工起点,坐标点为(18,2)
N210	G71　U1.5　R0.5；	内孔复合循环切削,每次进刀 1.5 mm,退刀 0.5 mm,从程
N220	G71　P230　Q270　U-0.5　F0.15；	序段号 N230—N270 语句,精加工余量为 0.5 mm,进给量为 0.15 mm/r

续表

程序段号	程序语句	程序说明
N230	G00 X25;	刀尖移动到(25,2)
N240	G01 Z0 F0.1;	内孔切削至(25,0),精加工进给量为 0.1 mm/r
N250	X23 Z-1;	内孔切削至(23,-1)
N260	Z-26;	内孔切削至(23,-26)
N270	G01 X18;	内孔切削至(18,-26)
N280	G00 Z10;	快速退刀至点(18,10)
N290	G00 X100 Z100;	快速退刀至(100,100)安全点
N300	M05;	主轴停止
N310	M00;	程序暂停
N320	T0404 M03 S1500;	调用 04 号内孔精车刀及 04 号刀补,主轴正转,转速 1 500 r/min
N330	G00 X18 Z2;	刀具快速接近加工起点,坐标点为(18,2)
N340	G70 P230 Q270 F0.1;	内孔复合循环精加工,从程序段号 N230—N270 语句
N350	G00 Z10;	快速退刀至点(18,10)
N360	G00 X100 Z100;	快速退刀至(100,100)安全点
N370	M05;	程序暂停
N380	M30;	程序结束,并返回开始点

表 6-3-10 零件 2 左端外轮廓和内孔加工程序

程序段号	程序语句	程序说明
	O0004;	程序号(零件左端程序)
N10	T0101;	调用 01 号 95°外圆粗车刀及 01 号刀补
N20	M03 S1000 G99;	主轴正转,转速 1 000 r/min,恒转速
N30	G00 X100 Z100 M08;	快速定位至坐标系中(100,100)的安全换刀点,开切削液
N40	G00 X47 Z2;	刀具快速接近毛坯加工起点,坐标点为(47,2)
N50	G71 U1.5 R0.5;	外圆复合循环切削,每次进刀 1.5 mm,退刀 0.5 mm,从程序段号 N70—N90 语句,精加工余量为 0.5 mm,进给量为
N60	G71 P70 Q90 U0.5 F0.15;	0.15 mm/r

续表

程序段号	程序语句	程序说明
N70	G00　X43;	刀尖移动到(43,2)
N80	G01　Z-22　F0.1;	外圆切削至(43,-22),精加工进给量为 0.1 mm/r
N90	G01　X47;	外圆切削至(47,-22)
N100	G00　X100　Z100;	快速退刀至(100,100)安全点
N110	M05;	主轴停止
N120	M00;	程序暂停
N130	T0202　M03　S1500;	调用 02 号 93°外圆精车刀及 02 号刀补,主轴正转,转速 1 500 r/min
N140	G00　X47　Z2;	快速定位至(47,2),刀尖接近工件
N150	G70　P70　Q90　F0.1;	外圆复合循环精加工,从程序段号 N70—N90 语句
N160	G00　X100　Z100;	快速退刀至(100,100)安全点
N170	M05;	主轴停止
N180	M00;	程序暂停
N190	T0404　M03　S1000;	调用 04 号内孔车刀及 04 号刀补,主轴正转,转速 1 000 r/min
N200	G00　X18　Z2;	刀具快速接近加工起点,坐标点为(18,2)
N210	G71　U1.5　R0.5;	内孔复合循环切削,每次进刀 1.5 mm,退刀 0.5 mm,从程序段号 N230—N260 语句,精加工余量为 0.5 mm,进给量为 0.15 mm/r
N220	G71　P230　Q270　U-0.5　F0.15;	
N230	G00　X36;	刀尖移动到(36,2)
N240	G01　Z0　F0.1;	内孔切削至(25,0),精加工进给量为 0.1 mm/r
N250	X29　Z-20;	内孔切削至(29,-20)
N260	G01　X18　Z-20;	内孔切削至(18,-20)
N270	G00　Z10;	快速退刀至点(18,10)
N280	G00　X100　Z100;	快速退刀至(100,100)安全点
N290	M05;	主轴停止
N300	M00;	程序暂停

续表

程序段号	程序语句	程序说明
N310	T0404　M03　S1500;	调用 04 号内孔精车刀及 04 号刀补,主轴正转,转速 1 500 r/min
N320	G00　X18　Z2;	刀具快速接近加工起点,坐标点为(18,2)
N330	G70　P230　Q260　F0.1;	内孔复合循环精加工,从程序段号 N230—N260 语句
N340	G00　Z10;	快速退刀至点(18,10)
N350	G00　X100　Z100;	快速退刀至(100,100)安全点
N360	M05;	程序暂停
N370	M30;	程序结束,并返回开始点

4.零件加工

（1）程序准备、录入及校验

待程序编辑完成后,把准备好的程序手动录入机床数控系统,并进行模拟作图,以校验程序。

（2）装刀与对刀操作

按照表 6-3-4 中要求,把各刀具装在相应位置上,保证刀尖中心高、刀尖伸出刀架长度适中,并装正刀具。

对刀时,采用试切对刀法,以 1 号刀具为基准刀具,其余刀具为非基准刀具进行对刀操作。

注意:磨刀及对刀操作时,请佩戴防护眼镜,以防粉尘或铁屑飞入眼睛!

（3）零件加工与质量控制

加工前,首先单步试车,修正主轴转速倍率、进给倍率、快速倍率等加工参数,然后运行程序自动加工。

在加工过程中要关闭防护门,观看零件加工过程。在程序暂停的时候,对重要的加工尺寸进行检测,把所测数据填写到表 6-3-11 中,为后续的控制尺寸精度提供参考数据。如果所测数据与相应的理论值不同,可通过刀补修正加工刀具对应的刀补值,从而保证零件的尺寸精度。

表 6-3-11　零件 1 加工过程重要尺寸检测表

序号	检测尺寸	粗车后数值		第一次精车后数值		第二次精车后数值	
		理论值	实测值	理论值	实测值	理论值	实测值
1	$\phi 43_{-0.02}^{0}$	$\phi 43.5_{-0.02}^{0}$		$\phi 43_{-0.02}^{0}$		$\phi 43_{-0.02}^{0}$	
2	$\phi 31_{-0.02}^{0}$	$\phi 31.5_{-0.02}^{0}$		$\phi 31_{-0.02}^{0}$		$\phi 316_{-0.02}^{0}$	

续表

序号	检测尺寸	粗车后数值		第一次精车后数值		第二次精车后数值	
		理论值	实测值	理论值	实测值	理论值	实测值
3	$\phi 23_{-0.02}^{0}$	$\phi 23.5_{-0.02}^{0}$		$\phi 23_{-0.02}^{0}$		$\phi 23_{-0.02}^{0}$	
4	$\phi 23_{0}^{+0.02}$	$\phi 22.5_{0}^{+0.02}$		$\phi 23_{0}^{+0.02}$		$\phi 23_{0}^{+0.02}$	
5	75 ± 0.1	75 ± 0.1		75 ± 0.1		75 ± 0.1	

（4）机床清洁与保养

加工完毕后，需要对机床进行清洁与保养工作，并记录清洁与保养情况。

三、总体评价

零件加工完成后，必须对加工零件进行一次全面的检测，把检测结果填入表6-3-12中，判断加工产品是合格品、废品及可返修品。

表6-3-12　零件评分表

序号	检测项目尺寸		配　分	检测结果	评分标准	得　分
1	外圆	$\phi 43_{-0.02}^{0}$（零件1）	10			
2		$\phi 43_{-0.02}^{0}$（零件2）	10			
3		$\phi 23_{-0.02}^{0}$	10			
4		左端$\phi 31_{-0.02}^{0}$	10			
5		锥度	10			
6	内孔	$\phi 23_{0}^{+0.02}$	10			
7	长度	75 ± 0.1	10			
8	倒角	$1.5\times 45°$	2.5			
9		$1\times 45°$	2.5			
10	表面粗糙度	$Ra3.2$	5			
11	其他	一般尺寸	10			
12	程序	程序正确合理	5			
13	安全操作	机床规范操作	5			
14	最终总评	所有检测尺寸都在公差范围内，零件完整				合格品
		有一个或多个检测尺寸超出最小极限公差，零件不完整				废品
		有一个或多个检测尺寸超出最大极限公差，零件不完整				可返修品

知识链接

常用锥度的检测方法

对于相配合的锥度工件,根据用途不同,其锥度公差与角度公差也不相同。圆锥的检测主要是指角度和尺寸精度的检测。常用的方法有以下几种:

(1)用游标万能角度尺检测。

测量时基尺带尺身沿着游标转动,通过不同的组合,可以测量0°~320°的任意角。

(2)用角度样板测量

角度样板属于专用量具,常用在批量生产中,以减少辅助时间。

(3)用涂色法测量

对于标准圆锥或精度要求比较高的圆锥工件,一般采用圆锥套规或圆锥塞规检验。

课堂测试

编程题

如图 6-3-7、图 6-3-8 所示,对该零件进行工艺设计及编制加工程序。件 1 毛坯尺寸 $\phi45\times$ 65 mm,件 2 毛坯尺寸 $\phi45\times75$ mm,材料为 45#钢。

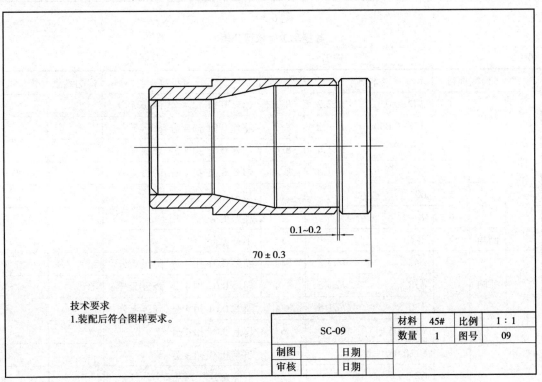

技术要求
1.装配后符合图样要求。

		材料	45#	比例	1:1
SC-09		数量	1	图号	09
制图		日期			
审核		日期			

尺寸标注:0.1~0.2,70 ± 0.3

图 6-3-7

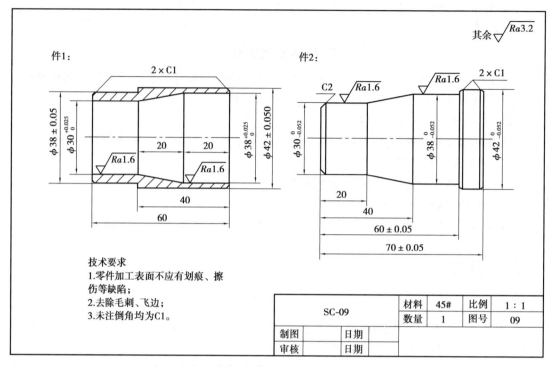

图 6-3-8

数控车工考核评分表

单位：　　　　　　　　　　　　姓名：　　　　　　　　　　　　准考证号：

	检测项目		技术要求		配　分	评分标准	检测结果	得　分
件 1	外圆	1	$\phi 42 \pm 0.050$	$Ra3.2$	8/2	超差 0.01 扣 4 分、降级无分		
		2	$\phi 38 \pm 0.050$	$Ra3.2$	8/2	超差 0.01 扣 4 分、降级无分		
	内孔	3	$\phi 38^{+0.025}_{0}$	$Ra1.6$	8/4	超差 0.01 扣 4 分、降级无分		
		4	$\phi 30^{+0.025}_{0}$	$Ra1.6$	8/4	超差 0.01 扣 4 分、降级无分		
	长度	5	60		2	超差无分		
		6	40		2	超差无分		
	倒角	7	$2 \times C1$		1	不符无分		
件 2	外圆	8	$\phi 42^{0}_{-0.052}$	$Ra3.2$	8/2	超差 0.01 扣 4 分、降级无分		
			$\phi 38^{0}_{-0.052}$	$Ra1.6$	8/4	超差 0.01 扣 4 分、降级无分		
			$\phi 30^{0}_{-0.052}$	$Ra1.6$	8/4	超差 0.01 扣 4 分、降级无分		
	长度		70 ± 0.05		6	超差 0.01 扣 4 分		
			60 ± 0.05		6	超差 0.01 扣 4 分		
	倒角		$C2$		2	不符无分		
			$2 \times C1$		2	不符无分		

	检测项目		技术要求	配分	评分标准	检测结果	得分
	其他	9	未注倒角	1	不符无分		
		10	安全操作规程		违反扣总分 10 分/次		
	总配分			100	总得分		
	零件名称			图号		加工日期	
	加工开始　时　　分		停工时间　　分钟	加工时间		检测	
	加工结束　时　　分		停工原因	实际时间		评分	

任务 6.4 螺纹类配合切削加工

学习目标

表 6-4-1 技能训练

技能操作	(1)数控车床系统操作:程序录入、程序校验与运行;数控加工仿真软件使用; (2)数控车床手动操作:装夹工件、刀具;机床动作;正确掌握使用内径百分表。 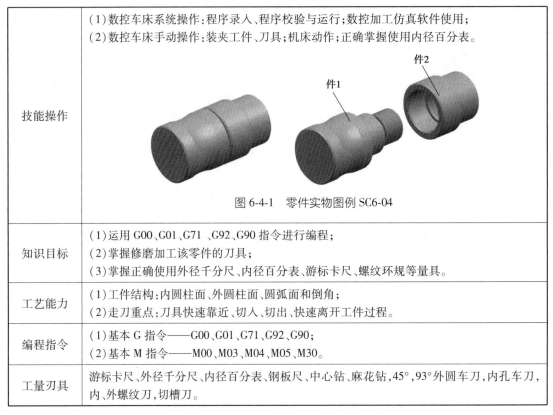 图 6-4-1 零件实物图例 SC6-04
知识目标	(1)运用 G00、G01、G71 、G92、G90 指令进行编程; (2)掌握修磨加工该零件的刀具; (3)掌握正确使用外径千分尺、内径百分表、游标卡尺、螺纹环规等量具。
工艺能力	(1)工件结构:内圆柱面、外圆柱面、圆弧面和倒角; (2)走刀重点:刀具快速靠近、切入、切出、快速离开工件过程。
编程指令	(1)基本 G 指令——G00、G01、G71、G92、G90; (2)基本 M 指令——M00、M03、M04、M05、M30。
工量刃具	游标卡尺、外径千分尺、内径百分表、钢板尺、中心钻、麻花钻,45°,93°外圆车刀,内孔车刀,内、外螺纹刀,切槽刀。

知识结构

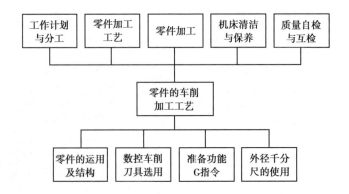

零件图纸1

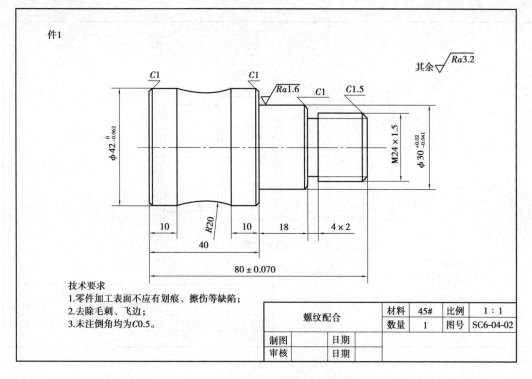

图 6-4-2 零件 1

零件图纸2

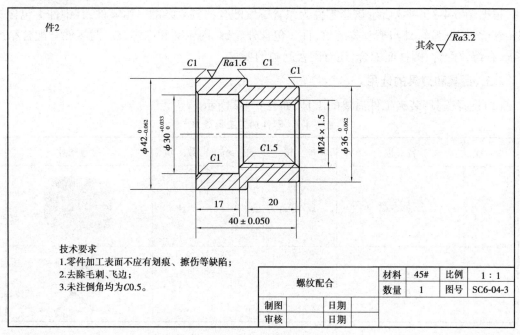

图 6-4-3 零件 2

装配图纸

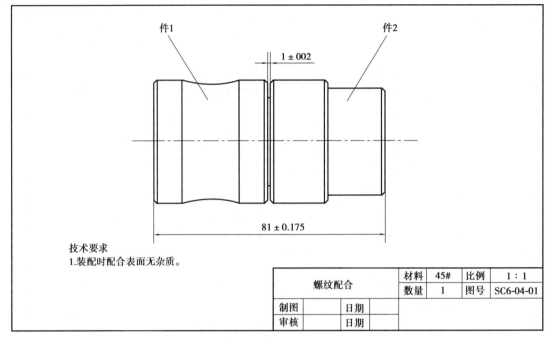

图 6-4-4　螺纹配合

一、基础知识

1.零件的结构分析

根据图 6-4-2、6-4-3 所示该套零件为包含螺纹配合的较复杂的一组零件,其中件 1 包含外部轮廓(含凹圆弧)、外沟槽和外螺纹;件 2 包含外轮廓、内轮廓和内螺纹。两零件有配合精度要求,有螺纹配合、圆柱面配合,还有配合间隙的要求。

2.工、量具和刀具的选用

(1)选择工具:装夹工件需要的工具,如表 6-4-2 所示。

表 6-4-2　零件加工工具清单

序　号	名　称	规　格	单　位	数　量	参考图片
1	三爪卡盘	自定心	个	1	
2	卡盘扳手 刀架扳手	—	副	1	

续表

序 号	名 称	规 格	单 位	数 量	参考图片
3	垫刀片	—	块	若干	
4	棒料	45#钢 φ45	条	1	

(2)选择量具:检测需要外径千分尺等量具,如表6-4-3所示。

表 6-4-3 零件加工量具清单

序 号	名 称	规 格	单 位	数 量	参考图片
1	游标卡尺	0~150 mm	把	1	
2	千分尺	25~50 mm	把	1	
3	内径百分表	18~35	把	1	
4	钢板尺	0~200 mm	把	1	
5	表面粗糙度样板	—	套	1	
6	螺纹环规	M24×1.5	套	1	

(3)选择刀具:加工零件1需要刀具如表6-4-4所示,零件2需要刀具如表6-4-5所示。

表 6-4-4 零件1加工刀具清单

序号	刀具号	名 称	规格/(mm×mm)	数量	加工表面	刀具半径/mm	参考图片
1	T0101	93°外圆尖刀	20×20	1	外圆轮廓	0.4	

续表

序号	刀具号	名 称	规格/(mm×mm)	数量	加工表面	刀具半径/mm	参考图片
2	T0202	宽 4 mm 切槽刀	20×20	1	槽与切断	0	
3	T0303	外三角形螺纹车刀	20×20	1	件 1 外三角螺纹	0	

表 6-4-5　零件 2 加工刀具清单

序号	刀具号	名 称	规格/(mm×mm)	数量	加工表面	刀具半径/mm	参考图片
1	尾座	中心钻	φ2.5	1	—	—	
2	尾座	麻花钻	φ20	1	—	—	
3	T0101	93°外圆尖刀	20×20	1	外圆轮廓	0.4	
4	T0202	宽 4 mm 切槽刀	20×20	1	槽与切断	0	
5	T0303	内三角形螺纹车刀	16×16	1	件 2 内三角螺纹	0	
6	T0404	内孔车刀	16×16	1	件 2 内孔	0.4	

二、生产实践

1.零件加工工艺路线

分析零件图可知,零件 2 需要两次装夹完成所有工序,零件加工工序步骤如图 6-4-5 所示。

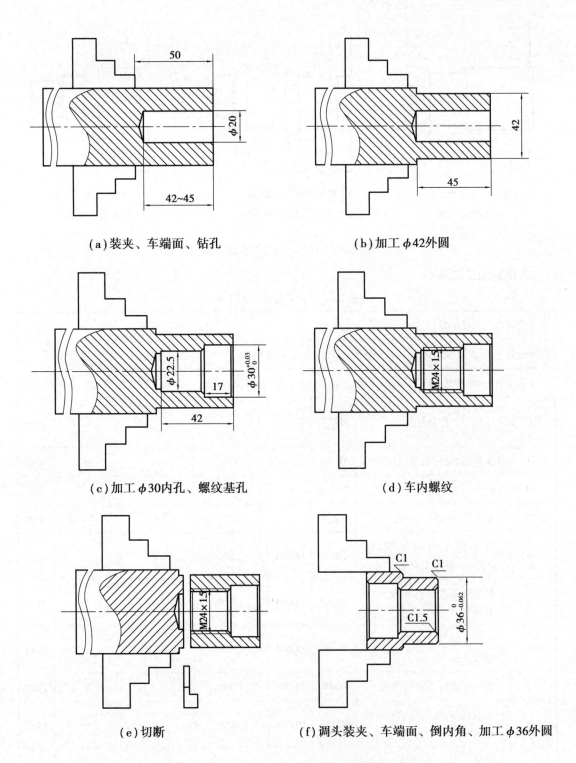

（a）装夹、车端面、钻孔

（b）加工 φ42 外圆

（c）加工 φ30 内孔、螺纹基孔

（d）车内螺纹

（e）切断

（f）调头装夹、车端面、倒内角、加工 φ36 外圆

图 6-4-5 件 2 的加工工序示意图

分析零件图可知,零件 1 需要两次装夹完成所有工序,零件加工工序步骤如图 6-4-6 所示。

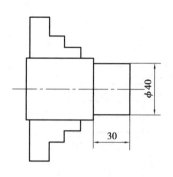

（a）装夹、车端面、加工φ40定位外圆

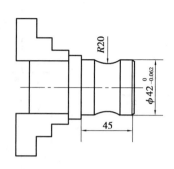

（b）调头装夹、车端面、加工φ42外圆、R20圆弧

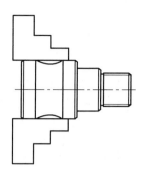

（c）调头、加工外廓、外沟槽、外螺纹

图 6-4-6　件 1 的加工工序示意图

2.填写加工工序卡

表 6-4-6　加工零件 2 工序卡

零件图号	SC6-05	操作人员		实习日期	
使用设备	卧式数控车床	型号	CAK6140	实习地点	数控车间
数控系统	GSK 980TA	刀架	4 刀位、自动换刀	夹具名称	自动定心三爪卡盘

工步号	工步内容	刀具号	程序号	主轴转速 $n/(\text{r} \cdot \text{min}^{-1})$	进给量 $f_1/(\text{mm} \cdot \text{r}^{-1})$	背吃刀量 a_p/mm	备注
1	夹持毛坯外圆,平端面	T0101	—	800	—	—	手动
2	钻中心孔	中心钻	—	1 000	—	—	手动
3	钻孔钻深 42~45 mm	麻花钻		600	—	—	手动
4	粗车件 2 左端外圆,留 0.5 mm 精加工余量	T0101	O0001	1 000	0.15	1	自动
5	精加件 2 左端外圆至尺寸要求	T0101	O0001	1 500	0.1	1	自动
6	粗车车削件 2 左端内孔和螺纹基孔	T0404	O0001	1 000	0.15	1.5	自动
7	精车车削件 2 左端内孔	T0404	O0001	1 500	0.1	1	自动
8	车削件 2 内螺纹,有效长度 40 mm	T0303	O0001	800	—	—	自动
9	将件 2 从毛坯切断,保证件 2 长度为 41 mm	T0202	O0001	600	—	—	手动

续表

工步号	工步内容	刀具号	程序号	主轴转速 $n/(\mathrm{r \cdot min^{-1}})$	进给量 $f_1/(\mathrm{mm \cdot r^{-1}})$	背吃刀量 a_p/mm	备注
10	调头,车削端面,保证长度 40±0.05 mm	T0101	—	800	—	—	手动
11	倒内角	T0303	—	600	—	—	手动
12	粗车件 2 右端外圆,留 0.5 mm 精加工余量	T0101	O0002	1 000	0.15	1.5	自动
13	精车件 2 右端外圆至尺寸要求	T0101	O0002	1 500	0.1	1	自动
14	装夹毛坯总长 84 mm,伸出 40 mm,车削端面	T0101	—	800	—	—	手动

表 6-4-7 加工零件 1 工序卡

工步号	工步内容	刀具号	程序号	主轴转速 $n/(\mathrm{r \cdot min^{-1}})$	进给量 $f_1/(\mathrm{mm \cdot r^{-1}})$	背吃刀量 a_p/mm	备注
15	打中心孔	中心钻	—	1 000	—	—	手动
16	车定位外圆	T0101	O0003	1 000	0.15	1.5	自动
17	粗车件 1 左端外圆,留 0.5 mm 精加工余量	T0101	O0003	1 000	0.15	1.5	自动
18	精车件 1 左端外圆至尺寸	T0101	O0003	1 500	0.1	1	自动
19	调头,车削件 1 右端轮廓	T0101	O0004	1 000	0.15	1.5	自动
20	车削件 1 外沟槽	T0202	O0004	400	0.01	4	自动
21	车削件 1 外螺纹	T0303	O0004	800	—	—	自动

3.编写加工程序

结合前面学习的基础知识,根据零件图编写加工程序,如表 6-4-8—6-4-11 所示。

表 6-4-8 件 2 左端加工程序

程序段号	程序语句	程序说明
	O0001;	程序号
N10	T0101;	调用 01 号 93°外圆粗车刀及 01 号刀补
N20	M03 S1000 G99;	主轴正转,转速 1 000 r/min,恒转速

续表

程序段号	程序语句	程序说明
N30	G00　X100　Z100　M08;	快速定位至坐标系中(100,100)的安全换刀点,开切削液
N40	G00　X47　Z2;	刀具快速接近毛坯加工起点,坐标点为(47,2)
N50	G71　U1.0　R0.5　F0.15;	外圆粗车复合循环切削,每次进刀1 mm,退刀0.5 mm,从程序段号 N70—N110 语句,精加工余量为0.5 mm,进给量为 F0.15 mm/r
N60	G71　P70　Q110　U0.5　W0;	
N70	G00　X40;	移动到点(40,2)
N80	G01　Z0　F0.1;	车削至点(40,0)
N90	X42　Z-1;	车倒角 C1
N100	Z-45;	车外圆
N110	G01　X45;	退刀
N120	G00　X100　Z100;	返回安全点
N130	M05;	主轴停转
N140	M00;	程序暂停
N150	T0101　M03　S1500;	调用01号刀及01号刀补,主轴正转,转速1 500 r/min
N160	G00　X100　Z100;	快速定位至坐标系中(100,100)的安全换刀点
N170	G00　X47　Z2;	刀具快速接近毛坯加工起点,坐标点为(47,2)
N180	G70　P70　Q110　F0.1;	外圆精车复合循环,从程序段号 N70—N110 语句
N190	G00　X100　Z100;	快速定位至坐标系中(100,100)的安全换刀点
N200	M05;	主轴停止
N210	M00;	程序暂停
N220	T0404　M03　S1000;	换04号内孔车刀,04号刀补,主轴正转,转数1 000 r/min
N230	G00　X100　Z100;	快速定位至坐标系中(100,100)的安全换刀点
N240	G00　X20　Z2;	快速定位到点(20,2)
N250	G71　U1.0　R0.5　F0.15;	内孔粗车复合循环切削,每次进刀1 mm,退刀0.5 mm,从程序段号 N270—N340 语句,精加工余量为0.5 mm,进给量为 F0.15 mm/r
N260	G71　P270　Q340　U-0.5　W0;	
N270	G00　X32;	移动到点(32,2)

续表

程序段号	程序语句	程序说明
N280	G01 Z0 F0.1;	车削到点(32,0)
N290	X30 Z-1;	车倒角
N300	Z-17;	车削到点(30,-17)
N310	X25.5;	车削到点(25.5,-17)
N320	X22.5 Z-18.5;	车倒角
N330	Z-42;	车削到点(22.5,-42)
N340	G01 X20;	退刀
N350	G00 X100 Z100;	快速定位至坐标系中(100,100)的安全换刀点
N360	M05;	主轴停止
N370	M00;	程序暂停
N380	T0404 M03 S1500;	换 04 号内孔车刀,04 号刀补,主轴正转,转数 1 500 r/min
N390	G00 X100 Z100;	快速定位至坐标系中(100,100)的安全换刀点
N400	G00 X20 Z2;	快速定位到点(20,2)
N410	G70 P270 Q340 F0.1;	内孔精车复合循环,从程序段号 N270—N340 语句
N420	G00 X100 Z100;	快速定位至坐标系中(100,100)的安全换刀点
N430	M05;	主轴停止
N440	M00;	程序暂停
N450	T0303 M03 S800;	换 03 号内螺纹刀,03 号刀补,主轴正转,转速 800 r/min
N460	G00 X100 Z100;	快速定位至坐标系中(100,100)的安全换刀点
N470	G00 X20 Z2;	刀具快速靠近工件
N480	Z-14;	快速定位到(20,14)
N490	G92 X22.5 Z-41.5 F1.5;	用 G92 指令车螺纹
N500	X23.2;	
N510	X23.8;	
N520	X24;	
N530	G00 Z2;	刀具退出
N540	G00 X100 Z100;	返回安全点

续表

程序段号	程序语句	程序说明
N550	M05;	主轴停转
N560	M00;	
N570	T0202;	调用 02 号外圆切槽刀及 02 号刀补
N580	M03 S1000 G99;	主轴正转,转速 1 000 r/min,恒转速
N590	G00 X100 Z100 M08;	快速定位至坐标系中(100,100)的安全换刀点,开切削液
N600	G00 X47 Z-44;	快速定位到点(47,-44)
N610	G01 X18 F0.05;	切断工件
N620	G00 X47;	退刀
N630	G00 X100 Z100;	刀具返回安全点
N640	M05;	主轴停转
N650	T0100;	换回 01 号基准刀,并取消刀补
N660	M30;	程序结束

表 6-4-9 件 2 右端加工程序

程序段号	程序语句	程序说明
	O0002;	程序号
N10	T0101;	调用 01 号 93° 外圆粗车刀及 01 号刀补
N20	M03 S1000 G99;	主轴正转,转速 1 000 r/min,恒转速
N30	G00 X100 Z100 M08;	快速定位至坐标系中(100,100)的安全换刀点,开切削液
N40	G00 X47 Z2;	快速靠近工件
N50	G71 U1.0 R0.5 F0.15;	外圆粗车复合循环切削,每次进刀 1 mm,退刀 0.5 mm,从程序段号 N70—N130 语句,精加工余量为 0.5 mm,进给量为 F0.15 mm/r
N60	G71 P70 Q130 U0.5 W0;	
N70	G00 X34 Z2;	刀具快速定位到点(34,2)
N80	G01 Z0 F0.1;	进刀
N90	G01 X36 Z-1;	倒角
N100	Z-20;	车削到点(36,-20)

程序段号	程序语句	程序说明
N110	X40;	车削到点(40,-20)
N120	X42　Z-21;	倒角
N130	G01　X45;	退刀
N140	G00　X100　Z100;	刀具返回安全点
N150	M05;	主轴停转
N160	M00;	程序暂停
N170	T0101　M03　S1500;	调用 01 号刀及 01 号刀补,主轴正转,转速 1 500 r/min
N180	G00　X100　Z100;	快速定位至坐标系中(100,100)的安全换刀点
N190	G00　X47　Z2;	快速靠近工件
N200	G70　P70　Q130　F0.1;	外圆精车复合循环,从程序段号 N70—N130 语句
N210	G00　X100　Z100;	快速定位至坐标系中(100,100)的安全换刀点
N220	M05;	主轴停转
N230	T0100;	换回 01 号基准刀,并取消刀补
N240	M30;	程序结束

表 6-4-10　件 1 左端加工程序

程序段号	程序语句	程序说明
	O0003;	程序号
N10	T0101;	调用 01 号 93°外圆粗车刀及 01 号刀补
N20	M03　S1000　G99;	主轴正转,转速 1 000 r/min,恒转速
N30	G00　X100　Z100　M08;	快速定位至坐标系中(100,100)的安全换刀点,开切削液
N40	G00　X47　Z2;	快速靠近工件
N50	G71　U1.0　R0.5　F0.15;	外圆粗车复合循环切削,每次进刀 1 mm,退刀 0.5 mm,从程序段号 N70—N130 语句,精加工余量为 0.5 mm,进给量为 F0.15 mm/r
N60	G71　P70　Q130　U0.5　W0;	
N70	G00　X40　Z2;	刀具快速定位到点(40,2)
N80	G01　Z0　F0.1;	进刀

续表

程序段号	程序语句	程序说明
N90	G01　X42　Z-1;	倒角
N100	Z-10;	车削到点(42,-10)
N110	G02　X42　Z-30　R20　F0.1;	车削圆弧到点(42,-30)
N120	G01　X42　Z-42　F0.15;	车削到点(42,-42)
N130	G01　X47;	退刀
N140	G00　X100　Z100;	刀具返回安全点
N150	M05;	主轴停转
N160	M00;	程序暂停
N170	T0101　M03　S1500;	调用02号刀及02号刀补,主轴正转,转速1 500 r/min
N180	G00　X100　Z100;	快速定位至坐标系中(100,100)的安全换刀点
N190	G00　X47　Z2;	快速靠近工件
N200	G70　P70　Q130　F0.1;	外圆精车复合循环,从程序段号N70—N130语句
N210	G00　X100　Z100;	快速定位至坐标系中(100,100)的安全换刀点
N220	M05;	主轴停转
N230	T0100;	换回01号基准刀,并取消刀补
N240	M30;	程序结束

表6-4-11　件1右端加工程序

程序段号	程序语句	程序说明
	O0004;	程序号
N10	T0101;	调用01号93°外圆粗车刀及01号刀补
N20	M03　S1000　G99;	主轴正转,转速1 000 r/min,恒转速
N30	G00　X100　Z100　M08;	快速定位至坐标系中(100,100)的安全换刀点,开切削液
N40	G00　X45　Z2;	快速靠近工件
N50	G71　U2　R1;	采用G71循环指令对外轮廓进行粗车
N60	G71　P70　Q160　U0.5　W0 F0.15;	

续表

程序段号	程序语句	程序说明
N70	G00　X21；	
N80	G01　Z0　F0.1；	
N90	X23.85　Z−1.5；	
N100	Z−22；	
N110	X28；	精加工程序段
N120	X30　Z−23；	
N130	Z−40；	
N140	X40；	
N150	X42　Z−41；	
N160	G01　X45；	
N170	G00　X100　Z100；	快速退刀至(100,100)安全点
N180	M05；	主轴停止
N190	M00；	程序暂停
N200	T0101　M03　S1500；	调用 02 号 93°外圆精车刀及 02 号刀补，主轴正转，转速 1 500 r/min
N210	G70　P70　Q160　F0.1；	采用 G70 精车循环对外轮廓进行精加工
N220	G00　X100　Z100；	快速退刀至(100,100)安全点
N230	M05；	主轴停止
N240	M00；	程序暂停
N250	T0202　M03　S400；	调用 02 号车槽刀及 02 号刀补，主轴正转，转速 400 r/min
N260	G00　X32　Z−22；	刀具快速移动至(32,−22)
N270	G01　X22　F0.05；	车螺纹退刀槽 2×2，进给速度为 0.05 mm/r
N280	G04　X3；	切槽刀在槽底停顿 3 s
N290	G00　X32；	退刀至(32,−22)
N300	G00　X100　Z100；	快速退刀至(100,100)安全点
N310	M05；	主轴停止
N320	M00；	程序暂停
N340	T0303　M03　S600；	调用 03 号车槽刀及 03 号刀补，主轴正转，转速 600 r/min
N350	G00　X26　Z2；	刀具快速移动至(26,2)
N360	G92　X23.4　Z−18　F1.5；	车螺纹第一刀，车削终点(23.4,−18)，螺纹导程 1.5 mm
N370	X23；	车螺纹第二刀，车削终点(23,−18)

续表

程序段号	程序语句	程序说明
N380	X22.7;	车螺纹第三刀,车削终点(22.7,−18)
N390	X22.5;	车螺纹第四刀,车削终点(22.5,−18)
N400	X22.5;	车螺纹第五刀,车削终点(22.5,−18)
N410	G00　X100　Z100;	刀具快速返回安全点
N420	M05;	主轴停止
N430	T0100;	调回基准刀具01号刀,取消刀补
N440	M30;	程序结束,并返回开始点

4.零件加工

(1)程序准备、录入及校验

待程序编辑完成后,把准备好的程序手动录入机床数控系统,并进行模拟作图,以校验程序。

(2)装刀与对刀操作

按照表6-4-4中要求,把各刀具装在相应位置上,保证刀尖中心高、刀尖伸出刀架长度适中,并装正刀具。

对刀时,采用试切对刀法,以1号刀具为基准刀具,其余刀具为非基准刀具进行对刀操作。

注意:磨刀及对刀操作时,请佩戴防护眼镜,以防粉尘或铁屑飞入眼睛!

(3)零件加工与质量控制

加工前,首先单步试车,修正主轴转速倍率、进给倍率、快速倍率等加工参数,然后运行程序自动加工。

在加工过程中,所有小组成员通过防护门,观看零件加工过程。负责加工操作的成员,必须在程序暂停的时候,对重要的加工尺寸进行检测,把所测原始数据填写到表6-4-12中,为后续的控制尺寸精度提供参考数据。如果所测原始数据与相应的理论值不同,可通过修正加工刀具对应的刀补值,从而保证零件的尺寸精度。

表6-4-12　加工过程重要尺寸检测表

序号	检测尺寸	粗车后数值		精车后数值	
		理论值	实测值	理论值	实测值
1	$\phi 42_{-0.062}^{0}$	$\phi 43_{-0.062}^{0}$		$\phi 42_{-0.062}^{0}$	
2	$\phi 30_{0}^{+0.033}$	$\phi 29_{0}^{+0.033}$		$\phi 30_{0}^{+0.033}$	

续表

序号	检测尺寸	粗车后数值		精车后数值	
		理论值	实测值	理论值	实测值
3	$\phi36_{-0.062}^{0}$	$\phi37_{-0.062}^{0}$		$\phi36_{-0.062}^{0}$	
4	$\phi30_{-0.041}^{-0.020}$	$\phi31_{-0.041}^{-0.020}$		$\phi30_{-0.041}^{-0.020}$	
5	40 ± 0.05	40 ± 0.05		40 ± 0.05	
6	80 ± 0.07	80 ± 0.07		80 ± 0.07	
7	40 ± 0.02	40 ± 0.02		40 ± 0.02	

（4）机床清洁与保养

加工完毕后，小组全体成员一起对机床进行清洁与保养工作，并记录清洁与保养情况。

三、总体评价

零件加工完成后，必须对加工零件进行一次全面的检测，把检测结果填入表6-4-13中，判断加工产品是合格品、废品及可返修品。

表6-4-13　零件评分表

件号	序号	检测项目尺寸		配分	检测结果	评分标准	得分
件1	1	长度	10 mm（两处）	2		每超差0.05 mm扣2分	
	2		18 mm	2		每超差0.05 mm扣2分	
	3		40 ± 0.02	2		每超差0.02 mm扣2分	
	4		80 ± 0.07	2		每超差0.02 mm扣2分	
	5	外圆	$\phi42_{-0.062}^{0}$	5		每超差0.01 mm扣1分	
	6		$\phi30_{-0.041}^{-0.020}$	5		每超差0.01 mm扣1分	
	7	槽	4 mm×2 mm	5		超差不得分	
	8	螺纹	M24×1.5	5		超差不得分	
	9	圆弧	$R20$			未成型不得分	
	10	倒角	$C1.5$（1处） $C1$（3处）	4		未倒角不得分	
	11	表面粗糙度	$Ra1.6$（1处）	2		降级不得分	

续表

件号	序号	检测项目尺寸		配分	检测结果	评分标准	得分
件2	1	长度	(40±0.05)mm	2		每超差0.02 mm扣2分	
	2		20 mm	2		每超差0.02 mm扣2分	
	3		17 mm	2		每超差0.02 mm扣2分	
	4	外圆	$\phi 42_{-0.062}^{0}$	5		每超差0.01 mm扣1分	
	5		$\phi 30_{0}^{+0.033}$	5		每超差0.01 mm扣1分	
	6		$\phi 36_{-0.062}^{0}$	5		每超差0.01 mm扣1分	
	7	螺纹	M24×1.5	5		每超差0.01 mm扣1分	
	8	倒角	C1(3处) C1.5(2处) 1×30°	6		未倒角不得分	
	9	表面粗糙度	Ra1.6(1处)	2		降级不得分	

件号	序号	检测项目尺寸		配分	检测结果	评分标准	得分
配合	1	螺纹	螺纹配合	10		不能旋入不得分	
	2	间隙	(1±0.02)mm	5		每超差0.01 mm扣1分	
	3	总长	(81±0.175)mm	5		每超差0.01 mm扣1分	
合计							
评分人		时间		核分人		时间	

知识链接

制订加工方案的原则

制订加工方案的一般原则有以下几点：

（1）先粗后精：粗加工要求短时间去掉余量，提高加工效率，而精加工以保证零件的质量。

（2）先远后近：缩短刀具移动距离、减少空走刀次数、提高效率，保证工件刚性，改善切削条件。

（3）先内后外：由于内孔受刀具和工件刚性影响，容易产生振动，不容易控制精度。

（4）程序段最少：程序简洁，减少编程工作量，降低编程出错率，也便于程序的检查和修改。

（5）走刀路线最短：在保证加工质量的前提下，走刀路线短，可节约加工时间，减少车床的磨损。

课堂测试

编程题

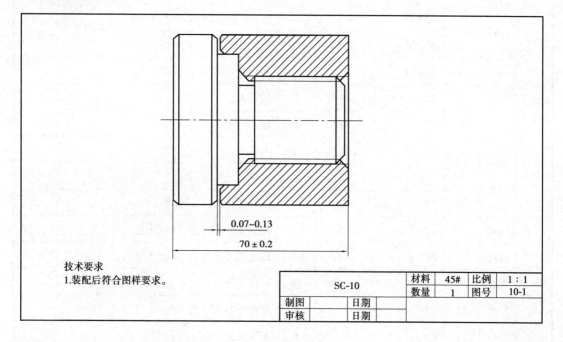

技术要求
1.装配后符合图样要求。

	SC-10	材料	45#	比例	1：1
		数量	1	图号	10-1
制图		日期			
审核		日期			

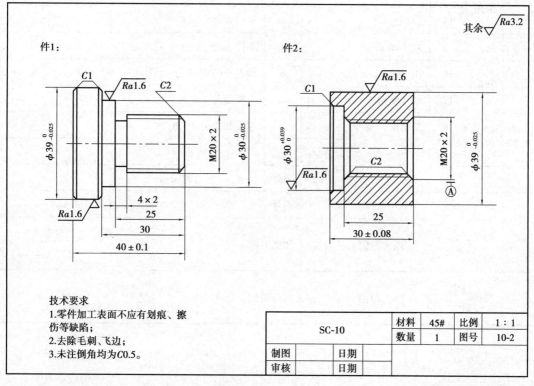

技术要求
1.零件加工表面不应有划痕、擦
  伤等缺陷；
2.去除毛刺、飞边；
3.未注倒角均为C0.5。

	SC-10	材料	45#	比例	1：1
		数量	1	图号	10-2
制图		日期			
审核		日期			

数控车工考核评分表

单位：   姓名：   准考证号：

	检测项目		技术要求	配分	评分标准	检测结果	得分
件1	外圆	1	$\phi 39^{+0.025}_{0}$　　$Ra1.6$	8/4	超差 0.01 扣 4 分、降级无分		
		2	$\phi 30^{+0.025}_{0}$　　$Ra3.2$	8/4	超差 0.01 扣 4 分、降级无分		
	长度	3	40 ± 0.1	6	超差 0.01 扣 4 分、降级无分		
		4	30	2	超差无分		
		5	25	2	超差无分		
	螺纹	6	M20×2	10	不符无分		
	倒角	7	$2\times C1$	1	不符无分		
		8	$C2$	1	不符无分		
件2	外圆	9	$\phi 39^{0}_{-0.025}$　　$Ra1.6$	8/4	超差 0.01 扣 4 分、降级无分		
	内孔	10	$\phi 30^{+0.039}_{0}$　　$Ra1.6$	8/4	超差 0.01 扣 4 分、降级无分		
	螺纹	11	M20×2	10	不符无分		
	长度	12	30 ± 0.08	8	超差 0.01 扣 4 分		
	倒角	13	$C2$	1	不符无分		
		14	$2\times C1$	1	不符无分		
	其他	15	0.07~0.13	2	不符无分		
		16	70 ± 0.2	6	超差 0.01 扣 4 分		
		17	未注倒角	2	不符无分		
		18	安全操作规程		违反扣总分 10 分/次		

总配分	100	总得分	

零件名称		图号		加工日期	
加工开始　　时　　分	停工时间　　分钟	加工时间		检测	
加工结束　　时　　分	停工原因	实际时间		评分	

任务 6.5　三件套配合切削加工

技能目标

表 6-5-1　新技能训练点

机床操作	(1)数控车床手动操作:装夹工件、刀具;机床动作; (2)数控车床系统操作:程序录入、编辑、对刀、程序校验与运行; (3)数控加工仿真软件使用; (4)数控车床操作,完成工件加工。  图 6-5-1　零件实物图例 SC6-05
知识目标	(1)运用 G00、G01、G71、G92 指令进行编程; (2)掌握修磨加工该零件的刀具; (3)掌握正确使用外径千分尺、游标卡尺、螺纹环规等量具; (4)学会判别所加工零件是否属于合格品。
工艺能力	(1)工件结构:外圆轮廓—水平直线、斜直线、平整端面; (2)走刀重点:刀具快速靠近、切入、切出、离开工件过程。
编程指令	(1)基本 G 指令—G00、G01 、G71 、G92; (2)基本 M 指令—M00、M03、M05、M30; (3)F、S、T 指令。
工量刀具	游标卡尺、千分尺、外圆粗精车刀。

知识结构

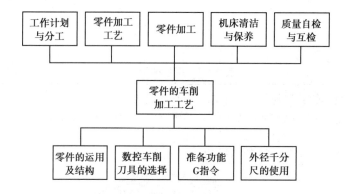

零件分析

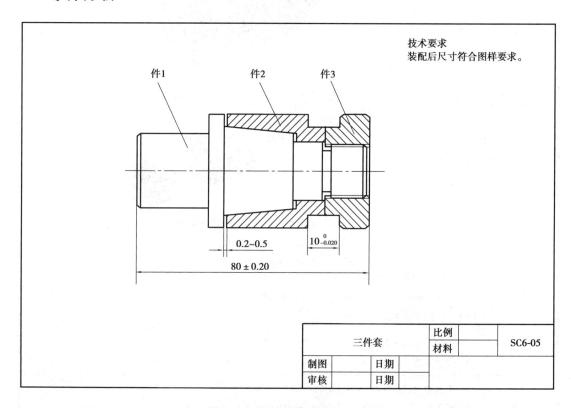

图 6-5-2　零件训练图例 SC6-05

一、基础知识

1.零件的结构分析

根据图 6-5-2 所示,该零件套装由件 1、件 2、件 3 三部分组成。整个零件图的装配尺寸标注要符合图纸标注要求。各零件的尺寸要求分别按照件 1、件 2、件 3 的零件图纸要求来进行加工。各零件图纸如下所示:

件1

其余 $\sqrt{Ra6.3}$

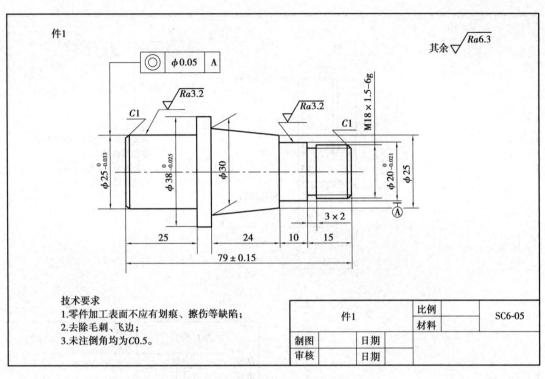

技术要求
1.零件加工表面不应有划痕、擦伤等缺陷；
2.去除毛刺、飞边；
3.未注倒角均为C0.5。

	件1	比例		SC6-05
		材料		
制图		日期		
审核		日期		

图 6-5-3　零件训练图例 SC6-05

件2：锥套

其余 $\sqrt{Ra6.3}$

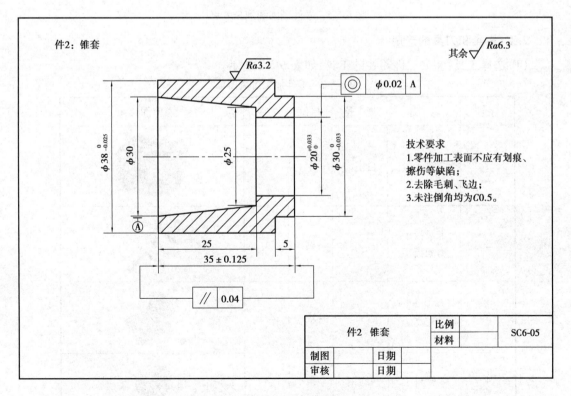

技术要求
1.零件加工表面不应有划痕、擦伤等缺陷；
2.去除毛刺、飞边；
3.未注倒角均为C0.5。

	件2　锥套	比例		SC6-05
		材料		
制图		日期		
审核		日期		

图 6-5-4　零件训练图例 SC6-05

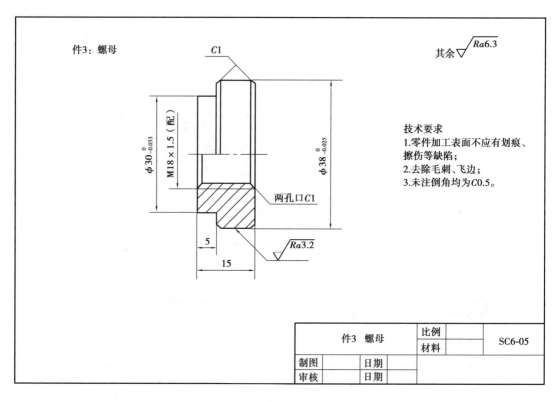

图 6-5-5　零件训练图例 SC6-05

2.工、量具和刀具的选用

（1）选择工具：装夹工件需要的工具，如表 6-5-2 所示。

表 6-5-2　零件加工工具清单

序号	名　　称	规　　格	单位	数量	参考图片
1	三爪卡盘	自定心	个	1	
2	卡盘扳手 刀架扳手		副	1	
3	垫刀片		块	若干	
4	棒料	45#钢	条	3	

（2）选择量具：检测需要外径千分尺等量具，如表 6-5-3 所示。

表 6-5-3　零件加工量具清单

序号	名　称	规　格	单位	数量	参考图片
1	游标卡尺	0～150 mm	把	1	
2	千分尺	0～25 mm 25～50 mm 50～75 mm	把	各1	
3	内径千分尺	0～25 mm 25～50 mm	把	各1	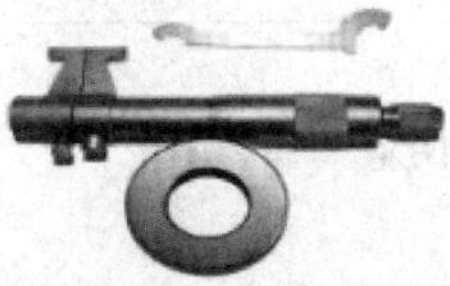
4	钢板尺	0～200 mm	把	1	
5	表面粗糙度样板		套	1	
6	螺纹环规	M30×1.5			

（3）选择刀具：加工零件 1 需要刀具如表 6-5-4 所示，零件 2 需要刀具如图 6-5-5 所示，零件 3 需要刀具如表 6-5-6 所示。

表 6-5-4　零件 1 加工刀具清单

序号	刀具号	名　称	规格/(mm×mm)	数量	加工表面	刀具半径/mm	参考图片
1	T0101	93°外圆尖刀	20×20	1	外圆轮廓	0.4	
2	T0202	宽4 mm切槽刀	20×20	1	槽与切断	0	
3	T0303	外三角形螺纹车刀	20×20	1	件1外三角螺纹	0	

表 6-5-5　零件 2 加工刀具清单

序号	刀具号	名　称	规格/(mm×mm)	数量	加工表面	刀具半径/mm	参考图片
1	尾座	中心钻	φ2.5	1	—	—	
2	尾座	麻花钻	φ16	1	—	—	
3	T0101	93°外圆尖刀	20×20	1	外圆轮廓	0.4	
4	T0202	宽 4 mm 切槽刀	20×20	1	槽与切断	0	
5	T0404	内孔车刀	16×16	1	件 2 内孔	0.4	

表 6-5-6　零件 3 加工刀具清单

序号	刀具号	名称	规格/(mm×mm)	数量	加工表面	刀具半径/mm	参考图片
1	尾座	中心钻	φ2.5	1	—	—	
2	尾座	麻花钻	φ16	1	—	—	
3	T0101	93°外圆尖刀	20×20	1	外圆轮廓	0.4	
4	T0303	内三角形螺纹车刀	16×16	1	件 2 内三角螺纹	0	
5	T0404	内孔车刀	16×16	1	件 2 内孔	0.4	

二、生产实践

1.零件加工工艺路线

分析零件图可知,零件 2 需要两次装夹完成所有工序,零件加工工序步骤如图 6-5-6 所示。

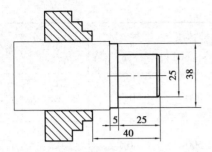

1.加工件1左端，伸出大约40 mm，平端面，粗精车外圆$\phi25$，$\phi38$

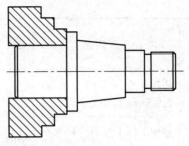

2.调头装夹，平端面，保证总长，粗精车外轮廓，切槽，车螺纹

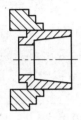

3.加工件2左端，伸出大约43 mm，平端面，钻$\phi18$通孔，粗精车外圆$\phi38\times40$，保证总长切断

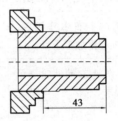

4.调头装夹，找正，粗、精车内轮廓

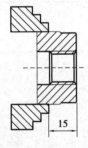

5.加工件3右端，伸出大约15 mm，平端面，钻$\phi14$通孔，粗精车内孔至$\phi16.5$，车内螺纹

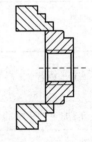

6.加工件3左端，平端面，保证总长，粗精车外圆$\phi30$

图 6-5-6　加工工艺路线图

2.填写加工工序卡

表 6-5-7　加工零件 1 工序卡

零件图号	SC6-05	操作人员		实习日期	
使用设备	卧式数控车床	型号	CAK6140	实习地点	数控车间
数控系统	GSK 980TA	刀架	4 刀位、自动换刀	夹具名称	自动定心三爪卡盘
工步号	工步内容	刀具号	程序号	主轴转速 $n/(\mathrm{r\cdot min^{-1}})$	进给量 $f_1/(\mathrm{mm\cdot r^{-1}})$	背吃刀量 a_p/mm	备注
1	夹持毛坯，加工件 1 左端面	T0101	—	800	—	0.3	手动

续表

工步号	工步内容	刀具号	程序号	主轴转速 $n/(\text{r}\cdot\text{min}^{-1})$	进给量 $f_1/(\text{mm}\cdot\text{r}^{-1})$	背吃刀量 a_p/mm	备注
2	粗加工件 1 左端外轮廓,留 0.5 mm 精加工余量	T0101	O0001	1 000	0.15	1.5	自动
3	精加工件 1 左端外轮廓至尺寸要求	T0101	O0001	1 500	0.1	0.5	自动
4	调头装夹,平端面,保证总长	T0101	—	800	—	0.3	手动
5	粗加工件 1 右端外轮廓,留 0.5 mm 精加工余量	T0101	O0002	1 000	0.15	1.5	自动
6	精加工件 1 右端外轮廓至尺寸要求	T0101	O0002	1 500	0.1	0.5	自动
7	切槽	T0202	O0002	400	0.05	—	自动
8	车螺纹	T0303	O0002	800	—	—	自动

表 6-5-8　加工零件 2 工序卡

工步号	工步内容	刀具号	程序号	主轴转速 $n/(\text{r}\cdot\text{min}^{-1})$	进给量 $f_1/(\text{mm}\cdot\text{r}^{-1})$	背吃刀量 a_p/mm	备注
1	夹持毛坯,加工件 2 端面	T0101	—	800	—	0.3	手动
2	钻中心孔	中心钻	—	1 000	—	—	手动
3	钻 $\phi16$ 孔	$\phi16$ 钻头	—	600	—	—	手动
4	粗加工件 2 左端外轮廓,留 0.5 mm 精加工余量	T0101	O0003	1 000	0.15	1.5	自动
5	精加工件 2 左端外轮廓至尺寸要求	T0101	O0003	1 500	0.1	0.5	自动
6	粗加工件 2 左端内轮廓,留 0.5 mm 精加工余量	T0404	O0003	1 000	0.15	1.5	自动
7	精加工件 2 左端内轮廓至尺寸要求	T0404	O0003	1 500	0.1	0.5	自动
8	调头装夹,找正,车削端面,保证长度 35±0.125 mm						手动
9	粗加工件 2 右端外轮廓,留 0.5 mm 精加工余量	T0101	O0004	1 000	0.15	1.5	自动

续表

工步号	工步内容	刀具号	程序号	主轴转速 $n/(\text{r} \cdot \text{min}^{-1})$	进给量 $f_1/(\text{mm} \cdot \text{r}^{-1})$	背吃刀量 a_p/mm	备注
10	精加工件 2 右端外轮廓至尺寸要求	T0101	O0004	1 500	0.1	0.5	自动
11	粗加工件 2 右端内轮廓，留 0.5 mm 精加工余量	T0404	O0004	1 000	0.15	1.5	自动
12	精加工件 2 右端内轮廓至尺寸要求	T0404	O0004	1 500	0.1	0.5	自动

表 6-5-9　加工零件 3 工序卡

工步号	工步内容	刀具号	程序号	主轴转速 $n/(\text{r} \cdot \text{min}^{-1})$	进给量 $f_1/(\text{mm} \cdot \text{r}^{-1})$	背吃刀量 a_p/mm	备注
1	夹持毛坯,加工件 3 端面	T0101	—	800	—	0.3	手动
2	钻中心孔	中心钻	—	1 000	—		手动
3	钻 $\phi14$ 孔	$\phi14$ 钻头	—	600	—		手动
4	粗加件 3 右端内轮廓至 $\phi16.5$，留 0.5 mm 精加工余量	T0404	O0005	1 000	0.15	1.5	自动
5	精加件 3 右端内轮廓至 $\phi16.5$	T0404	O0005	1 500	0.1	0.5	自动
6	车内螺纹	T0303	O0005	800	—		自动
7	粗加工件 3 右端外轮廓，留 0.5 mm 精加工余量	T0101	O0005	1 000	0.15	1.5	自动
8	精加工件 3 右端外轮廓至尺寸要求	T0101	O0005	1 500	0.1	0.5	自动
9	调头装夹,平端面,保证总长	T0101	—	800	—	0.3	手动
10	粗加工件 3 左端外轮廓，留 0.5 mm 精加工余量	T0101	O0006	1 000	0.15	1.5	自动
11	精加工件 3 左端外轮廓至尺寸要求	T0101	O0006	1 500	0.1	0.5	自动

3.编写加工程序

结合前面学习的基础知识,根据零件图编写加工程序。

表 6-5-10　零件 1 左端外轮廓加工程序

程序段号	程序语句	程序说明
	O0001;	程序号(零件 1 左端程序)
N10	T0101;	调用 01 号 93°外圆车刀及 01 号刀补
N20	M03　S1000　G99;	主轴正转,转速 1 000 r/mm,确定进给量为每转进给
N30	G00　X100　Z100　M08;	快速定位至坐标系中(100,100)的安全换刀点
N40	G00　X42　Z2;	刀具快速接近毛坯加工起点,坐标点为(62,2)
N50	G71　U1.5　R0.5;	背吃刀量为 1,退刀量为 0.5
N60	G71　P70　Q140　U0.5　W0.2　F0.15;	定义精加工轮廓,设置精加工余量 X 向 0.5 mm,Z 向 0.2 mm,进给量 0.15 mm/r
N70	G0　X23;	快速定位至(23,2)点
N80	G1　Z0　F0.15;	进给切削至点(55,0)
N90	X25　Z-1;	切倒角 C1
N100	Z-25;	进给切削至点(25,-25)
N110	X37;	进给切削至点(37,-25)
N120	X38　Z-25.5;	进给切削至点(38,-25.5)
N130	Z-32;	进给切削至点(38,-32)
N140	G01　X42;	进给切削至点(42,-32)
N150	G0　X100　Z100;	快速定位至坐标系中(100,100)的安全换刀点
N160	T0101;	调用 01 号 93°外圆粗车刀及 01 号刀补
N170	M05;	主轴停止
N180	M03　S1500;	主轴正转,转速 1 500 r/mm
N190	G00　X42　Z2;	刀具快速接近毛坯加工起点,坐标点为(42,2)
N200	G70　P70　Q140　F0.1;	执行精车循环,进给量为 0.1 mm/r
N210	G0　X100　Z100;	快速定位至坐标系中(100,100)的安全换刀点
N220	M05;	主轴停止
N230	M30;	程序结束,并返回开始点

表 6-5-11　零件 1 右端外轮廓加工程序

程序段号	程序语句	程序说明
	O0002；	程序号(零件 1 右端程序)
N10	T0101；	调用 01 号 93°外圆车刀及 01 号刀补
N20	M03　S1000　G99；	主轴正转,转速 1 000 r/mm,确定进给量为每转进给
N30	G00　X100　Z100　M08；	快速定位至坐标系中(100,100)的安全换刀点
N40	G00　X42　Z2；	刀具快速接近毛坯加工起点,坐标点为(62,2)
N50	G71　U1.5　R0.5；	背吃刀量为 1,退刀量为 0.5
N60	G71　P70　Q180　U0.5　W0.2　F0.15；	定义精加工轮廓,设置精加工余量 X 向 0.5 mm,Z 向 0.2 mm,进给量 0.15 mm/r
N70	G0　X15.8；	进给切削至点(15.8,2)
N80	G1　Z0　F0.1；	进给切削至点(15.8,0)
N90	X17.85　Z-1；	切倒角 C1
N100	Z-15；	进给切削至点(17.8,-15)
N110	X19；	进给切削至点(19,-15)
N120	X20　Z-15.5；	切倒角 C0.5
N130	Z-25；	进给切削至点(20,-25)
N140	X25；	进给切削至点(25,-25)
N150	X30　Z-49；	进给切削至点(30,-49)
N160	X37；	进给切削至点(37,-49)
N170	X38　Z-49.5；	切倒角 C0.5
N180	G01　X42；	退刀
N190	G00　X100　Z100；	快速定位至坐标系中(100,100)的安全换刀点
N200	T0101；	调用 01 号 93°外圆车刀及 01 号刀补
N210	M3　S1500；	主轴正转,转速 1 500 r/mm
N220	G00　X42　Z2；	刀具快速接近毛坯加工起点,坐标点为(42,2)
N230	G70　P70　Q180　F0.1；	执行精车循环,进给量为 0.1 mm/r
N240	G00　X100　Z100；	快速退刀至(100,100)安全点
N250	M05；	主轴停止

续表

程序段号	程序语句	程序说明
N260	M00;	程序暂停
N270	T0202　M03　S400;	调用 02 号车槽刀及 02 号刀补,主轴正转,转速 400 r/min
N280	G00　X22　Z-15;	刀具快速移动至(22,-15)
N290	G01　X14　F0.05;	车螺纹退刀槽 3×2,进给速度为 0.05 mm/r
N300	G04　X3;	切槽刀在槽底停顿 3 s
N310	G00　X22;	退刀至(22,-15)
N320	G00　X100　Z100;	快速退刀至(100,100)安全点
N330	M05;	主轴停止
N340	M00;	程序暂停
N350	T0303　M03　S600;	调用 03 号车槽刀及 03 号刀补,主轴正转,转速 600 r/min
N360	G00　X22　Z3;	刀具快速移动至(22,3)
N370	G92　X17.5　Z-13　F1.5;	车螺纹第一刀,车削终点(17.5,-13),螺纹导程 1.5 mm
N380	X17;	车螺纹第二刀,车削终点(17.5,-13)
N390	X16.6;	车螺纹第三刀,车削终点(16.6,-13)
N400	X16.2;	车螺纹第四刀,车削终点(16.2,-13)
N410	X16.05;	车螺纹第五刀,车削终点(16.05,-13)
N420	G00　X100　Z100;	快速定位至坐标系中(100,100)的安全换刀点
N430	M05;	主轴停止
N440	M30;	程序结束,并返回开始点

表 6-5-12　零件 2 左端外轮廓加工程序

程序段号	程序语句	程序说明
	O0003;	程序号(零件 2 左端程序)
N10	T0101;	调用 01 号 93°外圆车刀及 01 号刀补
N20	M03　S1000　G99;	主轴正转,转速 1 000 r/mm,确定进给量为每转进给
N30	G00　X100　Z100　M08;	快速定位至坐标系中(100,100)的安全换刀点
N40	G00　X42　Z2;	刀具快速接近毛坯加工起点,坐标点为(42,2)

程序段号	程序语句	程序说明
N50	G71　U1　R0.5;	背吃刀量为 1,退刀量为 0.5
N60	G71　P70　Q110　U0.5　W0.2 F0.15;	定义精加工轮廓,设置精加工余量 X 向 0.5 mm,Z 向 0.2 mm,进给量 0.15 mm/r
N70	G0　X37;	快速定位至(37,2)点
N80	G1　Z0　F0.1;	进给切削至点(37,0)
N90	X38　Z-0.5;	切倒角 C0.5
N100	Z-38;	进给切削至点(38,-38)
N110	G01　X42;	进给切削至点(42,-38)
N120	G0　X100　Z100;	快速定位至坐标系中(100,100)的安全换刀点
N130	T0101;	调用 01 号 93°外圆粗车刀及 01 号刀补
N140	M3　S1500;	主轴正转,转速 1 500 r/mm
N150	G00　X42　Z2;	刀具快速接近毛坯加工起点,坐标点为(42,2)
N160	G70　P70　Q110　F0.1;	执行精车循环,进给量为 0.1 mm/r
N170	G00　X100　Z100;	快速定位至坐标系中(100,100)的安全换刀点
N180	M05;	主轴停止
N190	M00;	程序暂停
N200	T0404;	调用 04 号内孔车刀及 04 号刀补
N210	M03　S1000　G99;	主轴正转,转速 1 000 r/mm,确定进给量为每转进给
N220	G00　X100　Z100　M08;	快速定位至坐标系中(100,100)的安全换刀点
N230	G00　X16　Z2;	刀具快速接近毛坯加工起点,坐标点为(16,2)
N240	G71　U1　R0.5;	背吃刀量为 1,退刀量为 0.5
N250	G71　P260　Q300　U-0.5　W0.2 F0.15;	定义精加工轮廓,设置精加工余量 X 向 0.5 mm,Z 向 0.2 mm,进给量 0.15 mm/r
N260	G0　X31;	快速定位至点(31,2)
N270	G1　Z0　F0.1;	进给切削至点(21,0)
N280	X30　Z-0.5;	进给切削至点(30,-0.5)
N290	X20　Z-25;	进给切削至点(20,-25)

续表

程序段号	程序语句	程序说明
N300	G01　X16;	进给切削至点(16,-25)
N310	G0　X100　Z100;	快速定位至坐标系中(100,100)的安全换刀点
N320	T0404;	调用04号93°外圆粗车刀及04号刀补
N330	M3　S1500;	主轴正转,转速1 500 r/mm
N340	G00　X16　Z2;	刀具快速接近毛坯加工起点,坐标点为(42,2)
N350	G70　P260　Q300　F0.1;	执行精车循环,进给量为0.1 mm/r
N360	G00　X100　Z100;	快速定位至坐标系中(100,100)的安全换刀点
N370	M05;	主轴停止
N380	M00;	程序暂停
N390	T0202;	调用02号切槽刀及02号刀补
N400	M03　S400　G99;	主轴正转,转速1 000 r/mm,确定进给量为每转进给
N410	G00　X100　Z100　M08;	快速定位至坐标系中(100,100)的安全换刀点
N420	G00　X42　Z2;	刀具快速接近毛坯加工起点,坐标点为(42,2)
N430	Z-37;	刀具快速接近毛坯加工起点,坐标点为(42,-37)
N440	G01　X16　F0.05;	进给切削至点(16,-37),进给量为0.05 mm/r
N450	G00　X42;	刀具快速退回加工起点,坐标点为(42,-37)
N460	G00　X100　Z100;	快速定位至坐标系中(100,100)的安全换刀点
N470	G0　X100　Z100;	快速定位至坐标系中(100,100)的安全换刀点
N480	M05;	主轴停止
N490	M30;	程序结束,并返回开始点

表6-5-13　零件2右端外轮廓加工程序

程序段号	程序语句	程序说明
	O0004;	程序号(零件2右端程序)
N10	T0101;	调用01号93°外圆车刀及01号刀补
N20	M03　S1000　G99;	主轴正转,转速1 000 r/mm,确定进给量为每转进给
N30	G00　X100　Z100　M08;	快速定位至坐标系中(100,100)的安全换刀点

续表

程序段号	程序语句	程序说明
N40	G00　X42　Z2；	刀具快速接近毛坯加工起点，坐标点为(42,2)
N50	G71　U1　R0.5；	背吃刀量为 1，退刀量为 0.5
N60	G71　P70　Q130　U0.5　W0.2　F0.15；	定义精加工轮廓，设置精加工余量 X 向 0.5 mm，Z 向 0.2 mm，进给量 0.15 mm/r
N70	G0　X29；	快速定位至(29,2)点
N80	G1　Z0　F0.1；	进给切削至点(29,0)
N90	X30　Z-0.5；	切倒角 C0.5
N100	Z-5；	进给切削至点(30,-5)
N110	X37；	进给切削至点(37,-5)
N120	X38　Z-5.5；	切倒角 C0.5
N130	G01　X42；	退刀
N140	G0　X100　Z100；	快速定位至坐标系中(100,100)的安全换刀点
N150	T0101；	调用 01 号 93° 外圆粗车刀及 01 号刀补
N160	M3　S1500；	主轴正转，转速 1 500 r/mm
N170	G00　X42　Z2；	刀具快速接近毛坯加工起点，坐标点为(42,2)
N180	G70　P70　Q130　F0.1；	执行精车循环，进给量为 0.1 mm/r
N190	G00　X100　Z100；	快速定位至坐标系中(100,100)的安全换刀点
N200	M05；	主轴停止
N210	M00；	程序暂停
N220	T0404；	调用 04 号内孔车刀及 04 号刀补
N230	M03　S1000　G99；	主轴正转，转速 1 000 r/mm，确定进给量为每转进给
N240	G00　X100　Z100　M08；	快速定位至坐标系中(100,100)的安全换刀点
N250	G00　X16　Z2；	刀具快速接近毛坯加工起点，坐标点为(16,2)
N260	G71　U1　R0.5；	背吃刀量为 1，退刀量为 0.5
N270	G71　P280　Q320　U-0.5　W0.2　F0.15；	定义精加工轮廓，设置精加工余量 X 向 0.5 mm，Z 向 0.2 mm，进给量 0.15 mm/r
N280	G0　X21；	快速定位至点(21,2)

续表

程序段号	程序语句	程序说明
N290	G1 Z0 F0.1;	进给切削至点(21,0)
N300	X20 Z-0.5;	进给切削至点(20,-0.5)
N310	X20 Z-15;	进给切削至点(20,-15)
N320	G01 X16;	进给切削至点(16,-15)
N330	G0 X100 Z100;	快速定位至坐标系中(100,100)的安全换刀点
N340	T0404;	调用04号93°外圆粗车刀及04号刀补
N350	M3 S1500;	主轴正转,转速1 500 r/mm
N360	G00 X16 Z2;	刀具快速接近毛坯加工起点,坐标点为(42,2)
N370	G70 P280 Q320 F0.1;	执行精车循环,进给量为0.1 mm/r
N380	G0 X100 Z100;	快速定位至坐标系中(100,100)的安全换刀点
N390	M05;	主轴停止
N400	T0100;	取消刀补
N410	M30;	程序结束,并返回开始点

表6-5-14 零件3右端外轮廓加工程序

程序段号	程序语句	程序说明
	O0005;	程序号(零件3右端程序)
N10	T0404;	调用04号内孔车刀及04号刀补
N20	M03 S1000 G99;	主轴正转,转速1 000 r/mm,确定进给量为每转进给
N30	G00 X100 Z100 M08;	快速定位至坐标系中(100,100)的安全换刀点
N40	G00 X14 Z2;	刀具快速接近毛坯加工起点,坐标点为(14,2)
N50	G71 U1 R0.5;	背吃刀量为1,退刀量为0.5
N60	G71 P70 Q110 U-0.5 W0.2 F0.15;	定义精加工轮廓,设置精加工余量X向0.5 mm,Z向0.2 mm,进给量0.15 mm/r
N70	G0 X18.15;	快速定位至点(18.15,3)
N80	G1 Z0 F0.1;	进给切削至点(18.15,0)
N90	X16.5 Z-1;	进给切削至点(16.5,-1)

续表

程序段号	程序语句	程序说明
N100	Z-17;	进给切削至点(16.5,-17)
N110	X14;	退刀
N120	G00　X100　Z100;	快速定位至坐标系中(100,100)的安全换刀点
N130	T0404;	调用 04 号内孔车刀及 04 号刀补
N140	M3　S1500;	主轴正转,转速 1 500 r/mm
N150	G00　X14　Z2;	刀具快速接近毛坯加工起点,坐标点为(14,2)
N160	G70　P70　Q110　F0.1;	执行精车循环,进给量为 0.1 mm/r
N170	G0　X100　Z100;	快速定位至坐标系中(100,100)的安全换刀点
N180	M05;	主轴停止
N190	M00;	程序暂停
N200	T0303;	调用 03 号内螺纹车刀及 03 号刀补
N210	M3　S1500;	主轴正转,转速 1 500 r/mm
N220	G00　X14　Z3;	刀具快速接近毛坯加工起点,坐标点为(14,3)
N230	G92　X16.38　Z-17　F1.5;	螺纹加工
N240	X17;	螺纹加工
N250	X17.4;	螺纹加工
N260	X17.8;	螺纹加工
N270	X18;	螺纹加工
N280	X18;	螺纹加工
N290	G00　X100　Z100;	快速定位至坐标系中(100,100)的安全换刀点
N300	M05;	主轴停止
N310	M00;	程序暂停
N320	T0101;	调用 01 号 93°外圆车刀及 01 号刀补
N330	M03　S1000　G99;	主轴正转,转速 1 000 r/mm,确定进给量为每转进给
N340	G00　X100　Z100　M08;	快速定位至坐标系中(100,100)的安全换刀点
N350	G00　X42　Z2;	刀具快速接近毛坯加工起点,坐标点为(42,2)

续表

程序段号	程序语句	程序说明
N360	G71 U1 R0.5;	背吃刀量为1,退刀量为0.5
N370	G71 P380 Q420 U0.5 W0.2 F0.15;	定义精加工轮廓,设置精加工余量 X 向 0.5 mm, Z 向 0.2 mm,进给量 0.15 mm/r
N380	G0 X37;	快速定位至(37,2)点
N390	G1 Z0 F0.1;	进给切削至点(37,0)
N400	X38 Z-1;	切倒角 C1
N410	Z-13;	进给切削至点(38,-13)
N420	G01 X42;	退刀
N430	G0 X100 Z100;	快速定位至坐标系中(100,100)的安全换刀点
N440	T0101;	调用 01 号 93°外圆粗车刀及 01 号刀补
N450	M3 S1500;	主轴正转,转速 1 500 r/mm
N460	G00 X42 Z2;	刀具快速接近毛坯加工起点,坐标点为(42,2)
N470	G70 P380 Q420 F0.1;	执行精车循环,进给量为 0.1 mm/r
N480	G0 X100 Z100;	快速定位至坐标系中(100,100)的安全换刀点
N490	M05;	主轴停止
N500	M30;	程序结束,并返回开始点

表 6-5-15 零件 3 左端外轮廓加工程序

程序段号	程序语句	程序说明
	O0006;	程序号(零件 3 左端外轮廓程序)
N10	T0101;	调用 01 号 93°外圆车刀及 01 号刀补
N20	M03 S1000 G99;	主轴正转,转速 1 000 r/mm,确定进给量为每转进给
N30	G00 X100 Z100 M08;	快速定位至坐标系中(100,100)的安全换刀点
N40	G00 X42 Z2;	刀具快速接近毛坯加工起点,坐标点为(42,2)
N50	G71 U1 R0.5;	背吃刀量为1,退刀量为0.5
N60	G71 P70 Q130 U0.5 W0.2 F0.15;	定义精加工轮廓,设置精加工余量 X 向 0.5 mm, Z 向 0.2 mm,进给量 0.15 mm/r

程序段号	程序语句	程序说明
N70	G0 X29;	快速定位至(29,2)点
N80	G1 Z0 F0.1;	进给切削至点(29,0)
N90	X30 Z−0.5;	切倒角 C0.5
N100	Z−5;	进给切削至点(30,−5)
N110	X36;	进给切削至点(36,−5)
N120	X38 Z−6;	切倒角 C1
N130	G01 X42;	退刀
N140	G0 X100 Z100;	快速定位至坐标系中(100,100)的安全换刀点
N150	T0101;	调用 01 号 93°外圆粗车刀及 01 号刀补
N160	M3 S1500;	主轴正转,转速 1 500 r/mm
N170	G00 X42 Z2;	刀具快速接近毛坯加工起点,坐标点为(42,2)
N180	G70 P70 Q130 F0.1;	执行精车循环,进给量为 0.1 mm/r
N190	G0 X100 Z100;	快速定位至坐标系中(100,100)的安全换刀点
N200	M05;	主轴停止
N210	M30;	程序结束,并返回开始点

知识链接

内螺纹的相关计算

本任务中,件 3 有一内螺纹 M18×1.5 与件 1 的外螺纹 M18×1.5−6g 配合。该内螺纹为细牙螺纹,查阅相关资料,可得:

$$\text{螺距 } P = 1.5 \text{ mm}, \qquad \text{大径 } D = 18 \text{ mm}$$

根据内孔小径公式 $D_1 = D - 1.08P$,可计算出:

$$D_1 = 18 - 1.08 \times 1.5 = 16.38$$

因此,在加工内螺纹前,先把底孔加工到 φ16.38 mm,然后再加工内螺纹。

4.零件加工

(1)工作计划与分工

本任务采用小组学习法,以机床为单位,每小组 3 人,小组成员之间分工合作,共同完成学习任务。把任务分成若干工作任务,制订工作计划,并把相关内容填写到表中。待程序编辑完成后,小组成员把准备好的程序手动录入机床数控系统,并进行模拟作图,以校验程序。

（2）装刀与对刀操作

按照表6-5-4—表6-5-6的要求,把各刀具装在相应位置上,保证刀尖中心高、刀尖伸出刀架长度适中,并装正刀具。

对刀时,采用试切对刀法,以1号刀具为基准刀具,其余刀具为非基准刀具进行对刀操作。

注意:磨刀及对刀操作时,请佩戴防护眼镜,以防粉尘或铁屑飞入眼睛!

（3）零件加工与质量控制

加工前,首先单步试车,修正主轴转速倍率、进给倍率、快速倍率等加工参数,然后运行程序自动加工。

在加工过程中,所有小组成员通过防护门,观看零件加工过程。负责加工操作的成员,必须在程序暂停的时候,对重要的加工尺寸进行检测,把所测原始数据填写到表6-5-16中,为后续的控制尺寸精度提供参考数据。如果所测原始数据与相应的理论值不同,可通过修正加工刀具对应的刀补值,从而保证零件的尺寸精度。

（4）机床清洁与保养

加工完毕后,小组全体成员一起对机床进行清洁与保养工作,小组长记录清洁与保养情况。

三、质量评估与反馈

零件加工完成后,每位小组成员必须对加工零件进行一次全面的检测,把检测结果填入表6-5-16中;然后,与小组其他成员的检测结果对比,防止检测时读数错误或检测方法有误;最后小组成员一起判别所加工产品分为合格品、废品及可返修品,并在表6-5-16中的"最终总评"一项中作出选择。

表6-5-16　零件评分表

	序号	检测项目尺寸		配分	评分标准	检测结果	得分
件1	1	外圆	$\phi 38_{-0.025}^{0}$	6	超差0.01扣2分		
	2		$\phi 30_{-0.052}^{0}$	4	超差0.01扣2分		
	3		$\phi 25_{-0.033}^{0}$	6	超差0.01扣2分		
	4		$\phi 20_{-0.021}^{0}$	6	超差0.01扣2分		
	5	长度	79 ± 0.15	2	超差无分		
	6	倒角	$1\times45°$	2	不符无分		
	7	螺纹	$M18\times1.5-6g$	4	不符无分		
	8	表面粗糙度	$Ra3.2$	2	降级无分		

续表

	序号	检测项目尺寸		配分	评分标准	检测结果	得分
件 2	9	外圆	$\phi38_{-0.025}^{0}$	4	超差 0.01 扣 2 分		
	10		$\phi30_{-0.033}^{0}$	4	超差 0.01 扣 2 分		
	11	内孔	$\phi20_{0}^{+0.033}$	6	超差 0.01 扣 2 分		
	12	长度	35 ± 0.125	2	超差无分		
	13	形位公差	同轴度	2	超差无分		
	14		平行度	2	超差无分		
	15	表面粗糙度	Ra3.2	2	降级无分		
件 3	16	外圆	$\phi38_{-0.025}^{0}$	4	超差 0.01 扣 2 分		
	17		$\phi30_{-0.033}^{0}$	4	超差 0.01 扣 2 分		
	18	螺纹	M18×1.5-6g	4	不符无分		
	19	倒角	1×45°	2	一处不符扣 1 分		
	20	表面粗糙度	Ra3.2	2	降级无分		
其他	21	长度	80 ± 0.2	4	超差无分		
	22	槽	$10_{-0.2}^{0}$	4	超差 0.1 扣 2 分		
	23	间隙	0.2~0.5	2	超差 0.1 扣 1 分		
	24	一般尺寸		5	超差部分无分		
	25	程序	程序正确合理	5			
	26	安全操作	机床规范操作	10			
	27	最终总评	所有检测尺寸都在公差范围内,零件完整				合格品
			有一个或多个检测尺寸超出最小极限公差,零件不完整				废品
			有一个或多个检测尺寸超出最大极限公差,零件不完整				可返修品

附　录

附录 A　课堂测试参考答案

项目 1　认识数控车床

任务 1.1　数控车床的组成及工作原理

一、选择题

1.C　2.B　3.A　4.B　5.C

二、判断题

1.(√)　2.(×)　3.(√)　4.(√)

三、简答题

1.数控车床由车床主体、数控装置、驱动装置、辅助装置等组成。

数控装置是数控机床的核心,用于输入数字化的零件程序,并完成输入信息的存储、数据的变换、插补运算以及实现各种控制功能。

任务 1.2　数控车床的分类

一、选择题

1.C　2.C　3.A　4.A　5.B　6.B　7.B　8.A

二、判断题

1.√　2.√　3.√

三、简答题

1.卧式数控车床主轴轴线处于水平位置,卧式数控车床用于轴向尺寸较长或小型盘类零件的车削加工。

2.按照对被控量有无检测反馈装置可分为开环控制和闭环控制两种。在闭环系统中,根据测量装置安放的部位不同又分为全闭环控制和半闭环控制两种。

任务 1.3　数控车床的加工类型与加工内容

一、选择题

1.B　2.A　3.B　4.B

二、判断题

1.(√)　2.(×)　3.(×)

三、简答题

1.数控车削加工的主要内容包括:车外圆、车端面、切槽、车螺纹、滚花、车锥面、车成形面、钻中心孔、钻孔、镗孔、铰孔、攻螺纹等。

项目 2　数控车床基础知识

任务 2.1　认识数控车床常用刀具

一、选择题

1.A　2.A　3.A　4.D　5.A

二、判断题

1.(√)　2.(×)　3.(√)　4.(√)

任务 2.2　常用车刀的刃磨

一、选择题

1.C　2.B　3.A　4.C　5.B　6.A

二、判断题

1.√　2.√　3.×　4.×　5.√

三、简答题

(1)前角作用:加大前角,刀具锋利,切削层的变形及前面屑摩擦阻力小,切削力和切削温度可减低,可抑制或消除积屑瘤,但前角过大,刀尖强度降低。

(2)后角作用:减少刀具后面与工件的切削表面和已加工表面之间的摩擦。当前角一定时,后角愈锋利,会减小楔角,影响刀具强度和散热面积。

(3)刃倾角作用:可以控制切屑流出方向。适当的刃倾角,可使切削力均匀,切削过程平衡。

任务 2.3　常用工量具的使用方法

一、选择题

1.B　2.C　3.A　4.D　5.C　6.C　7.C

二、判断题

1.(×)　2.(√)　3.(√)

三、简答题

(1)读整数:先读出游标零线左面的第一条尺身刻线的整数尺寸。

(2)读小数:再读出主尺刻线与游标刻线对正位置时的小数尺寸(可理解为游标每条刻线代表 0.02 mm,数出游标刻线从 0 线到游标刻线与主尺线对齐共有格数,用格数乘以 0.02 mm即得游标数值)。

(3)相加:将整数数值与小数数值相加,就是被测部位的尺寸。

项目3　数控车床的基本操作

任务3.1　熟悉数控车床操作面板

一、选择题

1.A　2.C　3.D　4.D　5.B　6.B　7.B　8.B　9.A　10.C

二、判断题

1.(√)　2.(√)　3.(√)

任务3.2　数控车床的基本操作

一、选择题

1.B　2.A　3.B　4.B　5.C

二、判断题

1.(√)　2.(√)　3.(√)　4.(√)

三、简答题

答:接通数控系统电源后必须执行回参考点的操作。另外,机床解除紧急停止和超程报警信号后,也必须重新进行返回机床参考点的操作。

开机步骤:①按下机床电源按钮;②按下系统开关按钮;③开启急停按钮。

关机步骤:①确认CNC的X、Z轴是否处于停止状态,辅助功能(如主轴、水泵等)是否关闭;②切断CNC电源;③切断机床电源。

任务3.3　刀具、工件的装夹与对刀操作

一、选择题

1.D　2.C　3.C　4.B　5.C　6.B　7.D　8.B　9.A　10.C

二、判断题

1.(√)　2.(×)

三、简答题

三爪卡盘装夹、四爪卡盘装夹以及一夹一顶跟刀装夹。

三爪自定心卡盘适用于装夹轴类、盘套类零件。四爪卡盘适用于外形不规则、非圆柱体、偏心及位置与尺寸精度要求高的零件。一夹一顶跟刀架装夹用于装夹长径比大于15的细长轴类零件的半精加工或精加工。

任务3.4　数控车床日常维护和保养

一、选择题

1.B　2.A　3.C　4.C　5.A　6.B　7.D　8.B

二、判断题

1.(√)　2.(√)　3.(√)　4.(√)

三、简答题

日常维护保养中每天要完成的项目有:外观、润滑系统、冷却系统、液压系统、气压系统、防护装置、散热系统、数控系统。

项目4 数控车削编程基础

任务 4.1 数控程序的组成与格式

一、选择题

1.C 2.A 3.A 4.C 5.A 6.A 7.A 8.C

二、判断题

1.(√)

任务 4.2 数控车床的编程指令

一、选择题

1.C 2.A 3.D 4.C 5.B 6.B 7.B 8.C 9.A 10.D 11.C 12.B

二、判断题

1.(√) 2.(√) 3.(√) 4.(×)

三、简答题

M00 这一指令一般用于程序调试、首件试切削时检查工件加工质量及精度等需要让主轴暂停的场合,暂停时,机床的进给停止,而全部现存的模态信息保持不变。

M01——条件程序停止,在自动、录入方式有效,按"选择停",使选择停按键指示灯亮,则表示进入选择停状态,程序运行停止,显示"暂停"字样,如果程序选择停开关未打开,即使运行 M01 代码,程序也不会暂停。

M02 一般放在主程序的最后一个程序段中。当 CNC 执行到 M02 指令时,机床的主轴、进给、冷却液全部停止,加工结束。

M30 和 M02 功能基本相同,只是 M30 指令还兼有控制返回到零件程序头(%)的作用。以方便下一个程序的执行。

任务 4.3 数控车床的坐标系

一、选择题

1.B 2.B 3.B 4.A 5.B 6.A 7.A

二、判断题

1.(√) 2.(√) 3.(×) 4.(×)

三、简答题

因为对于使用增量式反馈元件的数控车床,断电后数控系统失去对参考点的记忆。

任务 4.4 绝对坐标与增量坐标编程

一、选择题

1.A 2.A 3.C 4.B 5.A

二、判断题

1.(×) 2.(×)

三、简答题

绝对值编程是针对每个编程坐标轴上的编程值是相对于程序原点的。相对值编程是针对每个编程坐标轴上的编程值是相对于前一位置而言的,该值等于沿轴移动的距离。

项目5　轴类零件加工

任务5.1　切削循环指令G90车削加工台阶轴及锥度

一、选择题

1.C　2.A　3.A　4.D　5.A　6.D　7.B

二、判断题

1.(√)

任务5.2　复合固定循环指令G71、G70车削加工轴及圆弧面

一、选择题

1.A　2.B　3.A　4.B　5.C

二、判断题

1.(√)　2.(×)　3.(√)　4.(√)

任务5.3　复合固定循环指令G73车削加工成形面

一、选择题

1.A　2.C　3.A　4.B　5.A

二、判断题

1.(×)

任务5.4　螺纹循环指令G92车削加工外螺纹及多槽

一、选择题

1.B　2.B　3.A　4.B　5.C　6.C　7.B　8.C

二、判断题

1.(√)　2.(×)　3.(√)　4.(√)

任务5.5　复合固定循环指令G76、G75车削加工外螺纹及槽

一、选择题

1.A　2.B　3.D　4.D　5.D　6.C

二、判断题

1.(√)

任务5.6　应用子程序切削加工

一、选择题

1.B　2.D　3.B

二、判断题

1.(×)　2.(×)　3.(√)　4.(√)

项目6　复杂类零件加工

任务6.1　套类零件切削加工

一、选择题

1.D　2.B　3.A　4.A　5.C　6.B

二、判断题

1.(×)　2.(√)

附录 B 各数控系统 G 功能表

附表 1 GSK980TDb 数控系统 G 功能表

G 指令	组别	功　　能	G 指令	组别	功　　能
G00	01	快速移动	G36	00	自动刀具补偿测量 X
G01		直线插补	G37		自动刀具补偿测量 Z
G02		圆弧插补(顺时针)	G50		坐标系设定
G03		圆弧插补(逆时针)	G65		宏代码
G05		三点圆弧插补	G70		精加工循环
G6.2		椭圆插补(顺时针)	G71		轴向粗车循环
G6.3		椭圆插补(逆时针)	G72		径向粗车循环
G7.2		抛物线插补(顺时针)	G73		封闭切削循环
G7.3		抛物线插补(逆时针)	G74		轴向切槽多重循环
G32		螺纹切削	G75		径向切槽多重循环
G32.1		刚性螺纹切削	G76		多重螺纹切削循环
G33		Z 轴攻丝循环	G20	06	英制单位选择
G34		变螺距螺纹切削	G21		公制单位选择
G90		轴向切削循环	G96	02	恒线速开
G92		螺纹切削循环	G97		恒线速关
G84		端面刚性攻丝	G98	03	每分进给
G88		侧面刚性攻丝	G99		每转进给
G94		径向切削循环	G40	07	取消刀尖半径补
G04	00	暂停、准停	G41		刀尖半径左补偿
G7.1		圆柱插补	G42		刀尖半径右补
G10		数据输入方式有效	G17	16	XY 平
G11		取消数据输入方式	G18		ZX 平
G28		返回机床第 1 参考点	G19		YZ 平
G30		返回机床第 2、3、4 参考点	G12.1	21	极坐标插补
G31		跳转插补	G13.1		极坐标插补取
			G54～G59	16	选择工件坐标系 1~6

注:属于"00 组别""21 组别"的称非模态 G 功能,其余组的称模态 G 功能。

附表 2　FANUC0i 车床数控系统 G 功能表

G 指令	组别	功　能	G 指令	组别	功　能
＊ G00	01	快速移动	G65	00	调用宏程序
G01		直线插补	G70		精加工循环
G02		圆弧插补(顺时针)	G71		外径/内径粗车复合循环
G03		圆弧插补(逆时针)	G72		端面粗车复合循环
G04	00	暂停	G73		轮廓粗车复合循环
G10		可编制数据输入	G74		排屑钻端面孔(沟槽加工)
G11		可编制数据输入取消	G75		外/内径钻孔循环
G20	06	英制输入	G76		多头螺纹复合循环
＊ G21		米制输入	G80	10	固定钻循环取消
G27	00	返回参考点检查	G84		攻丝循环
G28		返回参考点位置	G85		正面镗循环
G32	01	螺纹切削	G87		侧钻循环
G34		变螺距螺纹切削	G88		侧攻丝循环
G36	00	自动刀具补偿 X	G89		侧镗循环
G37		自动刀具补偿 Z	G90	01	外径/内径自动车循环
＊ G40	07	取消刀具半径补偿	G92		螺纹自动车循环
G41		刀尖半径左补偿	G94		端面自动车循环
G42		刀尖半径右补偿	G96	02	恒表面切削速度控制
G50	00	主轴最大速度设定	G97		恒表面切削速度控制取消
G52	00	局部坐标系设定	G98	05	每分钟进给
G53		机床坐标系建立	＊ G99		每转进给
G54~G59	14	选择工件坐标系 1~6			

注:属于"00 组别"的称非模态 G 功能,其余组的称模态 G 功能,带 ＊ 号的 G 代码为开机默认代码。

附表3　HNC-21T车床数控系统G功能表

G指令	组别	功　能	G指令	组别	功　能
G00	01	快速移动	G58	11	坐标系选择
G01		直线插补	G59		
G02		圆弧插补(顺时针)	G65		宏程序简单调用
G03		圆弧插补(逆时针)	G71	06	外径/内径车削复合循环
G04	00	暂停	G72		端面车削复合循环
G20	08	英寸输入	G73		闭环车削复合循环
G21		毫米输入	G76		螺纹切削复合循环
G28	00	返回参考点	G80		外径/内径车削固定循环
G29		出参考点返回	G81		端面车削固定循环
G32	01	螺纹切削	G82		螺纹车削固定循环
G36	17	直径编程	G90	13	绝对编程
G37		半径编程	G91		相对编程
G40	09	刀具半径补偿取消	G92	00	工件坐标系设定
G41		左刀补	G94	14	每分钟进给
G42		右刀补	G95		每转进给
G54	11	坐标系选择	G96	16	恒线速度切削
G55			G97		恒线速度功能取消
G56					
G57					

注:属于"00组别"的称非模态G功能,其余组的称模态G功能,带*号的G代码为开机默认代码。

附录 C　数控车削编程考证理论题库

数控车床中级工理论试题第一套

试卷描述:理论考试　试卷限时:120 分钟

一、单选题(每题 0.5 分)

1.道德和法律的关系是(　　)。
　　A.互不相干　　　　　　　　　　B.相辅相成、互相促进
　　C.相对矛盾和冲突　　　　　　　D.法律涵盖了道德

2.在工作中保持同事间和谐的关系,要求职工做到(　　)。
　　A.对感情不合的同事仍能给予积极配合
　　B.如果同事不经意给自己造成伤害,要求对方当众道歉,以挽回影响
　　C.对故意的诽谤,先通过组织途径解决,实在解决不了,再以武力解决
　　D.保持一定的嫉妒心,激励自己上进

3.牌号为 Q235-A.F 中的 A 表示(　　)。
　　A.高级优质钢　　　B.优质钢　　　　　C.质量等级　　　　　D.工具钢

4.按断口颜色,铸铁可分为(　　)。
　　A.灰口铸铁,白口铸铁,麻口铸铁
　　B.灰口铸铁,白口铸铁,可锻铸铁
　　C.灰铸铁,球墨铸铁,可锻铸铁
　　D.普通铸铁,合金铸铁

5.数控系统的核心是(　　)。
　　A.伺服装置　　　B.数控装置　　　　C.反馈装置　　　　D.检测装置

6.退火是将钢加热到一定温度并保温后,(　　)冷却的热处理工艺。
　　A.在热水中　　　B.随炉缓慢　　　　C.出炉快速　　　　D.出炉空气

7.回火的作用在于(　　)。
　　A.提高材料的硬度　　　　　　　B.提高材料强度
　　C.调整钢铁的力学性能以满足使用要求

8.切削过程中,工件与刀具的相对运动按其所起的作用可分为(　　)。
　　A.主运动和辅助运动　　　　　　B.辅助运动和进给运动
　　C.主运动和进给运动　　　　　　D.主轴转动和刀具移动

9.百分表对零后(即转动表盘,使零刻度线对准长指针),若测量时长指针沿逆时针方向转动 20 格,指向标有 80 的刻度线,则测量杆沿轴线相对于侧头方向(　　)。
　　A.缩进 0.2 mm　　B.缩进 0.8 mm　　C.伸出 0.2 mm　　D.伸出 0.8 mm

10.钻孔加工时造成孔径尺寸大于钻头直径的原因是(   )。

    A.主轴回转精度差   B.钻头未加冷却液

    C.钻头刃磨误差   D.切削用量不当

11.AUTO CAD 偏移的快捷键是(   )。

    A.O   B.P   C.Q   D.R

12.制造要求极高硬度但不受冲击的工具(如刮刀)使用(   )制造。

    A.T7   B.T8   C.T10   D.T13

13.FANUC 系统中程序段 N25   (   )   X50   Z-35   I2.5   F2,表示圆锥螺纹加工循环。

    A.G90   B.G95   C.G92   D.G33

14.切槽刀刀头面积小,散热条件(   )。

    A.差   B.较好   C.好   D.很好

15.当切削速度确定后,车孔的转速应以(   )来确定。

    A.毛坯直径   B.外轮廓最大直径   C.内轮廓最大直径   D.不要求

16.卧式车床加工尺寸公差等级可达(   ),表面粗糙度 Ra 值可达 1.6 μm。

    A.IT9~IT8   B.IT8~IT7   C.IT7~IT6   D.IT5~IT4

17.牌号为 T12A 的材料是指平均含碳量为(   )的碳素工具钢。

    A.1.2%   B.12%   C.0.12%   D.2.2%

18.以内孔为基准的套类零件,可采用(   )方法安装保证位置精度。

    A.心轴   B.三爪卡盘   C.四爪卡盘   D.一夹一顶

19.弹簧在(   )下中温回火,可获得较高的弹性和必要的韧性。

    A.50~100 ℃   B.150~200 ℃   C.250~300 ℃   D.350~500 ℃

20.车削塑性金属材料的 M40*3 内螺纹时,D 孔直径约等于(   )mm

    A.40   B.38.5   C.8.05   D.37

21.数控机床每次接通电源后在运行前首先应做的是(   )。

    A.给机床各部分加润滑油   B.检查刀具安装是否正确

    C.机床各坐标轴回参考点   D.工件是否安装正确

22.主切削刃在基面上的投影与假定工作平面之间的夹角是(   )。

    A.主偏角   B.前角   C.后角   D.锲角

23.在进行(   )加工时需要解决的关键技术有刀具几何形状、冷却及排屑问题。

    A.深孔   B.细长轴   C.偏心轴   D.通孔

24.有效度是指数控机床在某段时间内维持其性能的概率,它是一个(   )的数。

    A.>1   B.<1   C.≥1   D.无法确定

25.零件的加工精度包括尺寸精度、几何形状精度和(   )三方面内容。

    A.相互位置精度   B.表面粗糙度   C.重复定位精度   D.检测精度

26.麻花钻的导向部分有两条螺旋槽,作用是形成切削刃和(   )。

    A.排除气体   B.排除切屑   C.排除热量   D.减轻自重

27.装夹工件时应考虑(   )。

    A.专用夹具   B.组合夹具

C.夹紧力靠近支承点　　　　　　　　D.夹紧力不变

28.任何切削加工方法都必须有一个(　　　),可以有一个或几个进给运动。

　　A.辅助运动　　　B.主运动　　　　C.切削运动　　　D.纵向运动

29.在小批量生产或新产品研制中,应优先选用(　　　)夹具。

　　A.专用　　　　　B.液压　　　　　C.气动　　　　　D.组合

30.在程序运行过程中将"进给保持"按钮按下时,机床处于(　　　)状态。

　　A.保持恒定进给速度　　　　　　　B.中止运行

　　C.暂停程序运行　　　　　　　　　D.复位

31.下列关于欠定位叙述正确的是(　　　)。

　　A.没有限制全部六个自由度　　　　B.限制的自由度大于六个

　　C.应该限制的自由度没有被限制　　D.不该限制的自由度被限制了

32.相邻两牙在中径线上对应两点之间的(　　　),称为螺距。

　　A.斜线距离　　　B.角度　　　　　C.长度　　　　　D.轴向距离

33.薄壁零件精加工时,最好应用(　　　)装夹工件,可以避免内孔变形。

　　A.三爪卡盘　　　B.四爪卡盘　　　C.软爪　　　　　D.轴向夹紧夹具

34.用于润滑的(　　　)耐热性高,但不耐水,用于高温负荷处。

　　A.钠基润滑脂　　　　　　　　　　B.钙基润滑脂

　　C.锂基润滑脂　　　　　　　　　　D.铝基及复合铝基润滑脂

35.根据基准功能不同,基准可以分为(　　　)两大类。

　　A.设计基准和工艺基准　　　　　　B.工序基准和定位基准

　　C.测量基准和工序基准　　　　　　D.工序基准和装配基准

36.选择定位基准时,应尽量与工件的(　　　)一致。

　　A.工艺基准　　　B.度量基准　　　C.起始基准　　　D.设计基准

37.下列因素中导致受迫振动的是(　　　)。

　　A.积屑瘤导致刀具角度变化引起的振动

　　B.切削过程中摩擦力变化引起的振动

　　C.切削层沿其厚度方向的硬化不均匀

　　D.加工方法引起的振动

38.图纸上机械零件的真实大小以(　　　)为依据。

　　A.比例　　　　　B.公差范围　　　C.技术要求　　　D.尺寸数值

39.下列关于局部视图说话中错误的是(　　　)。

　　A.局部放大图可画成视图

　　B.局部放大图应尽量配置在被放大部位的附近

　　C.局部放大图与被放大部分的表达方式有关

　　D.绘制局部放大图时,应用细实线圈出被放大部分的部位

40.重复限制自由度的定位现象称为(　　　)。

　　A.完全定位　　　B.过定位　　　　C.不完全定位　　D.欠定位

41.数控机床的电器柜散热通风装置的维护检查周期为(　　　)。

　　A.每天　　　　　B.每周　　　　　C.每月　　　　　D.每年

42.新机床就位需要做( )小时持续运转才认为可行。

A.1~2 　　　　 B.8~16 　　　　 C.96 　　　　 D.36

43.刀具磨纯标准通常都按( )的磨损值来制订。

A.月牙洼深度 　 B.前刀面 　　　　 C.后刀面 　　　　 D.刀尖

44.已知刀具沿一直线方向加工的起点坐标为(X20,Z-10),终点坐标为(X10,Z20),则其程序是( )。

A.G01　X20　Z-10　F100 　　　　 B.G01　X-10　Z20　F100

C.G01　X10　W30　F100 　　　　 D.G01　U30　W-10　F100

45.不属于球墨铸铁的牌号为( )。

A.QT400-18 　　 B.QT450-10 　　 C.QT700-2 　　 D.HT250

46.钢的淬火是将钢加热到( )以上某一温度,保温一段时间,使之全部或部分奥氏体化,然后以大于临界冷却速度的冷速快冷到 Ms 以下(或 Ms 附近等温)进行马氏体(或贝氏体)转变的热处理工艺。

A.临界温度 Ac3(亚共析钢)或 Ac1(过共析钢)

B.临界温度 Ac1(亚共析钢)或 Ac3(过共析钢)

C.临界温度 Ac2(亚共析钢)或 Ac2(过共析钢)

D.亚共析钢和过共析钢都取临界温度 Ac3

47.在尺寸符号 Φ50F8 中,用于判断基本偏差是上偏差还是下偏差的符号是( )。

A.50 　　　　 B.F8 　　　　 C.F 　　　　 D.8

48.国家标准的代号为( )。

A.JB 　　　　 B.QB 　　　　 C.TB 　　　　 D.GB

49.G98F200 的含义是( )。

A.200 m/min 　 B.200 mm/r 　　 C.200 r/min 　　 D.200 mm/min

50.数控机床按伺服系统可分为( )。

A.开环、闭环、半闭环 　　　　 B.点位、点位直线、轮廓控制

C.普通数控机床、加工中心 　　　　 D.二轴、三轴、多轴

51.零件有上、下、左、右、前、后六个方位,在主视图上能反映零件的( )方位。

A.上下和左右 　 B.前后和左右 　 C.前后和上下 　 D.左右和上下

52.DNC 的基本功能是( )。

A.刀具管理 　　 B.生产调度 　　 C.生产监控 　　 D.传送 NC 程序

53.数控机床有以下特点,其中不正确的是( )。

A.具有充分的柔性 　　　　 B.能加工复杂形状的零件

C.加工的零件精度高,质量稳定 　　　　 D.操作难度大

54.钻中心孔时,应选用( )的转速。

A.低 　　　　 B.较低 　　　　 C.较高 　　　　 D.以上均不对

55.孔轴配合的配合代号由( )组成。

A.基本尺寸与公差代号 　　　　 B.孔的公差代号与轴的公差代号

C.基本尺寸与孔的公差代号 　　　　 D.基本尺寸与轴的公差代号

56.切断工件时,工件端面凸起或凹下,原因可能是( )。

A.丝杠间隙过大　　　　　　　　B.切削进给速度过快

C.刀具已经磨损　　　　　　　　D.两副偏角过大不对称

57.螺纹标记 M24×1.5-5g6g,5 g 表示中径公差等级为(　　),基本偏差的位置代号为(　　)。

A.g,6 级　　　　B.g,5 级　　　　C.6 级,g　　　　D.5 级,g

58.基轴制的轴是配合的基准件,称为基准轴,其代号为(　　)。

A.o　　　　B.y　　　　C.h　　　　D.g

59.FANUC 数控机床系统中 G90X_Z_F_是(　　)指令。

A.圆柱车削循环　　B.圆锥车间小循环　　C.螺纹车削循环　　D.端面车削循环

60.对未经淬火,直径较小孔的精加工应采用(　　)。

A.铰削　　　　B.镗削　　　　C.磨削　　　　D.钻削

61.通过观察故障放发生时的各种光、声、味等异常现象,将故障诊断的方位缩小的方法称为(　　)。

A.直观法　　　　B.交换法　　　　C.测量比较法　　　　D.隔离法

62.一般切削(　　)材料时,容易形成节状切屑。

A.塑性　　　　B.中等硬度　　　　C.脆性　　　　D.高硬度

63.在形状公差中,符号"-"表示(　　)。

A.高度　　　　B.棉纶廓度　　　　C.透视度　　　　D.直线度

64.工件坐标的零点一般设在(　　)。

A.机床零点　　　　B.换刀点　　　　C.工件的端面　　　　D.卡盘根

65.万能角度尺按其游标读数可以分为(　　)两种。

A.2′和 8′　　　　B.5′和 8′　　　　C.2′和 5′　　　　D.2′和 6′

66.为减少对特大型工件划线时翻转次数或不翻转工件,常采用(　　)法进行划线。

A.拉线与吊线　　B.平面划线　　　　C.立体划线　　　　D.目测

67.平面度公差属于(　　)。

A.形状公差　　　　B.定向公差　　　　C.定位公差　　　　D.跳动公差

68.数控机床导轨润滑不良,首先会引起的故障现象为(　　)。

A.导轨研伤　　B.床身水平超差　　C.压板或镶条松动　　D.导轨直线超差

69.有关程序结构,下面哪种叙述是正确的?(　　)

A.程序由程序号、指令和地址符组成　　B.地址符由指令和字母数字组成

C.程序段由顺序号、指令和 EOB 组成　　D.指令由地址符 EOB 组成

70.尺寸公差等于上偏差减去下偏差或(　　)。

A.基本尺寸-下偏差　　　　　　B.最大极限尺寸-最小极限尺寸

C.最大极限尺寸-最小极限尺寸　　D.基本尺寸-最大极限尺寸

71.下列说法中,不符合语言规范具体要求的是(　　)。

A.语感自然　　　　　　B.用尊称,不用忌语

C.语速适中,不快不慢　　D.态度冷淡

72.零件轮廓各几何元素间的连接点称为(　　)。

A.基点　　　　B.节点　　　　C.交点　　　　D.坐标点

73.创新的本质是(　　　)。

A.突破　　　　　　B.标新立异　　　　　C.冒险　　　　　　D.稳定

74.影响刀具扩散磨损的最主要原因是切削(　　　)。

A.材料　　　　　　B.速度　　　　　　C.温度　　　　　　D.角度

75.在两个齿轮中间加入一个齿轮(介轮),其作用是(　　　)。

A.改变齿轮的转动比　　　　　　B.增大扭矩

C.改变齿轮的转动方向　　　　　D.改变齿轮的旋转速度

76.在 FANUC Oi 的系统中,车孔时 G71 第二行中的 U 为(　　　)值。

A.正　　　　　　　B.负　　　　　　　C.无正负　　　　　D.以上均不对

77.在精车削圆弧面时,应(　　　)进给速度,提高表面粗糙度。

A.增大　　　　　　　　　　　　B.不改变

C.减少　　　　　　　　　　　　D.以上均不对

78.应用插补原理的方法有很多,其中(　　　)最常用。

A.逐步比较法　　　B.数字积分法　　　C.单步追踪法　　　D.有限元法

79.制造轴承座、减速箱所用的材料一般为(　　　)。

A.灰口铸铁　　　　B.可锻铸铁　　　　C.球墨铸铁　　　　D.高碳钢

80.职业道德与人的事业的关系是(　　　)。

A.有职业道德的人一定能获得事业成功

B.没有职业道德的人不会获得成功

C.事业成功的人往往具有较高的职业道德

D.缺乏职业道德的人往往更容易获得成功

81.编程加工内槽时,切槽前的切刀定位点的直径应比孔径尺寸(　　　)。

A.小　　　　　　　B.相等　　　　　　C.大　　　　　　　D.无关

82.在 FANUC 系统数控车床上用 G74 指令进行深孔钻削时,刀具反复进行钻削和退刀的动作,其目的是(　　　)。

A.排屑和散热　　　B.保证钻头刚度　　C.减少振动　　　　D.缩短加工时间

83.操作系统是一种(　　　)。

A.系统软件　　　　B.系统硬件　　　　C.应用软件　　　　D.资源软件

84.不符合文明生产基本要求的是(　　　)。

A.执行规章制度　　B.贯彻操作　　　　C.自行维修设备　　D.遵守生产纪律

85.黄铜是由(　　　)合成。

A.铜和铝　　　　　B.铜和硅　　　　　C.铜和锌　　　　　D.铜和镍

86.量块是精密量具,使用时要注意防腐蚀,防(　　　),切不可撞击。

A.划伤　　　　　　B.烧伤　　　　　　C.撞　　　　　　　D.潮湿

87.机夹可转位车刀,刀片转位更换迅速、夹紧可靠、排屑方便、定位精确、综合考虑,采用(　　　)形式的夹紧机构较为合理。

A.螺钉上压式　　　B.杠杆式　　　　　C.偏心销式　　　　D.楔销式

88.在数控机床上,考虑工件的加工精度要求、刚度和变形等因素,可按(　　　)划分工序。

A.粗、精加工　　　B.所用刀具　　　　C.定位方式　　　　D.加工部位

89.优质碳素结构钢的牌号由(　　)数字组成。

　　A.一位　　　　　B.两位　　　　　C.三位　　　　　D.四位

90.加工带有键槽的转动轴,材料为45#钢并需要淬火处理,表面粗糙度要求为 $Ra0.8\ \mu m$,其加工工艺为(　　)。

　　A.粗车—铣—磨—热处理　　　　　B.粗车—精车—铣—热处理—粗磨—精磨

　　C.车—磨—铣—热处理　　　　　　D.车—热处理—磨—铣

91.端面槽加工时沿(　　)方向进刀去除余量。

　　A.径向　　　　　B.法向　　　　　C.横向　　　　　D.纵向

92.粗加工时,应取(　　)的后角,精加工时,就取(　　)后角。

　　A.较小,较小　　　B.较大,较小　　　C.较小,较大　　　D.较大,较小

93.在精加工工序中,加工余量小而均时可选择加工表面本身作为定位基准的为(　　)。

　　A.基准重合原则　　B.互为基准原则　　C.基准同意原则　　D.自为基准原则

94.在偏置设值设置G55栏中的数值是(　　)。

　　A.工件坐标系的原点相对机床坐标系原点偏移值

　　B.刀具的长度偏差值

　　C.工件坐标系的原点

　　D.工件坐标系相对对刀点的偏移值

95.在下列内容中,不属于工艺基准的是(　　)。

　　A.定位基准　　　B.测量基准　　　C.装配基准　　　D.设计基准

96.G50 S200 的含义是(　　)。

　　A.线速度 200 m/min　　　　　B.最高线速度 200 mm/min

　　C.最高转速 200 r/min　　　　　D.最低转速 200 r/min

97.G70 P Q 指令格式中的"Q"的含义是(　　)。

　　A.精加工路径的首段顺序号　　　　B.精加工路径的末段顺序号

　　C.进刀量　　　　　　　　　　　　D.退刀量

98.G32 固定螺距螺纹车削功能代码,程序段 G32X_Z_F_指令中F后面的数字为(　　)。

　　A.螺距　　　　　B.导程　　　　　C.进给速度　　　　D.每分钟进给量

99.不属于岗位质量要求的内容是(　　)。

　　A.操作规程　　　B.工艺规程　　　C.工艺的质量指标　　D.日常行为准则

100.内径千分尺测量孔径时,应直到在径向找出(　　)为止,得出准确的测量结果。

　　A.最小值　　　　B.平均值　　　　C.最大值　　　　D.极限值

101.零件图的(　　)的投影方向应能最明显地反映零件图的内外结构形状特征。

　　A.俯视图　　　　B.主视图　　　　C.左视图　　　　D.右视图

102.用于调整机床的垫铁种类有很多,其中不包括(　　)。

　　A.斜垫铁　　　　B.开口垫铁　　　C.钩头垫铁　　　D.等高铁

103.大于 500 m/min 的切削速度高速车削铁系金属以采用(　　)为刀具材料的车刀为宜。

　　A.普通硬质合金　　B.立方氮化硼　　C.涂层硬质合金　　D.金刚石

104.偏差计算是当刀具移动到新位置时,计算其与理想线段间的偏差,以确定下一步的

275

(　　　)。

    A.数值   B.坐标   C.计划   D.走向

105.液压传动是利用(　　　)作为工作介质来进行能量传送的一种工作方式。

    A.油类   B.水   C.液体   D.空气

106.车削螺纹时,车刀的径向前角应取(　　　)度才能撤出正确的牙型角。

    A.-15   B.-10   C.5   D.0

107.下列中属于常用高速钢的是(　　　)。

    A.YG8   B.W6Mo5Cr4V2   C.15Cr   D.GSG18

108.后置刀架撤出四通正手外圆车刀加工外圆,刀尖补偿的刀尖方位号是(　　　)。

    A.2   B.3   C.4   D.5

109.在FANUC系统程序加工完成后,程序复位,光标能中回到起始位置的指令是(　　　)。

    A.M00   B.M01   C.M30   D.M02

110.粗加工牌号为HT150的材料时,应选用牌号为(　　　)的硬质合金刀具。

    A.YG8   B.YT30   C.YT15   D.YW1

111.千分尺的活动套筒转动1格,测微螺杆移动(　　　)mm。

    A.0.001   B.0.01   C.0.1   D.1

112.关于企业文化,你认为正确的是(　　　)。

    A.企业文化是企业管理的重要因素

    B.企业文化是企业的外在表现

    C.企业文化生产适合开放过程中的中国

    D.企业文化建设的核心内容是文娱和体育活动

113.机床坐标系各轴的规定是以(　　　)来确定的。

    A.极坐标系   B.绝对坐标系   C.相对坐标系   D.笛卡尔坐标系

114.碳的质量分数小于(　　　)的铁碳合金为碳素钢。

    A.1.4%   B.2.11%   C.0.6%   D.0.25%

115.主轴转速$n(r/min)$与切削速度$v(m/min)$的关系表达式是(　　　)。

    A.$n=\pi vD/1\,000$ B.$n=1\,000\pi vD$ C.$v=\pi nD/1\,000$ D.$v=1\,000\pi nD$

116.G03指令格式为G03 X(U)_Z(W)_(　　　)_K_F.

    A.B   B.V   C.I   D.M

117.取消刀具半径补偿的指令是(　　　)。

    A.G39   B.G40   C.G41   D.G42

118.遵守法律法规不要求(　　　)。

    A.遵循国家法律和政策   B.遵守安全操作规程

    C.加强劳动协作   D.遵守操作程序

119.企业的质量方针不是(　　　)。

    A.工艺规程的资料记录   B.每个职工必须贯彻的质量准则

    C.企业的质量宗旨   D.企业的质量方向

120.进给功能用于指定(　　　)。

    A.进刀深度   B.进给速度   C.进给转速   D.进给方向

121.未注公差尺寸的应用范围是(　　　)。

　　A.长度尺寸

　　B.工序尺寸

　　C.用于组装后经过加工所形成的尺寸

　　D.长度尺寸、工序尺寸,用于组装后经过加工所形成的尺寸都适用

122.轴上的花键槽一般都放在外圆的半精车(　　　)进行。

　　A.以前　　　　　　B.以后　　　　　　C.同时　　　　　　D.前或后

123.数控车(FANUC 系统)(　　　)为深孔加工循环。

　　A.G71　　　　　　B.G72　　　　　　C.G73　　　　　　D.G74

124.车细长轴时可同时用中心架和跟刀架来增加工件的(　　　)。

　　A.硬度　　　　　　B.韧性　　　　　　C.长度　　　　　　D.刚性

125.机械加工选择刀具时一般应优先采用(　　　)。

　　A.标准刀具　　　　B.专用刀具　　　　C.复合刀具　　　　D.都可以

126.电机常用的制动方法有(　　　)制动,复合电力制动两大类。

　　A.发电　　　　　　B.能耗　　　　　　C.反转　　　　　　D.机械

127.螺纹车刀刀尖高于或低于中心时,车削时易出现(　　　)现象。

　　A.扎刀　　　　　　B.乱牙　　　　　　C.窜动　　　　　　D.停车

128.用于加工螺纹的复合加工循环指令是(　　　)。

　　A.G73　　　　　　B.G74　　　　　　C.G75　　　　　　D.G76

129.用恒线速度控制加工端面是为防止事故发生,必须限定(　　　)。

　　A.最大走刀量　　　B.最高主轴转速　　C.最低主轴转速　　D.最小直径

130.加工齿轮这样的盘类零件在精车时应按照(　　　)的加工原则安排加工顺序。

　　A.先外后内　　　　B.先内后外　　　　C.基准后行　　　　D.先精后粗

131.指定恒线速度切削的指令是(　　　)。

　　A.G94　　　　　　B.G95　　　　　　C.G96　　　　　　D.G97

132.V 形架用于工件外圆定位,其中短 V 形架限制(　　　)个自由度。

　　A.6　　　　　　　B.2　　　　　　　C.3　　　　　　　D.8

133.用符号 IT 表示(　　　)的公差。

　　A.尺寸精度　　　　B.形状精度　　　　C.位置精度　　　　D.表面粗糙度

134.数控车床中的 G41/G42 是对(　　　)进行补偿

　　A.刀具的几何长度　　　　　　　　　B.刀具的刀尖圆弧半径

　　C.刀具的半径　　　　　　　　　　　D.刀具的角度

135.(　　　)其断口呈灰白相间的麻点状,性能不好,极少应用。

　　A.白口铸铁　　　　B.灰口铸铁　　　　C.球墨铸铁　　　　D.麻口铸铁

136.T0102 表示(　　　)。

　　A.1 号刀 1 号刀补　　　　　　　　　B.1 号刀 2 号刀补

　　C.2 号刀 1 号刀补　　　　　　　　　D.2 号刀 2 号刀补

137.FANUC 数控车系统程序段 G02X20W-30R25F0.1 为(　　　)。

　　A.绝对值编程　　　　　　　　　　　B.增量值编程

C.绝对值、增量值混合编程　　　　　　D.相对值编程

138.用三爪卡盘夹持轴类零件,车削加工内孔出现锥度,其原因可能是(　　　)。

　　A.夹紧力太大,工件变形　　　　　　B.刀具已经磨损

　　C.工件没有找正　　　　　　　　　　D.切削用量不当

139.车削锥度和圆弧时,如果刀具半径补偿存储器中 R 输入正确值而刀尖方位号 T 未输入正确值,则影响(　　　)精度。

　　A.尺寸　　　　　　　　　　　　　　B.位置

　　C.表面　　　　　　　　　　　　　　D.尺寸、位置、表面都不对

140.当数控机床的手动脉冲发生器的选择开关位置在 X100 时,通常情况下手轮的进给单位是(　　　)。

　　A.0.1 mm/格　　　　B.0.001 mm/格　　　C.0.01 mm/格　　　D.1 mm/格

141.一般数控系统由(　　　)组成。

　　A.输入装置、顺序处理装置　　　　　　B.数控装置、伺服系统、反馈系统

　　C.控制面板和显示器　　　　　　　　　D.数控柜、驱动柜

142.基本偏差代号为 J、K、L 的孔与基本偏差代号为 h 的轴可以构成(　　　)。

　　A.间隙配合　　　B.间隙或过渡配合　　　C.过渡配合　　　D.过盈配合

143.手工建立新的程序时,必须最先输入的是(　　　)。

　　A.程序段号　　　　B.刀具号　　　　　C.程序名　　　　D.G 代号

144.用螺纹千分尺可以测量外螺纹的(　　　)。

　　A.大径　　　　　　B.小径　　　　　　C.中径　　　　　D.螺距

145.工作前必须穿戴好劳动保护品,操作时(　　　),女工戴好工作帽,不准围围巾。

　　A.穿好凉鞋　　　　B.戴好眼镜　　　　C.戴好手套　　　D.铁屑用手拿开

146.参考点也是机床上的一个固定点,设置在机床移动部件的(　　　)极限位置。

　　A.负向　　　　　　B.正向　　　　　　C.进给　　　　　D.零

147.在 CAD 命令输入方式中一下不可采用的方式有(　　　)。

　　A.点取命令图标　　　　　　　　　　B.在菜单栏点取命令

　　C.用键盘直接输入　　　　　　　　　D.利用数字键输入

148.在数控系统中都有子程序功能,并且子程序(　　　)嵌套。

　　A.只能有一层　　　B.可以有限层　　　C.可以无限层　　　D.不能

149.三个分别为 22h6、22h7、22h8 的公差带,下列说法(　　　)是正确的。

　　A.上偏差相同且下偏差不相同　　　　B.上偏差不相同且下偏差相同

　　C.上、下偏差相同　　　　　　　　　D.上、下偏差不相同

150.操作面板上的"PRGRM"键的作用是(　　　)。

　　A.位置显示　　　　B.显示诊断　　　　C.显示编序　　　D.显示报警信息

151.左视图反映物体的(　　　)的相对位置关系。

　　A.上下和左右　　　B.前后和左右　　　C.前后和上下　　　D.左右和上下

152.选择定位基准时,粗基准(　　　)。

　　A.只能使用一次　　B.最多使用两次　　C.只使用一至三次　　D.可反复使用

153.辅助指令 M03 的功能是主轴(　　　)指令。

A.反转　　　　　　　B.启动　　　　　　　C.正转　　　　　　　D.停止

154.(　　)是一种以内孔为基准装夹达到相对位置精度的方法。

A.一夹一顶　　　B.两顶尖　　　C.平口钳　　　D.心轴

155.不属主轴回转运动误差的影响因素是(　　)。

A.主轴的制造误差　　　　　　　　B.主轴轴承的制造误差

C.主轴轴承的间隙　　　　　　　　D.工件的热变形

156.框式水平仪的主水准泡上表面是(　　)的。

A.水平　　　B.凹圆弧形　　　C.凸圆弧形　　　D.直线形

157.一个工人在单位时间内生产出合格的产品的数量是(　　)。

A.工序时间定额　　B.生产时间定额　　C.劳动生产率　　　D.辅助时间定额

158.G00 代码功能是快速定位,他属于(　　)代码。

A.模态　　　B.非模态　　　C.标准　　　D.ISO

159.下列材料中(　　)最适宜采用退火。

A.高碳钢　　　B.低碳钢　　　C.低成本材料　　　D.低性能材料

160.道德是通过(　　)对一个人的品行发生极大的作用。

A.社会舆论　　B.国家强制执行　　C.个人的影响　　　D.国家政策

二、判断题(每题 0.5 分)

161.车削螺纹时,只要刀具角度正确,就能保证加工出的螺纹牙型正确。　　　　　　　(　　)

162.通过切削刃选定点并同时垂直于基面和切削平面的平面是切削平面。　　　　　　(　　)

163.职业用语要求语言自然、语气亲切、语调柔和、语速适中、语言简练、语意明确。

(　　)

164.用设计基准作为定位基准,可以避免基准不重合及其引起的误差。　　　　　　　(　　)

165.标准麻花钻的切削部分由三刃、四面组成。　　　　　　　　　　　　　　　　(　　)

166.润滑剂的作用有润滑作用、冷却作用、防锈作用、密封作用等。　　　　　　　　(　　)

167.Φ32H8/t7,说明孔比轴容易加工。　　　　　　　　　　　　　　　　　　　　(　　)

168.用扩孔刃具将工件原来的孔径扩大加工,称为锪孔。　　　　　　　　　　　　　(　　)

169.操作工不得随意修改数控机床的各类参数。　　　　　　　　　　　　　　　　(　　)

170.数控铣床的基本结构通常由机床主体、数控装置和伺服系统三部分组成。　　　　(　　)

171.加工螺纹时,主轴转速不受限制。　　　　　　　　　　　　　　　　　　　　(　　)

172.G90 指令运行的是切入—切削—返回三个程序段的固定循环。　　　　　　　　　(　　)

173.在 FANUC OI 系统中,G75 第二行里的 P、Q 必须以无小数点方式表示。　　　　(　　)

174.T10 钢的碳的质量分数是 10%。　　　　　　　　　　　　　　　　　　　　　(　　)

175.布式硬度试验使用金刚石圆锥压头。　　　　　　　　　　　　　　　　　　　(　　)

176.G21 代码是米制输入功能。　　　　　　　　　　　　　　　　　　　　　　　(　　)

177.薄壁外圆精车刀,Kr = 93 度时镜像切削力最小,并可以减少摩擦和变形。　　　(　　)

178.职业道德对企业起到增强竞争力的作用。　　　　　　　　　　　　　　　　　(　　)

179.机夹可转位车刀不用刀磨,有利于涂层刀片的推广使用。　　　　　　　　　　　(　　)

180.标注锥度符号的尖端应向锥体的小段。　　　　　　　　　　　　　　　　　　(　　)

181.主轴轴向窜动回事精车端面平面度超差。　　　　　　　　　　　　　　　　　(　　)

182.FANUC 系统 G75 指令不能用于内沟槽的加工。　　　　　　　　　　（　　　）

183.每日检查时液压系统的油标应在两条红线之间。　　　　　　　　　（　　　）

184.只有在 EDIT 或 MDI 方式下,才能重新进行数量操作。　　　　　　（　　　）

185.标题栏一般包括部件(或机器)的名称、规格、比例、图号及设计、制图、校核
人员的签名。　　　　　　　　　　　　　　　　　　　　　　　　　（　　　）

186.粒度是指砂轮中磨粒的尺寸大小。　　　　　　　　　　　　　　　（　　　）

187.测量孔的深度时,应选用圆规。　　　　　　　　　　　　　　　　（　　　）

188.标注设置的快捷键是 D。　　　　　　　　　　　　　　　　　　（　　　）

189.AUTO CAD 默认图层为 0 层,它是可以删除的。　　　　　　　　　（　　　）

190.公差是最大极限尺寸和最小极限尺寸代数差的绝对值。　　　　　　（　　　）

191.G00 和 G01 的运行轨迹都一样,只是速度不一样。　　　　　　　　（　　　）

192.工件定位是,若夹具上的定位点不足六个,则肯定不会出现重复定位。（　　　）

193.对连续标注的多阶台轴类零件在编程时采用增量方式,可简化编程。（　　　）

194.衡量数控机床可靠性的指标之一是平均无故障时间,用 MTBF 表示。（　　　）

195.采用斜视图表达倾斜机构可以汉庭机构件的实形。　　　　　　　　（　　　）

196.字节分局机床坐标系编制的加工程序不能在机床上运行,所以必须根据工件
坐标系编程。　　　　　　　　　　　　　　　　　　　　　　　　　（　　　）

197.粗加工时,限制进给量的主要因素是切削力,精加工时,限制进给量的主要因
素是表面粗糙度。　　　　　　　　　　　　　　　　　　　　　　　（　　　）

198.孔、轴公差带由基本偏差的字母与标准公差等级数字表示。　　　　（　　　）

199.插补运动的实际插补轨迹始终不可能与理想轨迹完全相同。　　　　（　　　）

200.模态 G 功能指令可被同组的 G 功能互相注销,在同一程序段中有多个同组的
G 代码时,以最后一个为准,不同组的 G 功能可放在同一程序段中。（　　　）

数控车床中级工理论试题第二套

试卷描述:理论考试　　试卷限时:120分钟

一、单选题(每题0.5分)

1.普通三角螺纹的牙型角为(　　)。

    A.30°　　　　　　B.40°　　　　　　C.55°　　　　　　D.60°

2.切断实心工件裹刀时切断刀主切削刃须(　　)工件轴线。

    A.略高于　　　　B.等高于　　　　C.略低于　　　　D.大大高于

3.环境保护法的基本原则不包括(　　)。

    A.环境和社会经济协调发展　　　　B.防治结合,综合治理

    C.依靠群众保护环境　　　　　　　D.开发者对环境质量负责

4.在FANUC系统数控车床上,G71指令是(　　)。

    A.内外圆粗车复合循环指令　　　　B.端面粗车复合循环指令

    C.螺纹切削复合循环指令　　　　　D.深孔钻循环指令

5.车削细长轴件类零件,为减少 fy,主偏角 kr 选用(　　)为宜。

    A.30°外圆车刀　　B.45°弯头刀　　C.75°外圆车刀　　D.90°外圆车刀

6.下列说法中,不符合语言规范具体要求的是(　　)。

    A.语言自然　　　　　　　　　　　B.用尊称,不用忌语

    C.语速适中,不快不慢　　　　　　D.态度冷决

7.在数控车床上进行单段试切时,进给倍率应设为(　　)。

    A.最低　　　　　B.最高　　　　　C.零　　　　　　D.任意倍率

8.按化学成分铸铁可分为(　　)。

    A.普通铸铁和合金铸铁　　　　　　B.灰铸铁和球墨铸铁

    C.灰铸铁和可锻铸铁　　　　　　　D.白口铸铁和麻口铸铁

9.回火的作用在于(　　)。

    A.提高材料的硬度

    B.提高材料的强度

    C.调整钢铁的力学性能以满足使用要求

    D.降低材料的硬度

10.砂轮的硬度是指(　　)。

    A.砂轮的磨料,结合剂以及孔之间的比例

    B.砂轮颗粒的硬度

    C.砂轮黏结剂的黏结程度

    D.砂轮颗粒的尺寸

11.G21指令表示程序中尺寸单位为(　　)。

    A.m　　　　B.英寸　　　　C.mm　　　　　D.cm

12.数控车床中,主轴转速功能的单位是(　　)。

    A.mmr   B.rimm   C.mm   D.nfm

13.G99 F0.2 的含义为(　　)。

    A.0.2 m/min   B.0.2 mm/r   C.0.2 r/min   D.0.2 min/min

14.AUTO CAD 用一次 lies 命令连续绘制出多条直线,敲(　　)字母回车可取消上一条直线。

    A.c   B.d   C.e   D.f

15.优质碳素结构钢的牌号由(　　)数字组成。

    A.一位   B.两位   C.三位   D.四位

16.切削力可分解为主切削力 Fc 背向力、Fp 和进给力 Ff,其中消耗功率最大的力是(　　)。

    A.进给力 Ff   B.背向力 Fp   C.主切削力 Fc   D.不确定

17.钢淬火的目的就是使它的组织全部或大部分转变为(　　),获得高硬度,然后在适当温度下回火,使工件具有预期的性能。

    A.贝氏体   B.马氏体   C.渗碳体   D.奥氏体

18.G99F0.2的含义是(　　)。

    A.0.2 m/min   B.0.2 mm/r   C.0.2 r/min   D.0.2 mm/min

19.为了防止换刀时刀具与工件发生干涉,所以换刀点的位置应设在(　　)。

    A.机床原点   B.工件外部   C.工件原点   D.对刀点

20.加工螺距为 3 mm 圆柱螺纹,牙深为 1.949 mm,其切削次数为(　　)次。

    A.八   B.五   C.六   D.七

21.职业道德的内容不包括(　　)。

    A.职业道德意识   B.职业道德行为规范

    C.从业者享有的权利   D.职业守则

22.钢淬火的目的就是使它的组织全部或大部分转变为(　　),获得高硬度,然后在适当温度下回火,使工件具有预期的性能。

    A.贝氏体   B.马氏体   C.渗碳体   D.奥氏体

23.普通三角螺纹的牙型角为(　　)。

    A.30°   B.40°   C.55°   D.60°

24.为了防止换刀时刀具与工件发生干涉,所以,换刀点的位置应设在(　　)。

    A.机床原点   B.工件外部   C.工件原点   D.对刀点

25.企业文化的整合功能指的是它在(　　)方面的作用。

    A.批评与处罚   B.凝聚人心   C.增强竞争意识   D.自律

26.普通车床加工中,光杆的作用是(　　)。

    A.加工三角螺纹   B.加工梯形螺纹   C.加工外圆,端面   D.加工蜗杆

27.用于润滑的(　　)除具有扰热、扰湿及优良的润滑性能外,还能对金属表面起到良好的保护作用。

    A.钠基润滑脂   B.锂基润滑脂

    C.铝基及复合铝基润滑脂   D.钙基润滑脂

28.遵守法律法规要求(　　)。

A.积极工作　　　　B.加强劳动协作　　　C.自觉加班　　　　　D.遵守安全操作规程

29.粗加工时,应取(　　)的后角,精加工时,就取(　　)后角。

A.较小,较小　　　B.较大,较小　　　　C.较小,较大　　　　D.较大,较大

30.企业诚实守信的内在要求是(　　)。

A.维护企业信誉　　B.增加职工福利　　　C.注重经济效益　　　D.开展员工培训

31.MDI 面板中 CAN 键的作用是删除(　　)中的字符或符号。

A.系统内存　　　　B.参数设置栏　　　　C.输入缓冲区　　　　D.MDI 方式窗口

32.硬质合金的特点是耐热性(　　),切削效率高,但刀片强度、韧性不及工具钢,焊接刃磨工艺较差。

A.好　　　　　　　B.差　　　　　　　　C.一般　　　　　　　D.不确定

33.采用 G50 设定坐标系之后,数控车床运行程序时(　　)回参考点。

A.用　　　　　　　　　　　　　　　　　B.不用

C.可以用也可以不用　　　　　　　　　　D.取决于机床制造厂的产品设计

34.过流报警是属于何种类型的报警(　　)。

A.系统报警　　　　B.机床侧报警　　　　C.伺服单元报警　　D.电动报警

35.不符合着装整洁文明生产要求的是(　　)。

A.按规定穿戴好防护用品　　　　　　　　B.工作中对服装不作要求

C.遵守安全技术操作流程　　　　　　　　D.执行规章制度

36.企业标准是由(　　)制定的标准。

A.国家　　　　　　B.企业　　　　　　　C.行业　　　　　　　D.地方

37.下列关于创新的论述,正确的是(　　)。

A.创新与继承根本对立　　　　　　　　　B.创新就是独立自主

C.创新是民族进步的灵魂　　　　　　　　D.创新不需要引进国外新技术

38.数控机床的基本组成包括输入装置、数控装置、(　　)以及机床本体。

A.主轴箱　　　　　B.可编程程序控制器C.伺服系统　　　　　D.计算机

39.纯铝中加入适量的(　　)等合金元素,可以形成铝合金。

A.硫　　　　　　　B.硅　　　　　　　　C.硫　　　　　　　　D.磷

40.员工在着装方面,正确的做法是(　　)。

A.服装颜色鲜艳　　B.服装款式端庄大方C.皮鞋不光洁　　　D.香水味浓烈

41.在尺寸符号 Φ50F8 中,用于判断基本偏差是上偏差还是下偏差的符号是(　　)。

A.50　　　　　　　B.F8　　　　　　　　C.F　　　　　　　　D.8

42.常用地址符号(　　)对应的功能是指令主轴转速。

A.S　　　　　　　　B.R　　　　　　　　C.T　　　　　　　　D.Y

43.在工作中保持同事间和谐的关系,要求职工做到(　　)。

A.对感情不合的同事仍能给予积极配合

B.如果同事不经意给自己造成伤害,要求对方当众道歉,以挽回影响

C.对故意的诽谤,先通过组织途径解决,实在解决不了,再以武力解决

D.保持一定的嫉妒心,激励自己上进

44.碳素工具钢工艺性能的特点有(　　)。

A.不可冷、热加工成形,加工性能好　　　　B.刃口一般磨得不是很锋利

C.易脆裂　　　　　　　　　　　　　　　　D.耐热性很好

45.数控机床的基本组成包括输入装置、数控装置、(　　　)以及机床本体。

A.主轴箱　　　　　　　　　　　　　　　　B.PLC可编程序控制器

C.伺服系统　　　　　　　　　　　　　　　D.计算机

46.数控机床按伺服系统可分为(　　　)。

A.开环、闭环、半闭环　　　　　　　　　　B.点位、点位直线、轮廓控制

C.普通数控机床、加工中心　　　　　　　　D.二轴、三轴、多轴

47.一般数控系统由(　　　)组成。

A.输入装置,顺序处理装置　　　　　　　　B.数控装置,伺服系统,反馈系统

C.控制面板和显示器　　　　　　　　　　　D.数控柜,驱动柜

48.按经验公式 n 大于或等于 1800/P-K 计算,车削螺距为 3 mm 的双线螺纹,转速应大于等于(　　　)r/min。

A.2 000　　　　　　B.1 000　　　　　　C.520　　　　　　D.220

49.G00 代码功能是快速定位,它属于(　　　)代码。

A.模态　　　　　　　B.非模态　　　　　　C.标准　　　　　　D.ISO

50.牌号为 T12A 的材料是指平均含碳量为(　　　)的碳素工具钢。

A.1.2%　　　　　　　B.12%　　　　　　　C.0.12%　　　　　　D.2.2%

51.主要用于转孔加工的复合循环指令式为(　　　)。

A.G71　　　　　　　B.G72　　　　　　　C.G73　　　　　　　D.G74

52.断电后计算机信息依然存在的部件为(　　　)。

A.寄存器　　　　　B.RAM 存储器　　　　C.ROM 存储器　　　D.运算器

53.平行度、同轴度同属于(　　　)公差。

A.尺寸　　　　　　　B.形状　　　　　　　C.位置　　　　　　　D.垂直度

54.车削加工时的切削力可分解为主切削力 F_z、切深抗力 F_y 和进给抗力 F_x,其中消耗功率最大的力是(　　　)。

A.进给抗力 F_x　　　B.切深抗力 F_y　　　C.主切削力 F_z　　　D.不确定

55.T0305 中的两位数字 03 的含义为(　　　)。

A.刀具号　　　　　　B.刀编号　　　　　　C.刀具长度补偿　　　D.刀补号

56.制造轴承座、减速箱所用的材料一般为(　　　)。

A.灰口铸铁　　　　　B.可锻铸铁　　　　　C.球墨铸铁　　　　　D.高碳铁

57.切断外径为 36 mm、内孔为 16 mm 的空心工件,刀头宽度应刃磨至(　　　)mm 宽。

A.1~2　　　　　　　B.2~3　　　　　　　C.3~3.6　　　　　　D.4~4.6

58.当加工内孔直径为 38.5 mm,实测为 38.60 mm,则在该刀具磨耗补偿对应位置输入(　　　)值进行修调至尺寸要求。

A.-0.2 mm　　　　　B.0.2 mm　　　　　　C.-0.3 mm　　　　　D.-0.1 mm

59.斜垫铁的斜度为(　　　),常用于安装尺寸大小、要求不高,安装后不需要调整的机床。

A.1:2　　　　　　　B.1:5　　　　　　　C.1:10　　　　　　　D.1:20

60.钢淬火的目的就是使它的组织全部或大部转变为(　　　),获得高硬度,然后在适当温

度下回火,使工件具有预期的性能。

  A.贝氏体   B.马氏体   C.渗碳体   D.奥氏体

61.机床操作面板上的启动按钮采用( )按钮。

  A.常开   B.常闭   C.自锁   D.旋转

62.在齿轮的画法中,齿顶圆用( )表示。

  A.粗实线   B.细实线   C.点画线   D.虚线

63.无论主程序还是子程序都是由若干( )组成的。

  A.程序段   B.坐标   C.图形   D.字母

64.用高速钢铰削铸铁时,由于铸铁内部组织不均引起震动,容易出现( )现象。

  A.孔径收缩   B.孔径不变   C.孔径扩张   D.锥孔

65.G76 指令主要用于( )螺纹加工。

  A.小螺距   B.小螺距多线   C.大螺距   D.单线

66.当车床刀架移动到工作区( )时,压住限位开关,刀架运动停住,控制机出现超程报警信息,机床不能工作。

  A.中间   B.外部   C.极限   D.起点

67.G90 X50 Z-60 R-2 F0.1;完成的是( )的加工。

  A.圆柱面   B.圆锥面   C.圆弧面   D.螺纹

68.当定位点( )工件的应该限制自由度,使工件不能正确定位的,称为欠定位。

  A.不能再   B.多于   C.等于   D.少于

69.当第二次按下程序段跳过按钮时,指示灯灭,表示取消"程序段跳过"功能。此时程序中的"/"标记( ),程序段将依次执行。

  A.弹出   B.有效   C.无效   D.取消

70.企业标准是由( )制定的标准。

  A.国家   B.企业   C.行业   D.地方

71.安装零件时,应尽可能使定位基准与( )基准重合。

  A.测量   B.设计   C.装配   D.工艺

72.用水平仪检验机床导轨的直线度时,若把水平仪放在导轨的右端时,气泡向右偏2格,若放在左端时,气泡向左偏2格,则此导轨是( )状态。

  A.中间凸   B.中间凹   C.不凸不凹   D.扭曲

73.在 CRT/MDI 面板的功能键中道具参数显示,设定的键是( )。

  A.OFSET   B.PARAM   C.PRGAM   D.DGNOS

74.木工工具、钳工工具用( )制造。

  A.T8A   B.T10A   C.T12   D.T12A

75.不属于球墨铸铁的牌号为( )。

  A.QT400-18   B.QT450-10   C.QT700-2   D.HT250

76.按照功能的不同,工艺基准可分为定位基准、测量基准和( )三种。

  A.粗基准   B.精基准   C.设计基准   D.装配基准

77.不属于岗位质量要求的内容是( )。

  A.操作规程   B.工艺规程   C.工序的质量指标 D.日常行为准则

78.以圆弧规测量工件凸圆弧,若仅二端接触,是因为工件的圆弧半径(　　)。

    A.过大　　　　　　　B.过小　　　　　　　C.准确　　　　　　　D.大小不均匀

79.下面说法不正确的是(　　)。

    A.进给量越大表面 Ra 值越大

    B.工件的装夹精度影响加工精度

    C.工件定位前须仔细清理工件和夹具定位部位

    D.通常精加工时 F 值大于粗加工时的 F 值

80.在每一工序中确定加工表面的尺寸和位置所依据的基准,称为(　　)。

    A.设计基准　　　　　B.工序基准　　　　　C.定位基准　　　　　D.测量基准

81.金属抵抗局部变形的能力是钢的(　　)。

    A.强度和塑性　　　　B.韧性　　　　　　　C.硬度　　　　　　　D.疲惫强度

82.最小实体尺寸是(　　)。

    A.测量得到的　　　　B.设计给定的　　　　C.加工形成的　　　　D.计算得出的

83.经常停置不用的机床,过了梅雨天后,一开机易发生故障,主要是(　　)作用,导致器件损坏。

    A.物理　　　　　　　B.光学　　　　　　　C.化学　　　　　　　D.生物

84.车削加工时的切削力可分解为主切削力 Fz、切深抗力 Fy 和进给抗力 Fx,其中消耗功率最大的力是(　　)。

    A.进给抗力 Fx　　　B.切深抗力 Fy　　　C.主切削力 Fz　　　D.不确定

85.应用(　　)装夹薄壁零件不易产生变形。

    A.三爪卡盘　　　　　B.一夹一顶　　　　　C.平口钳　　　　　　D.心轴

86.在基面中测量的角度是(　　)。

    A.前角　　　　　　　B.刃倾角　　　　　　C.刀尖角　　　　　　D.模角

87.对应每个刀具补偿号,应有一组偏置量 X、Z,刀具半径补偿 R 和刀尖(　　)号 T。

    A.方位　　　　　　　B.编　　　　　　　　C.尺寸　　　　　　　D.补偿

88.夹紧时,应保证工件的(　　)正确。

    A.定位　　　　　　　B.形状　　　　　　　C.几何精度　　　　　D.位置

89.用螺纹千分尺可以测量外螺纹的(　　)。

    A.大径　　　　　　　B.小径　　　　　　　C.中径　　　　　　　D.螺距

90.HT100 属于(　　)铸铁的牌号。

    A.球墨　　　　　　　B.灰　　　　　　　　C.蠕墨　　　　　　　D.可锻

91.数控机床应当(　　)检查切削液、润滑油的量是否充足。

    A.每日　　　　　　　B.每周　　　　　　　C.每月　　　　　　　D.每年

92.相邻两牙在(　　)线上对应两点之间的轴线距离,称为螺距。

    A.大径　　　　　　　B.中径　　　　　　　C.小径　　　　　　　D.中心

93.机床通电后应首先检查(　　)是否正常。

    A.机床导轨　　　　　　　　　　　　B.各开关按钮和键

    C.工作台面　　　　　　　　　　　　D.护罩

94.一个物体在空间如果不加任何约束限制,应有(　　)自由度。

A.3 个　　　　　B.4 个　　　　　C.6 个　　　　　D.8 个

95.粗加工应选用(　　)。

A.(3~5)%乳化液　　　　　　　　B.(10~15)%乳化液

C.切削液　　　　　　　　　　　D.煤油

96.下列在圆锥面加工中对形状影响最大的是(　　)。

A.工件材料　　　B.刀具质量　　　C.刀具安装　　　D.工件夹装

97.职业道德的内容包括(　　)。

A.从业者的工作计划　　　　　　B.道德行为规范

C.职业从业者享有的权利　　　　D.从业者的工资收入

98.当零件图尺寸为键连接(相对尺寸)标注时适宜用(　　)编程。

A.绝对值编程　　　　　　　　　B.增量值编程

C.两者混合　　　　　　　　　　D.先绝对值后相对值编程

99.钻头直径为 10 mm,以 960 r/min 的转速钻孔时切削速度是(　　)。

A.100 m/min　　B.20 m/min　　　C.50 m/min　　　D.30 m/min

100.圆的直径 35H9/f9 组成了(　　)配合。

A.基孔制间隙　　B.基轴制间隙　　C.基孔制过渡　　D.基孔制过盈

101.(　　)指令可以分为模态指令和非模态指令。

A.G　　　　　　B.M　　　　　　C.F　　　　　　D.T

102.坐标进给是根据判别结果,使刀具向 Z 或 Y 向移动一(　　)。

A.分米　　　　　B.米　　　　　　C.步　　　　　　D.段

103.镗孔时发生震动,首先应降低(　　)的用量。

A.进给量　　　　　　　　　　　B.背吃量

C.切削速度　　　　　　　　　　D.以上均不对

104.若未考虑车刀刀尖半径的补偿值,会影响车削工件的(　　)。

A.外径　　　　　B.内径　　　　　C.长度　　　　　D.锥度及圆弧

105.采用轮廓控制的数控机床是(　　)。

A.数控钻床　　　B.数控铣床　　　C.数控注塑机床　　D.数控平面床

106.工件上用于定位的表面,是确定工件位置的依据,称为(　　)面。

A.定位基准　　　B.加工基准　　　C.测量基准　　　D.设计基准

107.零件长度为 36 mm,切刀宽度为 4 mm,左刀尖为到位点,以右端面为原点,则编程时定位在(　　)处切断工作。

A.Z-36　　　　　B.Z-40　　　　　C.Z-32　　　　　D.Z40

108.镗削不通孔时,镗刀的主偏角应取(　　)。

A.45°　　　　　　B.60°　　　　　C.75°　　　　　　D.90°

109.不能做刀具材料的有(　　)。

A.碳素工具钢　　B.碳素结构钢　　C.合金工具钢　　D.高速钢

110.辅助功能中与主轴有关的 M 指令是(　　)。

A.M06　　　　　　B.M09　　　　　C.M08　　　　　　D.M05

111.普通碳素钢可用于(　　)。

A.弹簧钢　　　　　　B.焊条用钢　　　　　C.钢筋　　　　　　　D.薄板钢

112.用一夹一顶或两顶尖装夹轴类零件时,如果后顶尖轴线与主轴轴线不重合,工件会产生(　　)误差。

A.圆度　　　　　　B.跳动　　　　　　C.圆柱度　　　　　　D.同轴度

113.G00 指令与下列的(　　)指令不是同一组的。

A.G01　　　　　　B.G02　　　　　　C.G04　　　　　　　D.G03

114.决定长丝杠的转速的是(　　)。

A.溜板箱　　　　　　B.进给箱　　　　　C.主轴箱　　　　　　D.挂轮箱

115.机夹可转位车刀,刀片转位更换迅速,夹紧可靠,排屑方便,定位精确,综合考虑,采用(　　)形式的夹紧机构较为合理。

A.螺钉上压式　　　B.杠杆式　　　　　C.偏心销式　　　　　D.楔销式

116.大于 500 m/min 的切削速度高速车削铁系金属时,采用(　　)刀具材料的车刀为宜。

A.普通硬质合金　　B.立方氮化硼　　　C.涂层硬质合金　　　D.金刚石

117.千分尺微分筒转动一周,测量螺杆移动(　　)mm。

A.0.1　　　　　　B.0.01　　　　　　C.1　　　　　　　　D.0.5

118.辅助功能中表示无条件程序暂停的指令是(　　)。

A.M00　　　　　　B.M01　　　　　　C.M02　　　　　　　D.M30

119.工程制图之标题栏的位置,应置于图纸的(　　)。

A.右上方　　　　　B.右下方　　　　　C.左上方　　　　　　D.左下方

120.重复限制自由度的定位现象称为(　　)。

A.完全定位　　　　B.过定位　　　　　C.不完全定位　　　　D.欠定位

121.FANUC 系统中,(　　)指令是主程序结束指令。

A.M02　　　　　　B.M00　　　　　　C.M03　　　　　　　D.M30

122.Φ35 J7 的上偏差为+0.014,下偏差为−0.016 所表达的最大实体尺寸为(　　)。

A.35.014 mm　　　B.35.000 m　　　　C.34.984 mm　　　　D.34.999 mm

123.安装螺纹车刀时,刀尖应与中心等高,刀尖角的对称中心线与工件轴线(　　)。

A.平行　　　　　　B.倾斜　　　　　　C.垂直　　　　　　　D.成 75°

124.视图包括基本视图、向视图、(　　)等。

A.剖视图、斜视图　　　　　　　　　　B.剖视图、局部视图

C.剖面图、局部视图　　　　　　　　　D.局部视图、斜视图

125.在给定一个方向时,平行度的公差带是(　　)。

A.距离为公差值的两平行直线之间的区域

B.直径为公差值,且平行于基准轴线的圆柱面内的区域

C.距离为公差值,且平行于基准平面(或直线)的两平行平面之间的区域

D.正截面为公差值 $t_1 \times t_2$,且平行于基准轴线的四棱柱内的区域

126.在 FANUC 系统数控车床上,G92 指令是(　　)。

A.单一固定循环指令　　　　　　　　B.螺纹切削单一固定循环指令

C.端面切削单一固定循环指令　　　　D.建立工件坐标系指令

127.用来确定每道工序所加工表面加工后的尺寸、形状、位置的基准为(　　　)。

A.定位基准　　　　B.工序基准　　　　C.装配基准　　　　D.测量基准

128.程序段 G73P003Q0060U4 OW2 OS500 中,W20 的含义是(　　　)。

A.Z 轴方向的精加工余量　　　　　　B.X 轴方向的精加工余量

C.X 轴方向的背吃刀量　　　　　　　D.Z 轴方向的退刀量

129.FANUC 数控车系统中 G76 是(　　　)指令。

A.螺纹切削多次循环　　　　　　　　B.端面循环

C.钻孔循环　　　　　　　　　　　　D.外形复合循环

130.可用于测量孔的直径和孔的形状误差的(　　　)是由百分表和专用表架组成的。

A.外径百分表　　　B.杠杆百分表　　　C.内径百分表　　　D.杠杆千分尺

131.市场经济条件下,不符合爱岗敬业要求的是(　　　)的观念。

A.树立职业理想　　　　　　　　　　B.强化职业责任

C.干一行爱一行　　　　　　　　　　D.以个人收入高低决定工作质量

132.还点比较法插补的四个节拍依次是(　　　)、终点判别。

A.偏差判别、偏差计算、坐标进给

B.偏差判别、坐标进给、变成计算

C.偏差计算、偏差判别、坐标进给

D.坐标进给、偏差计算、偏差判别

133.数控车床液动卡盘夹紧力的大小靠(　　　)调整。

A.变量泵　　　　　B.溢流阀　　　　　C.换向阀　　　　　D.减压阀

134.普通车床加工中,丝杠的作用是(　　　)。

A.加工内孔　　　B.加工各种螺纹　　　C.加工外圆、端面　　　D.加工锥面

135.细长轴零件上的(　　　)在零件图中的画法是用移出剖视表示。

A.外圆　　　　　　B.螺纹　　　　　　C.锥度　　　　　　D.键槽

136.在工作中要处理好同事间的关系,正确的做法是(　　　)。

A.多了解他人的私生活,才能关心和帮助同事

B.对于难以相处的同事,尽量予以回避

C.对有缺点的同事,要敢于提出批评

D.对故意诽谤自己的人,要"以其人之道还治其人之身"

137.在机床个坐标轴的终端设置有极限开关,有程序设置的极限称为(　　　)。

A.硬极限　　　　　B.软极限　　　　　C.安全行程　　　　D.极限行程

138.数控机床开机工作前首先必须(　　　),以建立机床坐标系。

A.拖表　　　　　　B.回机床参考点　　C.装刀　　　　　　D.输入加工程序

139.数控车床实现刀尖圆弧半径补偿需要的参数有偏移方向,半径数值和(　　　)。

A.X 轴位置补偿值　　　　　　　　　B.Z 轴位置补偿值

C.车床形式　　　　　　　　　　　　D.刀尖方位号

140.建立工件坐标系时,在 G54 栏中输入 X、Z 的值是(　　　)。

A.刀具对刀点到工件原点的距离

B.刀具对刀点在机床坐标系的坐标值

C.工件原点相对机床原点的偏移量

D.刀具对刀点与机床参考点之间的距离

141.刀具半径补偿存储器中须输入刀具(　　　)值。

A.刀尖的半径　　　　　　　　　　B.刀尖的直径

C.刀尖的半径和刀尖的位置　　　　D.刀具的长度

142.金属切削过程中,切削用量中对振动影响最大的是(　　　)。

A.切削速度　　　B.吃刀深度　　　C.进给速度　　　D.没有规律

143.加工齿轮类的盘形零件,精加工时应以(　　　)做基准。

A.外形　　　　　　　　　　　　　B.内孔

C.端面　　　　　　　　　　　　　D.以上均不能

144.可选用(　　　)来测量孔的深度是否合格。

A.游标卡尺　　　B.深度千分尺　　C.杠杆百分表　　D.内径塞规

145.麻花钻到两个螺旋槽表面就是(　　　)。

A.副后刀面　　　B.前刀面　　　　C.切削平面　　　D.主后刀面

146.(　　　)的结构特点是直径大、长度短。

A.轴类零件　　　B.箱体零件　　　C.薄壁零件　　　D.盘类零件

147.下列关于创新的论述,正确的是(　　　)。

A.创新与继承根本对立　　　　　　B.创新就是独立自主

C.创新是民族进步的灵魂　　　　　D.创新不需要引进国外新技术

148.在质量检验中,要坚持"三检"制度,即(　　　)。

A.自检、互检、专职检　　　　　　B.首检、中间检、尾检

C.自检、巡回检、专职检　　　　　D.首检、巡回检、尾检

149.数控车床的液压卡盘是采用(　　　)来控制卡盘的卡紧和松开。

A.液压马达　　　B.回转液压缸　　C.双作用液压缸　　D.涡轮蜗杆

150.完成 AUTO CAD 的割面线补充,下列选项中(　　　)不是必要的条件。

A.封闭的区域

B.必填充区域必须在屏幕范围内

C.割面线会自动避开以标注的尺寸

D.对组成封闭区域的线条没有线形要求

151.常用的 CNC 控制系统的插补算法可分为脉冲增量插补和(　　　)。

A.数据采样插补　　B.数值积分插补　　C.逐点比较插补　　D.硬件插补

152.左视图反映物体的(　　　)相对位置关系。

A.上下和左右　　B.前后和左右　　C.前后和上下　　D.左右和上下

153.数控机床的精度中影响数控加工批量零件合格率的主要因素是(　　　)。

A.定位精度　　　B.几何精度　　　C.重复定位精度　　D.主轴精度

154.在 CAD 命令输入方式中以下不可采用的方式有(　　　)。

A.点取命令图标　　　　　　　　　B.在菜单栏点取命令

C.用键盘直接输入　　　　　　　　D.利用数字键输入

155.夹紧力的方向应尽量(　　　)于工件的主要定位基准面。

A.垂直　　　　　　B.平行同向　　　　　C.倾斜指向　　　　　D.平行反向

156.刃磨硬质合金车刀应采用(　　)砂轮。

A.刚玉系　　　　　B.碳化硅系　　　　　C.人造金刚石　　　　D.立方氮化硼

157.当机件具有倾斜机构,且倾斜表面在基本投影面上投影不反映实形,可采用(　　)表达。

A.斜视图　　　　　B.前视图和俯视图　　C.后视图和左视图　　D.旋转视图

158.DNC 的基本功能是(　　)。

A.刀具管理　　　　B.生产调度　　　　　C.生产监控　　D 传送 NC 程序

159.机械零件的真实大小是以图样上的(　　)为依据。

A.比例　　　　　　B.公差范围　　　　　C.标注尺寸　　　　　D.图样尺寸大小

160.在 FANCU Oi 系统中,G73 指令第一行中 R 的含义是(　　)。

A.X 向回退量　　　B.维比　　　　　　C.Z 向回退量　　　　D.走刀次数

二、判断题(每题 0.5 分)

161.螺纹的牙型、大径、螺距、线数和旋向称为螺纹五要素,只有五要素都相同的内、外螺纹才能互相旋合在一起。

162.按下与超程方向相同的点动按钮,使机床脱离极限位置,回到工作区间。

163.精加工时,使用切削液的目的是降低切削温度、起冷却作用。

164.G94 指令主要用于直径差较大而轴向长度较短的盘类工件的端面切削。

165.数控回转工件台是数控机床的重要部件之一。

166.数控回转工作台是数控机床的重要部分之一。

167.刃磨刀具时,不能用力过大,以防打滑伤手。

168.对于长期封存的数控机床,最好每周通电一次。

169.麻花钻在钻削时,技带与工件孔壁相接触,可保持钻孔方向不致偏斜,同时又能减小钻头与工件孔壁的摩擦。

170.删除键 DELETE 在编程时用于删除已输入的字,不能删除在 CNC 中存在的程序。

171.零件轮廓的精加工应尽量一刀连续加工而成。

172.精车车刀的刃倾角应取负值。

173.装夹是指定位与夹紧的全过程。

174.T10 钢的碳的质量分数是 10%。

175.螺纹切削时,应尽量选择高的主轴转速以提高螺纹的加工精度。

176.在华中系统中 G71 可加工带凹陷轮廓的表面。

177.主运动是切削金属所需的基本运动,至少有一个,也可以多个。

178.直接根据机床坐标系编制的加工程序不能在机床上运行,所以必须根据工件坐标系编程。

179.从业者从事职业的态度是价值观、道德的具体表现。

180.在 FANUC 系统数控车床上,G71 指令是深孔钻削循环指令。

181.标注设置的快捷键是 D。

182.职业道德活动中做到表情冷漠、严肃待客是符合职业道德规范要求的。

183.确定尺寸精度程度的等级称为公差等级。

184.三视图的投影规律是:主视图与俯视图宽相等;主视图与左视图高平齐;俯视图与左视图长对正。

185.G54 设定的工作坐标系原点在再次开机后仍保持不变。

186.简化画法通常包括简化画法、规定画法和示意画法等表达方法。

187.理论正确尺寸是表示被测要素的理想形状、方向、位置的尺寸。

188.工件加工时,切削力大需要的夹紧力也大,则零件会变形。为了控制零件变形,最好在粗、精加工时采用不同的夹紧力。

189.不同结构布局的数控机床有不同的运动方式,但无论何种形式,编程时都认为刀具相对于工件运动。

190.G70 指令是精加工切削循环指令。

191.一个程序段内只允许有一个 M 指令。

192.加工内孔时因受刀体强度、排屑状况的影响,相对于加工外圆切削深度要少一点,进给量要慢一点。

193.有的卡尺上还装有百分表或数显装置,成为带表卡尺或数显卡尺,提高了测量的准确性。

194.刀具耐用度是表示一把新刀从投入切削开始,到报废为止的总的实际切削时间。

195.数控机床在输入程序时,不论何种系统坐标值,不论是整数和小数都不必加入小数值。

196.球墨铸铁件可用等温淬火热处理提高力学性能。

197.在刀尖圆弧补偿中,刀尖方向不同且刀尖方位号也不同。

198.在 FANUC Oi 系统中,G75 第二行里的 P,Q,R 必须以无小数点方式表示。

199.按化学成分不同,铜合金分为黄铜、白铜和青铜。

200.对于连续标注的多阶台轴类零件在编程时采用增量方式,可简化编程。

数控车床中级工理论试题第三套

试卷描述:理论考试　试卷限时:120 分钟

一、单选题(每题 0.5 分)

1.工艺基准包括(　　)。

　A.设计基准、粗基准、精基准　　　　　　B.设计基准、定位基准、精基准

　C.定位基准、测量基准、装配基准　　　　D.测量基准、粗基准、精基准

2.英制输入的指令是(　　)。

　A.G91　　　　　　B.G21　　　　　　C.G20　　　　　　D.G93

3.在质量检验中,要坚持"三检"制度,即(　　)。

　A.自检、互检、专职检　　　　　　　　　B.首检、中间检、尾检

　C.自检、巡回检、专职检　　　　　　　　D.首检、巡回检、尾检

4.M20 粗牙螺纹的小径应车至(　　)mm。

　A.16　　　　　　B.16.75　　　　　　C.17.29　　　　　　D.20

5.辅助功能中表示程序计划停止的指令是(　　)。

　A.M00　　　　　　B.M01　　　　　　C.M02　　　　　　D.M30

6.程序段序号通常用(　　)位数字表示。

　A.8　　　　　　B.10　　　　　　C.4　　　　　　D.11

7.数控机床的日常维护与保养一般情况下应由(　　)来进行。

　A.车间领导　　　　B.操作人员　　　　C.后勤管理人员　　　D.勤杂人

8.在 G41 或 G42 指令的程序段中不能用(　　)指令。

　A.G00　　　　　　B.G02/G03　　　　　　C.G01　　　　　　D.G90 和 G92

9.道德和法律是(　　)。

　A.互不相干　　　　　　　　　　　　　　B.相辅相成,相互促进

　C.相对矛盾和冲突　　　　　　　　　　　D.法律涵盖了道德

10.职业道德活动中,对客人做到(　　)是符合语言规范的具体要求的。

　A.言语细致,反复介绍　　　　　　　　　B.语速要快,不浪费客人时间

　C.用尊称,不用忌语　　　　　　　　　　D.证据严肃,维护自尊

11.内径百分表的功用是度量(　　)。

　A.外径　　　　　　B.内径　　　　　　C.外槽径　　　　　　D.槽深

12.将 G94 循环切削过程按顺序分 1,2,3,4 四个步骤,其中(　　)步骤是按进给速度进给。

　A.1,2　　　　　　B.2,3　　　　　　C.3,4　　　　　　D.1,4

13.碳素工具钢工艺性能的特点有(　　)。

　A.不可冷、热加工成形,加工性能好　　　B.刃口一般磨得不是很锋利

　C.易脆裂　　　　　　　　　　　　　　　D.耐热性很好

14.卧式车床加工尺寸公差等级可达(　　),表面粗糙度 Ra 值可达 1.6 μm。

A.IT9～IT8   B.IT8～IT7   C.IT7～IT6   D.IT5～IT4

15.当刀具的副偏角( )时,在车削凹陷轮廓时应产生过切现象。

    A.大   B.过大   C.过小   D.以上均不对

16.以内孔为基准的套类零件,可采用( )方法安装以保证位置精度。

    A.心轴   B.三爪卡盘   C.四爪卡盘   D.一夹一顶

17.中碳结构钢制作的零件通常在( )进行高温回火,以获得适宜的强度与韧性的良好配合。

    A.200～300 ℃   B.300～400 ℃   C.500～600 ℃   D.150～250 ℃

18.用高速钢铰刀铰削铸铁时,由于铸铁内部组织不均引起振动,容易出现( )现象。

    A.孔径收缩   B.孔径不变   C.孔径扩张   D.锥孔

19.在批量生产中,一般以( )控制更换刀具的时间。

    A.刀具前面磨损程度   B.刀具后面磨损程度

    C.刀具的耐用度   D.刀具损坏程度

20.数控机床较长期闲置时最重要的是对机床定时( )。

    A.清洁除尘   B.加注润滑油   C.给系统通电防潮   D.更换电池

21.常用的 CNC 控制系统的插补算法可分为脉冲增量插补和( )。

    A.数据采样插补   B.数值积分插补   C.逐点比较插补   D.硬件插补

22.切削的三要素是指进给量,切削深度和( )。

    A.切削厚度   B.切削速度   C.进给速度   D.主轴转速

23.数控机床的基本组成包括输入装置、数控装置、( )以及机床本体。

    A.主轴箱   B.PLC 可编程序控制器

    C.伺服系统   D.计算机

24.在机床各坐标轴的终端设置有极限开关,由程序设置的极限为( )。

    A.硬极限   B.软极限   C.安全行程   D.极限行程

25.任何切削加工方法都必须有一个( ),可以有一个或几个进给运动。

    A.辅助运动   B.主运动   C.切削运动   D.纵向运动

26.一个物体在空间可能具有的运动称为( )。

    A.空间运动   B.圆柱度   C.平面度   D.自由度

27.数控机床某轴进给驱动发生故障,可用( )来快速确定。

    A.参数检查法   B.功能程序测试法   C.原理分析法   D.转移法

28.数控机床的液压卡盘是采用( )来控制卡盘的卡紧和松开。

    A.液压马达   B.回转液压缸   C.双作用液压缸   D.涡轮蜗杆

29.尺寸标注 $\Phi 10H7/n6$ 属于( )。

    A.基孔制过盈配合   B.基孔制间隙配合

    C.基孔制过渡配合   D.基孔制过盈配合

30.下列关于欠定位叙述正确的是( )。

    A.没有限制全部六个自由度   B.限制的自由度大于六个

    C.应该限制的自由度没有被限制   D.不该限制的自由度被限制了

31.保持工作环境清洁有序,以下不正确的是( )。

A.随时清除油污和积水　　　　　　　　B.通道上少放物品

C.整洁的工作环境可以振奋职工精神　　D.毛坯、半成品按规定堆放整齐

32.用圆弧插补(G02,G03)指令绝对编程时,X、Z是圆弧(　　)坐标值。

A.起点　　　　　　B.直径　　　　　　C.终点　　　　　　D.半径

33.切槽加工时,切刀进给量F选用如果(　　)反而引起振动。

A.过小　　　　　　B.适中　　　　　　C.过快　　　　　　D.快

34.机床转动轴中的滚珠丝杠必须(　　)进行检查。

A.每一年　　　　　B.每两年　　　　　C.每三年　　　　　D.每半年

35.爱岗敬业的具体要求是(　　)。

A.看效益决定是否爱岗　　　　　　　　B.转变择业观念

C.提高职业技能　　　　　　　　　　　D.增强把握择业的机遇意识

36.加工时要保证工件精度不能只是按线加工,必须依靠(　　)的检验。

A.工具　　　　　　B.量具　　　　　　C.直尺　　　　　　D.皮尺

37.G32或G33代码是(　　)功能。

A.螺纹加工固定循环　　　　　　　　　B.变螺距螺纹车削功能指令

C.固定螺距螺纹车削功能指令　　　　　D.外螺纹车削功能指令

38.在FANUC系统数控车床上,G71指令是(　　)。

A.内外圆粗车复合循环指令　　　　　　B.端面粗车复合循环指令

C.螺纹切削复合循环指令　　　　　　　D.深孔钻削循环指令

39.下列因素中导致受迫振动的是(　　)。

A.积屑瘤导致刀具角度变化引起的振动

B.切削过程中磨擦力变化引起的振动

C.切削层沿其厚度方向的硬化不均匀

D.加工方法引起的振动

40.引起操作不当和电磁干扰引起的故障属于(　　)。

A.机械故障　　　　B.强电故障　　　　C.硬件故障　　　　D.软件故障

41.编辑数控加工工序时,采用一次性装夹工位上多工序集中加工原则的主要目的是(　　)。

A.减少换刀时间　　　　　　　　　　　B.减少重复定位误差

C.减少切削时间　　　　　　　　　　　D.简化加工程序

42.机夹车刀刀片常用的材料有(　　)。

A.T10A　　　　　　B.W18Cr4V　　　　C.硬质合金　　　　D.金刚石

43.操作者熟练掌握使用设备技能,达到"四会",即(　　)。

A.会使用、会维修、会保养、会检查

B.会使用、会保养、会检查、会排除故障

C.会使用、会修理、会检查、会排除故障

D.会使用、会修理、会检查、会管理

44.刃磨硬质合金车刀应采用(　　)砂轮。

A.刚玉系　　　　　B.碳化硅系　　　　C.人造金刚石　　　D.立方氮化硼

45.车削直径为 100 mm 的工件外圆,若主轴转速设定为 100 r/min,则切削速度 V_c 为( )m/min。

  A.100   B.157   C.200   D.314

46.千分尺微分筒转动一周,测微螺杆移动( )mm。

  A.0.1   B.0.01   C.1   D.0.5

47.刀具纯标准通常都按( )的磨损值来制定。

  A.月牙洼深度 B.前刀面   C.后刀面   D.刀尖

48.工件在机床上定位夹紧后进行工件坐标系设置,用于确定工件坐标系与机床坐标系空间关系的参考点称为( )。

  A.对刀点   B.编程原点   C.刀位点   D.机床原点

49.车削工件的台阶端面时,主偏一般取( )。

  A.3°~5°   B.45°   C.75°   D.>90°

50.金属抵抗永久变形和断裂的能力是钢的( )。

  A.强度和塑性 B.韧性   C.强度   D.疲劳强度

51.不属于球墨铸铁的牌号为( )。

  A.QT400-18 B.QT450-10 C.QT700-2   D.HT250

52.程序需暂停 5 秒时,下列正确的指令段是( )。

  A.G04P5000 B.G04P500   C.G04P50   D.G04P5

53.车削右旋螺纹时,用( )启动主轴。

  A.M03   B.M04   C.M05   D.M08

54.计算机辅助设计的英文缩写是( )。

  A.CAD   B.CAM   C.CAE   D.CAT

55.碳化工具钢的牌号由"T+数字"组成,其中 T 表示( )。

  A.碳   B.钛   C.锰   D.硫

56.镗削不通孔时,镗刀的主偏角应取( )。

  A.45°   B.60°   C.75°   D.90°

57.钻中心孔时,应选用( )的转速。

  A.低   B.较低   C.较高   D.以上均不对

58.若框式水平仪气泡移动一格,在 1 000 mm 长度上倾斜高度差为 0.02 mm,则折算其倾斜角为( )。

  A.4′   B.30″   C.1′   D.2′

59.如切断外径为 16 mm 的空心工件,刀头宽度应刃磨至( )mm 高。

  A.1~2   B.2~3   C.3~3.6   D.4~4.6

60.螺纹标记 M24×1.5-5g6g,5g 表示中径公差等级为( ),基本代号为( )。

  A.g,6 级   B.g,5 级   C.6 级,g   D.5 级,g

61.加工锥度和直径较小的圆锥孔时,宜采用( )的方法。

  A.钻孔后直接铰锥孔   B.先钻,在粗铰后精铰

  C.先钻,在粗车再精铰   D.先铣孔再铰孔

62.普通螺纹的配合精度取决于( )。

A.公差等级与基本偏差　　　　　　　B.基本偏差与旋转长度

C.公差等级,基本偏差和旋转长度　　D.公差等级和旋转长度

63.在形状公差中,符号"—"表示(　　)。

　　A.高度　　　　　B.面轮廓度　　　　C.透视度　　　　D.直线度

64.万能角度尺的测量范围为(　　)。

　　A.0~120　　　　B.0~180　　　　　C.0~320　　　　D.0~270

65.程序段 G90　X48　W-10　F80,应用的是(　　)编程方法。

　　A.绝对坐标　　　B.增量坐标　　　　C.混合坐标　　　D.极坐标

66.数控车床以主轴轴线方向为(　　)轴方向,刀具远离工件的方向为 Z 轴的正方向。

　　A.Z　　　　　　B.X　　　　　　　C.Y　　　　　　D.坐标

67.加工精度的高低是用(　　)的大小来表示的。

　　A.摩擦误差　　　B.加工误差　　　　C.整理误差　　　D.密度误差

68.平面度公差属于(　　)。

　　A.形状公差　　　B.定向公差　　　　C.定位公差　　　D.跳动公差

69.基本偏差确定公差带的位置,一般情况下,基本偏差是(　　)。

　　A.上偏差　　　　　　　　　　　　B.下偏差

　　C.实际偏差　　　　　　　　　　　D.上偏差或下偏差中靠近零线的那个偏差

70.车削细长轴零件,未减少 FY,主偏角 Kr 选用(　　)为宜。

　　A.30°外圆车刀　B.45°弯头刀　　　C.75°外圆车刀　D.90°外圆车刀

71.为了防止换刀时刀具与工件发生干涉,所以换刀点的位置设在(　　)。

　　A.机床原点　　　B.工件外部　　　　C.工件原点　　　D.对刀点

72.由直线和圆弧组成的平面轮廓,编程时数值计算的主要任务是求各(　　)坐标。

　　A.节点　　　　　B.基点　　　　　　C.交点　　　　　D.切点

73.磨削加工时,提高砂轮速度可使加工表面粗糙度数值(　　)。

　　A.变大　　　　　B.变小　　　　　　C.不变　　　　　D.不一定

74.加工系统的振动,主要影响工件的(　　)。

　　A.尺寸精度　　　B.位置精度　　　　C.形状精度　　　D.表面粗糙度

75.制造轴承座,减速箱所用的材料一般为(　　)。

　　A.灰口铸铁　　　B.可锻铸铁　　　　C.球墨铸铁　　　D.高碳钢

76.编程加工内槽时,切槽前的切刀定位点的直径应比孔径尺寸(　　)。

　　A.小　　　　　　B.相等　　　　　　C.大　　　　　　D.无关

77.插补过程可分为四个步骤:偏差判别,坐标(　　),偏差计算和终点辨别。

　　A.进给　　　　　B.判别　　　　　　C.设置　　　　　D.变换

78.(　　)不属于切削液。

　　A.水溶液　　　　B.乳化液　　　　　C.切削液　　　　D.防锈剂

79.操作系统是一种(　　)。

　　A.系统软件　　　B.系统硬件　　　　C.应用软件　　　D.支援软件

80.手动移动刀具时,每按一次只移动一个设定单位的控制方法称为(　　)。

　　A.跳步　　　　　B.点动　　　　　　C.单段　　　　　D.手轮

81.夹紧力的作用点应尽量靠近(　　)，防止工件振动变形。

　　A.未加工表面　　　B.已加工表面　　　C.加工表面　　　　D.定位表面

82.切削速度计算式中的 D 一般是指(　　)的直径。

　　A.工件待加工表面　　　　　　　　B.工件加工表面

　　C.工件已加工表面　　　　　　　　D.工件毛坯

83.AUTO CAD 中设置点样式在(　　)菜单栏中

　　A.格式　　　　　　B.修改　　　　　　C.绘图　　　　　　D.编程

84.錾削时，当发现手锤的木柄上沾有油时应(　　)。

　　A.不用管　　　　　B.及时擦去　　　　C.在木柄上包上布　　D.戴上手套

85.只将机件的某一部方向基本投影面投影所得的视图称为(　　)。

　　A.基本视图　　　　B.局部视图　　　　C.斜视图　　　　　D.旋转视图

86.端面槽加工时沿(　　)方向进刀去除余量。

　　A.径向　　　　　　B.法向　　　　　　C.横向　　　　　　D.纵向

87.当第二次按下程序段跳过按钮时，指示灯灭，表示取消"程序段跳过"功能，此时程序中的"/"标记(　　)，程序中所有程序段将被依次执行。

　　A.弹出　　　　　　B.有效　　　　　　C.无效　　　　　　D.取消

88.重复定位能提高工件的(　　)，但对工件的定位精度有影响，一般是不允许的。

　　A.塑料　　　　　　B.强度　　　　　　C.刚性　　　　　　D.韧性

89.常用润滑油有机械油及(　　)等。

　　A.齿轮油　　　　　B.石墨　　　　　　C.二硫化钼　　　　D.冷却液

90.操作面板的功能键中，用于参数显示设定窗口的键是(　　)。

　　A.OFFSET SETTING　　　　　　　B.PARAM

　　C.PRGAM　　　　　　　　　　　D.SYSTEM

91.关于人与人的工作关系，你认同以下(　　)观点。

　　A.主要是竞争　　　　　　　　　　B.有合作，也有竞争

　　C.竞争与合作同样重要　　　　　　D.合作多于竞争

92.公差是一个(　　)。

　　A.正值　　　　　　B.负值　　　　　　C.零值　　　　　　D.不为零的绝对值

93.关于尺寸公差，下列说法正确的是(　　)。

　　A.尺寸公差只能大于零，故公差值前应标"+"号

　　B.尺寸公差只是用绝对值定义的，没有正、负的含义，故公差值前不应标"+"号

　　C.尺寸公差不能为负值，但可以为零

　　D.尺寸公差为允许尺寸变动范围的界限值

94.加工时用来确定工件在机床上或夹具中占有正确位置所使用的基准为(　　)。

　　A.定位基准　　　　B.测量基准　　　　C.装配基准　　　　D.工艺基准

95.量块除作为长度基准进行尺寸传递外，还广泛用于鉴定和(　　)量具量仪。

　　A.找正　　　　　　B.检测　　　　　　C.比较　　　　　　D.校准

96.G76 指令主要用于(　　)螺纹加工。

　　A.小螺距　　　　　B.小螺距多线　　　C.大螺距　　　　　D.单线

97.不属于岗位质量要求的内容是(　　)。

　　A.操作规程　　　　B.工艺规程　　　　　C.工序的质量指标　D.日常行为准则

98.用来测量零件以加工表面的尺寸和位置所参照的点、线或面为(　　)。

　　A.点位基准　　　　B.测量基准　　　　　C.装配基准　　　　　D.工艺基准

99.在主轴加工中选用支承轴颈作为定位基准磨削锥孔,符合(　　)原则。

　　A.基准统一　　　　B.基准重合　　　　　C.自为基准　　　　　D.互为基准

100.钻头直径为 10 mm,以 960 r/min 的转速钻孔时切削速度是(　　)。

　　A.100 m/min　　　B.20 m/min　　　　　C.50 m/min　　　　　D.30 m/min

101.内径千分尺测量孔径时,应直到在径向找出(　　)为止,得出准确的测量结果。

　　A.最小值　　　　　B.平均值　　　　　　C.最大值　　　　　　D.极限值

102.切削脆性金属材料时,(　　)容易产生在刀具前角较小、切削厚度较大的情况下。

　　A.磨碎切削　　　　B.节状切削　　　　　C.带状切削　　　　　D.粒状切削

103.职业道德的内容包括(　　)。

　　A.从业者的工作计划　　　　　　　　　B.职业道德行为规范

　　C.从业者享有的权利　　　　　　　　　D.从业者的工资收入

104.存储系统中的 PROM 是指(　　)。

　　A.可编程读写存储器　　　　　　　　　B.可编程只存储器

　　C.静态只读存储器　　　　　　　　　　D.动态随机存储器

105.金属材料的剖面符号,应画成与水平成(　　)的互相平行、间隔均匀的细实线。

　　A.15°　　　　　　　B.45°　　　　　　　C.75°　　　　　　　　D.90°

106.车削螺纹时,车刀的径向前角应取(　　)才能车刀正确的牙型角。

　　A.-15°　　　　　　B.-10°　　　　　　C.5°　　　　　　　　D.0°

107.粗加工牌号为 HT150 的材料时,应选用牌号为(　　)的硬质合金刀具。

　　A.YG8　　　　　　B.HT30　　　　　　C.YT15　　　　　　　D.YW1

108.工件坐标系的 Z 轴一般与主轴轴线重合,其原点随(　　)位置不同而异。

　　A.工件　　　　　　B.机床参考点　　　　C.刀具　　　　　　　D.夹具

109.要做到遵守守法,对每个职业来说,必须做到(　　)。

　　A.有法可依　　　　　　　　　　　　　B.反对"管""卡""压"

　　C.反对自由主义　　　　　　　　　　　D.努力学法、知法、守法、用法

110.表面质量对零件的使用性能的影响不包括(　　)。

　　A.耐磨性　　　　　B.耐腐蚀性能　　　　C.导电能力　　　　　D.疲劳强度

111.关于企业文化,你认为正确的是(　　)。

　　A.企业文化是企业管理的重要因素

　　B.企业文化是企业的外在表现

　　C.企业文化产生于改革开放过程的中国

　　D.企业文化建设的核心内容是文娱和体育活动

112.在车削高精度的零件时,粗车后,在工件上的切削热达到(　　)后再进行精车。

A.热平衡　　　　　B.热变形　　　　　C.热膨胀　　　　　D.热伸长

113.牌号为 45#钢的 45 表示含碳量为( )。

A.0.45%　　　　　B.0.045%　　　　　C.4.5%　　　　　D.45%

114.在 FANUC 系统中,车削圆锥体可用( )循环指令编程。

A.G70　　　　　B.G94　　　　　C.G90　　　　　D.G92

115.数控系统中,( )指令在加工过程中是模态的。

A.G01.F　　　　　B.G27.G28　　　　　C.G04　　　　　D.M02

116.在 FANUC 系统中,( )指令用于大角度锥面的循环加工。

A.G92　　　　　B.G93　　　　　C.G94　　　　　D.G95

117.刀尖半径补偿在( )固定循环指令中执行。

A.G71　　　　　B.G72　　　　　C.G73　　　　　D.G70

118.目前,世界先进的 CNC 数控系统的平均无故障时间(MTBF)大部分在( )。

A.1 000~10 000 小时　　　　　B.10 000~100 000 小时

C.10 000~30 000 小时　　　　　D.30 000~100 000 小时

119.取消刀具半径补偿的指令是( )。

A.G39　　　　　B.G40　　　　　C.G41　　　　　D.G42

120.不需要采用轮廓控制的数控机床是( )。

A.数控车床　　　　　B.数控铣床　　　　　C.数控磨床　　　　　D.数控钻床

121.FANUC 系统中程序段 M98　P0260 表示( )。

A.停止调用子程序　　　　　B.调用 1 次子程序 O0260

C.调用 2 次子程序 O0260　　　　　D.返回主程序

122.轴上的花键槽一般都放在外圆的半精车( )进行。

A.以前　　　　　B.以后　　　　　C.同时　　　　　D.前或后

123.六个基本视图中,最常应用的是( )三个视图。

A.主、右、仰　　　　　B.主、俯、左　　　　　C.主、左、后　　　　　D.主、俯、后

124.数控车(FANUC)系统( )为深孔加工循环。

A.G71　　　　　B.G72　　　　　C.G73　　　　　D.G74

125.面板中输入程序段结束符的键是( )。

A.CAN　　　　　B.POS　　　　　C.EOB　　　　　D.SHIFT

126.相邻两牙在( )线上对应两点之间的轴线距离,称为螺距。

A.大径　　　　　B.中径　　　　　C.小径　　　　　D.中心

127.终点判别是判断刀具是否到达( ),未到则继续进行插补。

A.起点　　　　　B.中点　　　　　C.终点　　　　　D.目的

128.镗孔的关键技术是解决镗刀的( )和排屑问题。

A.柔性　　　　　B.红硬性　　　　　C.工艺性　　　　　D.刚性

129.车细长轴时可用中心架和跟刀架来增加工件的( )。

A.硬度　　　　　B.韧性　　　　　C.长度　　　　　D.刚性

130.三相异步电动机的过载系数一般为(　　　)。

    A.1.1~1.25　　　　B.0.8~1.3　　　　　C.1.8~2.5　　　　　D.0.5~2.5

131.使用深度千分尺测量时,不需要(　　　)。

    A.清洁底板测量面,工件的被测量面

    B.测量杆中心轴线与被没工件测量面保持直

    C.去除测量部位毛刺

    D.抛光测量面

132.FAUNC 数控车床系统中,G90 是(　　　)指令。

    A.增量编程　　　　　　　　　　B.圆柱或圆锥车削循环

    C.螺纹车削循环　　　　　　　　D.端面车削循环

133.在使用(　　　)指令的程序段中要用指令 G50 设置。

    A.G97　　　　　　B.G96　　　　　　C.G95　　　　　　　D.G98

134.G96 是启动(　　　)控制的指令。

    A.变速度　　　　　B.匀速度　　　　　C.恒线速度　　　　　D.角速度

135.基本偏差为(　　　)与不同基本偏差的轴的公差带形成各种配合的一种制度称为基孔制。

    A.不同孔的公差带　　　　　　　B.一定孔的公差带

    C.较大孔的公差带　　　　　　　D.较小孔的公差带

136.切削速度在(　　　)区间时容易形成积屑瘤。

    A.极低速　　　　　B.低速　　　　　　C.中速　　　　　　　D.高速

137.用于批量生产的胀力心轴可用(　　　)材料制成。

    A.45#钢　　　　　B.60#钢　　　　　C.65MN　　　　　　D.铸铁

138.在 FANUC 车削系统中,G92 是(　　　)指令。

    A.设定工件坐标系B.外圆循环　　　C.螺纹循环　　　　　D.相对坐标

139.在线加工(DNC)的意义为(　　　)。

    A.零件边加工边装夹

    B.加工过程与面板显示程序同步

    C.加工过程为外接计算机在线输进程序到机床

    D.加工过程与互联网同步

140.以下有关非模态指令(　　　)是正确的。

    A.一经指定一直有效　　　　　　B.在同组 G 代码出现之前一直有效

    C.只在本程序段有效　　　　　　D.视具体情况而定

141.使用 G92 螺纹车削循环时,指令中 F 后面的数字为(　　　)。

    A.螺距　　　　　　B.导程　　　　　　C.进给速度　　　　　D.吃刀深度

142.快速定位 G00 指令在定位过程中,刀具所经过的路径是(　　　)。

    A.直线　　　　　　B.曲线　　　　　　C.圆弧　　　　　　　D.连续多线段

143.在扩孔时,应把外头外缘处的前角修磨得(　　　)。

A.小些　　　　　　B.不变　　　　　　C.大些　　　　　　D.以上均不对

144.牌号以字母 T 开头的碳钢是（　　　）。

　　A.普通碳素结构钢　　　　　　　　B.优质碳素结构钢

　　C.碳素结构钢　　　　　　　　　　D.铸造碳钢

145.基本偏差代号为 J、K、M 的孔与基本偏差代号为 h 的轴可以构成（　　　）。

　　A.间隙配合　　　　　　　　　　　B.间隙或过渡配合

　　C.过渡配合　　　　　　　　　　　D.过盈配合

146.细长轴零件上的（　　　）在零件图中的画法是用移出剖视表示。

　　A.外圆　　　　　B.螺纹　　　　　C.锥度　　　　　D.键槽

147.参考点也是机床上的一个固定点,设置在机床移动部件的（　　　）极限位置。

　　A.负向　　　　　B.正向　　　　　C.进给　　　　　D.零

148.普通车床加工中,丝杠的作用是（　　　）。

　　A.加工内孔　　　B.加工各种螺纹　C.加工外圆、端面　D.加工锥面

149.为确保和测量车刀几何角度,需要假想三个辅助平面,即（　　　）作为基准。

　　A.已加工表面、待加工表面、切削表面　　B.前刀面、主后刀面、副后刀面

　　C.切削平面、基面、正交平面　　　　　　D.切削平面、假定工作平面、基面

150.中央精神文明建设指导委员会决定,将（　　　）定为"公民道德宣传日"。

　　A.9 月 10 日　　B.9 月 20 日　　C.10 月 10 日　　D.10 月 20 日

151.螺纹加工时采用（　　　）,因两侧刀刃同时切削,故切削力较大。

　　A.直进法　　　　　　　　　　　　B.斜进法

　　C.左右借刀法　　　　　　　　　　D.直进法、斜进法、左右借刀法

152.视图包括基本视图、向视图、（　　　）等。

　　A.剖视图、斜视图　　　　　　　　B.剖视图、局部视图

　　C.剖面图、斜视图　　　　　　　　D.局部视图、斜视图

153.钢淬火的目的就是使它的组织全部或大部分转变为（　　　）,获得高硬度,然后在适当温度下回火,以使工件有预期的性能。

　　A.贝氏体　　　　B.马氏体　　　　C.渗碳体　　　　D.奥氏体

154.三个分别为 22h6、22h7、22h8 的公差带,下列说法正确的是（　　　）。

　　A.上偏差相同且下偏差不相同　　　B.上偏差不相同且下偏差相同

　　C.上下偏差相同　　　　　　　　　D.上下偏差不相同

155.机夹可转位车刀,刀片转位更换迅速、夹紧可靠、排屑方便、定位精确,综合考虑,采用（　　　）形式的夹紧机构较为合理。

　　A.螺钉上压式　　B.杠杆式　　　　C.偏心销式　　　D.模销式

156.数控车床液压卡盘夹紧力的大小靠（　　　）调整。

　　A.变量泵　　　　B.溢流阀　　　　C.换向阀　　　　D.减压阀

157.微型计算机中,（　　　）的存取速度最快。

　　A.高速缓存　　　B.外存储器　　　C.寄存器　　　　D.内存储器

158.夹紧力的方向应尽量( )于主切削力。

  A.垂直　　　　　B.平行同向　　　　　C.倾斜指向　　　　　D.平行反向

159.G98/G99 指令为( )指令。

  A.模态　　　　　B.非模态　　　　　C.主轴　　　　　D.指定编程方式的

160.用两顶尖装夹工件时,可限制( )。

  A.三个移动三个转动　　　　　　　　　B.三个移动两个转动

  C.两个移动三个转动　　　　　　　　　D.两个移动两个转动

二、判断题(每题 0.5 分)

161.通过切削刃选定点并同时垂直于基面和切削平面的平面是切削平面。　　　　( )

162.编程粗、精螺纹时,主轴转速可以改变。　　　　( )

163.数控铣床每天需要检查保养的内容是电器柜过滤网。　　　　( )

164.基本偏差为一定的孔的公差带与不同基本偏差的轴的公差带形成各种配合的一种制度,称为基孔制。　　　　( )

165.车削轮廓零件时,如不用半径刀补,锥度或圆弧轮廓的尺寸会产生误差。　　　　( )

166.铰孔可以纠正孔的位置精度偏差。　　　　( )

167.尺寸公差是指尺寸允许的变动量。　　　　( )

168.在固定循环 G90,G94 切削过程中,M,S,T 功能可改变。　　　　( )

169.手动程序输入时,模式选择按键应置于自动(AUTO)位置上。　　　　( )

170.非模态码只在指令它的程序段中有效。　　　　( )

171.75°车刀比 90°偏刀散热性能差。　　　　( )

172.万能角度尺的分度值是 2 分或 5 分。　　　　( )

173.退火适用于低碳钢。　　　　( )

174.G21 代码是米制输入功能。　　　　( )

175.display 应译为显示。　　　　( )

176.錾削时的切削角度,应使后角为 15°～30°,以防錾子扎入或滑出工件。　　　　( )

177.调质是正火加低温回火的热处理工艺总称,以获得适宜的强度与韧性的良好配合。

                             ( )

178.机夹可转位车刀不用刃磨,有利于涂层刀片的推广使用。　　　　( )

179.在三爪卡盘上装夹大直径工件时,应尽量使用正爪卡盘。　　　　( )

180.利用刀具磨耗补偿功能能提高劳动效率。　　　　( )

181.G02/G03 的判别方向的方法是,沿着不在圆弧平面内的坐标轴从正方向向负方向看去,刀具顺时针方向运动为 G02,逆时针方向运动为 G03。　　　　( )

182.FANUC 系统 G75 指令不能用于内沟槽加工。　　　　( )

183.采用逐点插补法,在插补过程中,每走一步都要完成偏差判别、进给计算、新偏差计算、终点判别四个节拍。　　　　( )

184.定位基准可分为粗基准、半精基准和精基准三种。　　　　( )

185.职业道德修养要从培养自己良好的行为习惯着手。 （　）

186.屏幕报警提示"NO READY"表示当前没有读到可运行的程序。 （　）

187.加工方法的选择原则是要保证加工表面的加工精度和表面质量的要求。 （　）

188.企业要优质高效,应尽量避免采用开拓创新的方法,因为开拓创新风险过大。

（　）

189.回火是金属热处理工艺的一种,是将经过淬火的工件重新加热到低于下临界温度的适当温度,保温一段时间后在空气或水或油类介质中冷却。 （　）

190.采用斜视图表达倾斜构件可以反映构件的实形。 （　）

191.在 FANUC 车削系统中,G92 指令可以进行圆柱螺纹车削循环,但不能加工锥螺纹。

（　）

192.手摇脉冲发生器失灵肯定是机床处于锁住状态。 （　）

193.当数控机床推动对机床参考点的记忆时,必须进行返回参考点的操作来建立工件坐标系。 （　）

194.要求配合精度高的零件,其表面粗糙度值应大。 （　）

195.FANUC 系统中,程序段 M98　P51002 的含义是将子程序号为 5100 的子程序连续调用 2 次。 （　）

196.外形粗车复合循环方式适合于加工铸造或锻造成型的工件。 （　）

197.画零件图时可用标准规定的统一画法来代替真实的投影图。 （　）

198.二维 CAD 软件的主要功能是平面零件设计和计算机绘图。 （　）

199.由于数控机床加工零件的过程是自动的,所以选择毛坯余量时,要考虑足够的余量和余量均匀。 （　）

200.功能字 M 代码主要用来控制机床主轴的开、停,冷却的开关和工件的夹紧与松开等辅助动作。 （　）

数控车床中级工理论试题第四套

试卷描述:理论考试　试卷限时:120分钟

一、单选题(每题 0.5 分)

1.职业道德的内容不包括(　　)。
　A.职业道德意识　　　　　　　　B.职业道德行为规范
　C.从业者享有的权利　　　　　　D.职业守则

2.企业文化的整合功能指的是它在(　　)方面的作用。
　A.批评与处罚　　B.凝聚人心　　C.增强竞争意识　　D.自律

3.下列不属于优质碳素结构钢的牌号为(　　)。
　A.45　　　　B.40Mn　　　　C.08F　　　　D.T7

4.在相同切削速度下,钻头直径越小,转速应(　　)。
　A.越高　　B.不变　　C.越低　　D.相等

5.钨箍类硬质合金的刚性,可磨削性和导热性较好,一般用于切削(　　)和有色金属及其合金。
　A.碳钢　　B.工具钢　　C.合金钢　　D.铸铁

6.对未经淬火,直径较小孔的精加工应采用(　　)。
　A.铰削　　B.镗削　　C.磨削　　D.钻削

7.G00 是指令刀具以(　　)移动方式,从当前位置运动并定位于目标位置的指令。
　A.点动　　B.走刀　　C.快速　　D.标准

8.批量加工的内孔,尺寸检验时优先选用的量具是(　　)。
　A.内径千分尺　　B.内径量表　　C.游标卡尺　　D.塞规

9.碳素工具钢的牌号由"T+数字"组成,其中 T 表示(　　)。
　A.碳　　B.钛　　C.锰　　D.硫

10.一般切削(　　)材料时,容易形成节状切削。
　A.塑性　　B.中等硬度　　C.脆性　　D.高硬度

11.工件坐标的零点一般设在(　　)。
　A.机床零点　　B.换刀点　　C.工件的端面　　D.卡盘根

12.外形复合循环指令 G71U($\triangle$D.)R(e)段中$\triangle$D.表示(　　)。
　A.X 轴精加工余量　　　　　　B.Z 轴精加工余量
　C.吃刀深度　　　　　　　　　　D.退刀量

13.按经验公式 $n<1800/P-K$ 计算,车削螺距为 3 mm 的双线螺纹,转速<(　　)r/min。
　A.2 000　　B.1 000　　C.520　　D.220

14.使程序在运行过程中暂停的指令是(　　)。
　A.M00　　B.G18　　C.G19　　D.G20

15.数控车床的(　　)通常设在主轴端面与轴线的相交线。
　A.机床参考点　　B.机床坐标原点　　C.工件坐标系　　D.换刀点

16.当第二次按下程序段跳过按钮时,指示灯灭,表示取消"程序段跳过"功能,此时程序中的"/"标记( ),程序中所有程序段将依次执行。

    A.弹出　　　　　　B.有效　　　　　　　C.无效　　　　　　　D.取消

17.G28 代码是( )返回功能,它是 00 组非模态 G 代码。

    A.机床零点　　　　B.机械点　　　　　　C.参考点　　　　　　D.编程零点

18.用样板安装螺纹车刀,应以( )进行校对安装。

    A.毛坯表面　　　　B.过渡表面　　　　　C.精车圆柱表面　　　D.任何表面

19.数控机床的基本结构不包括( )。

    A.数控装置　　　　B.程序介质　　　　　C.伺服控制单元　　　D.机床本体

20.游标卡尺上端的两个外量爪是用来测量( )的。

    A.内孔或槽宽　　　B.长度或台阶　　　　C.外径或长度　　　　D.深度或宽度

21.数控车床中,主轴转速功能字 S 的单位是( )。

    A.mm/r　　　　　B.r/mm　　　　　　C.mm/min　　　　　D.r/min

22.当数控机床的手动脉冲发生器的选择开关位置在 X1 时,通常情况下手轮的进给单位是( )。

    A.0.001 mm/格　　B.0.01 mm/格　　　C.0.1 mm/格　　　　D.1 mm/格

23.图纸上机械零件的真实大小以( )为依据。

    A.比例　　　　　　B.公差范围　　　　　C.技术要求　　　　　D.尺寸数值

24.刃磨端面槽刀时,远离工件中心的副后刀面的 R 半径应( )被加工槽外侧轮廓半径。

    A.大于　　　　　　B.等于　　　　　　　C.小于　　　　　　　D.小于或等于

25.操作系统是一种( )。

    A.系统软件　　　　B.系统硬件　　　　　C.应用软件　　　　　D.支援软件

26.可选用( )来测量孔的深度是否合格。

    A.游标卡尺　　　　B.深度千分尺　　　　C.杠杆千分尺　　　　D.内径塞规

27.中碳结构钢制作的零件通常在 ( )进行高温回火,以获得适宜的强度与韧性的良好配合。

    A.200~300 ℃　　B.300~400 ℃　　　C.500~600 ℃　　　D.150~250 ℃

28.在切削时,背吃刀量 A.p( )刀头宽度。

    A.大于　　　　　　B.等于　　　　　　　C.小于　　　　　　　D.小于或等于

29.在下列内容中,不属于工艺基准的是( )。

    A.定位基准　　　　B.测量基准　　　　　C.装配基准　　　　　D.设计基准

30.加工螺距为 3 mm 圆柱螺纹,牙深为( ),其切削次数为七次。

    A.1.949　　　　　B.1.668　　　　　　C.3.3　　　　　　　D.2.6

31.粗加工锻造成型毛坯零件时,( )循环指令最合适。

    A.G70　　　　　　B.G71　　　　　　　C.G72　　　　　　　D.G73

32.零件轮廓各几何元素的联接点称为( )。

    A.基点　　　　　　B.节点　　　　　　　C.交点　　　　　　　D.坐标点

33.硬质合金的特点是耐热性( ),切削效率高,但刀片强度、韧性不及工具钢,焊接刃磨工艺较差。

    A.好   B.差   C.一般   D.不确定

34.主程序结束,程序返回至开始状态,其指令为(　　)。

    A.M00   B.M02   C.M05   D.M30

35.普通三角螺纹的牙型角为(　　)。

    A.30°   B.40°   C.55°   D.60°

36.为了防止换刀时刀具与工件发生干涉,所以换刀点的位置应设在(　　)。

    A.机床原点   B.工件外部   C.工件原点   D.对刀点

37.主、副切削刃相交的一点是(　　)。

    A.顶点   B.刀头中心   C.刀尖   D.工作点

38.车削薄壁套筒时,要特别注意(　　)引起工件变形。

    A.夹紧力   B.轴向力   C.分力   D.摩擦力

39.冷却作用最好的切削液是(　　)。

    A.水溶液   B.乳化液   C.切削油   D.防锈剂

40.将图样中所表示物体部分结构用大于原图所采用的比例画出的图形称为(　　)。

    A.局部剖视图   B.局部视   C.局部放大图   D.移出剖视图

41.识读装配图的步骤是先(　　)。

    A.识读标题栏   B.看视图配置   C.看标注尺寸   D.看技术要求

42.机械零件的真实大小是以图样上的(　　)为依据。

    A.比例   B.公差范围   C.标注尺寸   D.图样尺寸大小

43.不属于球墨铸铁的牌号为(　　)。

    A.QT400-18   B.QT450-10   C.QT700-2   D.HT250

44.FANUC 系统中,M98 是(　　)指令。

    A.主轴低速范围 B.调用子程序   C.主轴高速范围 D.子程序结束

45.车削细长轴类零件,为减少 FY,主偏角 Kr 选用(　　)为宜。

    A.30°外圆车刀 B.45°弯头刀   C.75°外圆车刀   D.90°外圆车刀

46.框式水平仪主要应用于检验各种机床及其他类型设备导轨的直线度和设备安装的水平位置、垂直位置。在数控机床水平时通常需要(　　)块水平仪。

    A.2   B.3   C.4   D.5

47.MD.I 面板中的 C.A.N 键的作用是删除(　　)中的字符或符号。

    A.系统内存   B.参数设置栏   C.输入缓冲区   D.MD.I 方式窗口

48.FANUC 车床螺纹加工单一循环程序段 N0025G92　X　50　Z-35　R2.5F2;表示圆锥螺纹加工循环,螺纹大小端半径差为(　　)mm。

    A.5   B.1.25   C.2.5   D.2

49.国家的标准代号为(　　)。

    A.JB   B.QB   C.TB   D.GB

50.提高职业道德修养的方法有学习职业道德意识,提高文化素质,提高精神境界和(　　)等。

    A.加强舆论监督 B.增强强制性   C.增强自律性   D.完善企业制度

51.用 G50 设置工件坐标系的方法(　　)。

　　A.G50　X200　Z200　　　　　　　　B.G50　G00　X200　Z200

　　C.G50　G01　X200　Z200　　　　　　D.G50　U200　W200

52.机床数控系统是一种(　　)。

　　A.速度控制系统　　B.电流控制系统　　　C.位置控制系统　　　D.压力控制系统

53.编排数控加工工序时,采用一次装夹工位上多工序集中加工原则的主要目的是(　　)。

　　A.减少换刀时间　　　　　　　　　B.减少重复定位误差

　　C.减少切削时间　　　　　　　　　D.简化加工程序

54.不属于岗位质量要求的内容是(　　)。

　　A.操作规程　　　　B.工艺规程　　　　C.工序的质量指标　　D.日常行为准则

55.轴类零件是旋转体零件,其长度和直径比大于(　　)的称为细长轴。

　　A.15　　　　　　　B.20　　　　　　　C.25　　　　　　　D.30

56.工艺基准包括(　　)。

　　A.设计基准、粗基准、精基准　　　　B.设计基准、定位基准、精基准

　　C.定位基准、测量基准、装配基准　　D.测量基准、粗基准、精基准

57.选择定位基准时,应尽量与工件的(　　)一致。

　　A.工艺基准　　　B.度量基准　　　　C.起始基准　　　　D.设计基准

58.切刀宽为 2 mm,左刀尖为刀位点,要保持零件长度为 50 mm,则编程时 Z 方向应定位在(　　)处割断工件。

　　A.50 mm　　　　　B.52 mm　　　　　C.48 mm　　　　　D.51 mm

59.影响刀具扩散磨损的最主要原因是切削(　　)。

　　A.材料　　　　　　B.速度　　　　　　C.温度　　　　　　D.角度

60.在螺纹加工时应考虑升速段和降速段造成的(　　)的误差。

　　A.长度　　　　　　B.直径　　　　　　C.牙型角　　　　　D.螺距

61.车削直径为 100 mm 的工件外圆,若主轴转速设定为 1 000 r/min,则切削速度 V_c 为(　　)m/min。

　　A.100　　　　　　B.157　　　　　　C.200　　　　　　D.314

62.使刀具轨迹在工件左侧沿编程轨迹的 G 代码为(　　)。

　　A.G40　　　　　　B.G41　　　　　　C.G42　　　　　　D.G43

63.T0102 表示(　　)。

　　A.1 号刀 1 号刀补　　　　　　　B.1 号刀 2 号刀补

　　C.2 号刀 1 号刀补　　　　　　　D.2 号刀 2 号刀补

64.下列孔与基准轴配合,组成间隙配合的孔是(　　)。

　　A.孔的上、下偏差均为正值　　　　B.孔的上偏差为正值,下偏差为负值

　　C.孔的上偏差为零,下偏差为负值　　D.孔的上、下偏差均为负值

65.胡锦涛总书记提出的社会主义荣辱观的内容是(　　)。

　　A."八荣八耻"　　　　　　　　B."立党为公,执政为民"

　　C."五讲四美三热爱"　　　　　D."廉洁、文明、和谐"

66.V 形架用于工件外圆定位,其中短 V 形架限制(　　)个自由度。

　　A.6　　　　　　　　B.2　　　　　　　　C.3　　　　　　　　D.8

67.可转位车刀刀片尺寸大小的选择取决于(　　)。

　　A.背吃刀量 A.p 和主偏　　　　　　　B.进给量和前角

　　C.切削速度和主偏角　　　　　　　　D.背吃刀量和前角

68.加工精度要求一般的零件可采用(　　)型中心孔。

　　A.A　　　　　　　　B.B　　　　　　　　C.C　　　　　　　　D.D

69.快速定位 G00 指令在定位过程中,刀具所经过的路径是(　　)。

　　A.直线　　　　　　　B.曲线　　　　　　　C.圆弧　　　　　　　D.连续多线段

70.面板中输入程序段结束符的键是(　　)。

　　A.C.A.N　　　　　　B.POS　　　　　　　C.EOB.　　　　　　D.SHIFT

71.符号"IT"表示(　　)的公差。

　　A.尺寸精度　　　　　B.形状精度　　　　　C.位置精度　　　　　D.表面粗糙度

72.用于润滑的(　　)除具有抗热、抗湿及优良的润滑性能外,还能对金属表面起良好的保护作用。

　　A.钠基润滑脂　　　　　　　　　　　　B.锂基润滑脂

　　C.铝基及复合铝基润滑脂　　　　　　　D.钙基润滑脂

73.刃磨高速刚车刀应用(　　)砂轮。

　　A.刚玉系　　　　　　B.碳化硅系　　　　　C.人造金刚石　　　　D.立方氮化硼

74.最少实体尺寸是(　　)。

　　A.测量得到的　　　　B.设计时给定的　　　C.加工形成的　　　　D.计算所出的

75.在 G71P(ns)Q(nf)U(△u)W(△w)S500 程序格式中,(　　)表示 Z 轴方向上的精加工余量。

　　A.△u　　　　　　　　B.△w　　　　　　　　C.ns　　　　　　　　D.nf

76.工件的同一自由度被一个以上定位元件重复限制的定位状态属于(　　)。

　　A.过定位　　　　　　B.欠定位　　　　　　C.完全定位　　　　　D.不完全定位

77.碳的质量分数小于(　　)的铁碳合金称为碳素钢。

　　A.1.4%　　　　　　　B.2.11%　　　　　　C.0.6%　　　　　　　D.0.25%

78.若未考虑车刀刀尖补偿值,会影响车削工件的(　　)精度。

　　A.外径　　　　　　　B.内径　　　　　　　C.长度　　　　　　　D.锥度及圆弧

79.圆弧插补的过程中数控系统把轨迹拆分成若干微小(　　)。

　　A.直线段　　　　　　B.圆弧段　　　　　　C.斜线段　　　　　　D.非圆曲线段

80.六个基本视图中,最常应用的是(　　)三个视图。

　　A.主、右、仰　　　　B.主、俯、左　　　　C.主、左、后　　　　D.主、俯、后

81.C.A.6140 型普通车床最大加工直径是(　　)。

　　A.200 mm　　　　　B.140 mm　　　　　C.400 mm　　　　　D.614 mm

82.欲加工第一象限的斜线(起始点在坐标原点),用逐点比较法直线插补,若偏差函数大于零,说明加工点在(　　)。

　　A.坐标原点　　　　　B.斜线上方　　　　　C.斜线下方　　　　　D.斜线上

83.工作坐标系的原点称(　　　)。

  A.机床原点　　　　　B.工作原点　　　　　C.坐标原点　　　　　D.初始原点

84.在 C.RT/MD.I 面板的功能键中刀具参数显示,设定的键是(　　　)。

  A.OFSET　　　　　B.PA.RA.M　　　　　C.PRGA.M　　　　　D.D GNOS

85.按数控机床故障频率的高低,通常将机床的使用寿命分为(　　　)阶段。

  A.2　　　　　B.3　　　　　C.4　　　　　D.5

86.职业道德是(　　　)。

  A.社会主义道德体系的重要组成部分　　B.保障从业者利益的前提

  C.劳动合同订立的基础　　　　　　　　D.劳动者的日常行为规则

87.千分尺测微螺杆上的螺纹的螺距为(　　　)。

  A.0.1　　　　　B.0.01　　　　　C.0.5　　　　　D.1

88.程序段 G73P0035Q0060U4.0W2.0S500 中,W2.0 的含义是(　　　)。

  A.Z 轴方向的精加工余量　　　　　　B.X 轴方向的精加工余量

  C.X 轴方向的背吃刀量　　　　　　　D.Z 轴方向的退刀量

89.程序段 G90　X52　Z-100　F0.2 中 X52 的含义是(　　　)。

  A.车削 100 mm 长的圆锥　　　　　　B.车削 100 mm 长的圆柱

  C.车削直径为 52 mm 的圆柱　　　　　D.车削大端直径为 52 mm 的圆锥

90.完成 A.UTOC.A.D.的剖面线填充,下列选项中(　　　)不是必要的条件。

  A.封闭的区域　　　　　　　　　　　B.被填充区域必须在屏幕范围内

  C.剖面线会自动避开已标注的尺寸　　D.对组成封闭区域的线条没有线形要求

91.FANUC 数控车床系统中 G92 X Z R F 是(　　　)指令。

  A.圆柱车削循环　　　　　　　　　　B.圆锥车削循环

  C.圆柱螺纹车削循环　　　　　　　　D.圆锥螺纹车削循环

92.逐点比较法插补的四个节拍依次是(　　　)终点判别。

  A.偏差判别、偏差计算、坐标进给　　　B.偏差判别、坐标进给、偏差计算

  C.偏差计算、偏差判别、坐标进给　　　D.坐标进给、偏差计算、偏差判别

93.车削 M30*2 的双线螺纹时,F 功能字应代入(　　　)mm 编程加工。

  A.2　　　　　B.4　　　　　C.6　　　　　D.8

94.机械加工表面质量中表面层的几何形状特征不包括(　　　)。

  A.表面加工纹理　　B.表面波度　　　　C.表面粗糙度　　　　D.表面层的残余应力

95.下列指令中(　　　)可用于内外锥度的加工。

  A.G02　　　　　B.G03　　　　　C.G92　　　　　D.G90 和 G94

96.在 G41 或 G42 指令的程序段中不能用(　　　)指令。

  A.G00　　　　　B.G02 和 G03　　　　　C.G01　　　　　D.G90 和 G92

97.切断工件时,工件端面凸起或者凹下,原因可能是(　　　)。

  A.丝杠间隙过大　　　　　　　　　　B.切削进给速度过快

  C.刀具已经磨损　　　　　　　　　　D.两副偏角过大且不对称

98.加工软爪时,用于装夹工件处的直径须(　　　)工件被夹部位尺寸。

  A.大于　　　　　B.等于　　　　　C.小于　　　　　D.以上均可

99.夹紧力的方向应尽量( )于主切削力。

    A.垂直   B.平行同向   C.倾斜指向   D.平行反向

100.数控机床由输入装置、( )、伺服系统和机床本体四部分组成。

    A.输出装置   B.数控装置   C.反馈装置   D.润滑装置

101.在每一工序中确定加工表面的尺寸和位置所依据的基准,称为( )。

    A.设计基准   B.工序基准   C.定位基准   D.测量基准

102.国家标准中规定的形状公差有( )个项目。

    A.14   B.9   C.28   D.5

103.数控机床开机应空运转约( )使机床达到热平衡状态。

    A.15 分钟   B.30 分钟   C.45 分钟   D.60 分钟

104.不需要采用轮廓控制的数控机床是( )。

    A.数控车床   B.数控铣床   C.数控磨床   D.数控钻床

105.数控机床的回零操作是指回到( )。

    A.对刀点   B.换刀点   C.机床的参考点   D.编程原点

106.金属在断裂前吸收变形能量的能力是钢的( )。

    A.强度和塑性   B.韧性   C.硬度   D.疲劳强度

107.用于批量生产的胀力心轴可用( )材料制成。

    A.45#钢   B.60#钢   C.65Mn   D.铸铁

108.粗加工时,应取( )的后角,精加工时,就取( )的后角。

    A.较小,较小   B.较大,较小   C.较小,较大   D.较大,较小

109.切削刃选定点相对于工件的主运动瞬时速度为( )。

    A.切削速度   B.进给量   C.工件速度   D.切削深度

110.零件几何要素按存在的状态分为实际要素和( )。

    A.轮廓要素   B.被测要素   C.理想要素   D.基准要素

111.选择粗基准时,重点考虑如何保证各加工表面( )。

    A.对刀方便   B.切削性能好   C.进/退刀方便   D.有足够的余量

112.首先应根据零件的( )精度,合理选择装夹方法。

    A.尺寸   B.形状   C.位置   D.表面

113.相邻两牙在中径线上对应两点之间的( ),称为螺距。

    A.斜线距离   B.角度   C.长度   D.轴向距离

114.普通三角螺纹牙深与( )相关。

    A.螺纹外径   B.螺距

    C.螺纹外径和螺距   D.与螺纹外径和螺距都无关

115.刀具半补偿功能为模态指令,数控系统初始状态时指令为( )。

    A.G41   B.G42   C.G40   D.由操作者指定

116.数控机床开机工作前首先必须( )以建立机床坐标系。

    A.拖表   B.回机床参考点   C.装刀   D.输入加工程序

117.敬业就是以一种严肃的态度对待工作,下列不符合的是( )。

    A.工作勤奋努力   B.工作精益求精

C.工作以自我为中心　　　　　　　　D.工作尽心尽力

118.遵守法律法规不要求(　　　)。

　　A.延长劳动时间　　　　　　　　B.遵守操作程序

　　C.遵守安全操作规程　　　　　　D.遵守劳动纪律

119.工件材料的强度和硬度较高时,为了保证刀具有足够的强度,应取(　　　)的后角。

　　A.较小　　　　　B.较大　　　　　C.0°　　　　　D.30°

120.不爱护工、卡、刀、量具的做法是(　　　)。

　　A.正确使用工、卡、刀、量具　　　　　B.工、卡、刀、量具要放在规定地点

　　C.随意拆装工、卡、刀、量具　　　　　D.按规定维护工、卡、刀、量具

121.在数控车刀中,从经济性、多样性、工艺性、适应性综合效果来看,目前采用最广泛的刀具材料是(　　　)类。

　　A.硬质合金　　　　B.陶瓷　　　　　C.金刚石　　　　　D.高速钢

122.用 $\phi1.73$ 三针测量 M30×3 的中径,三针读数值为(　　　)mm。

　　A.30　　　　　B.30.644　　　　　C.30.821　　　　　D.31

123.如切断外径为 Φ36 mm,内径为 Φ16 mm 的空心工件,刀头宽度应刃磨至(　　　)mm 宽。

　　A.1～2　　　　　B.2～3　　　　　C.3～3.6　　　　　D.4～4.6

124.在车削高精度的零件时,粗车后,在工件上的切削热达到(　　　)后再进行精车。

　　A.热平衡　　　　B.热变形　　　　　C.热膨胀　　　　　D.热伸长

125.在中低速切槽时,为保证槽底尺寸精度,可用(　　　)指令停顿修整。

　　A.G00　　　　　B.G02　　　　　C.G03　　　　　D.G04

126.不属于岗位质量措施与责任的是(　　　)。

　　A.明确上下工序之间对质量问题的处理权限

　　B.明白企业的质量方针

　　C.岗位工作要按工艺规程的规定进行

　　D.明确岗位工作的质量标准

127.灰铸铁(　　　)。

　　A.既硬又脆,很难进行切削加工　　　　B.又称马口铁

　　C.具有耐磨、减振等良好性能　　　　　D.是一种过渡组织,没有应用的价值

128.下列选项中属于职业道德范畴的是(　　　)。

　　A.企业经营业绩　　B.企业发展战略　　C.员工的技术水平　　D.人们的内心信念

129.在偏置值设置 G55 栏中的数值是(　　　)。

　　A.工件坐标系的原点相对机床坐标系原点偏移值

　　B.刀具的长度偏差值

　　C.工件坐标系的原点

　　D.工件坐标系相对刀点的偏移值

130.数控机床定位精度超差是(　　　)导致。

　　A.软件故障　　　　　　　　　　　B.弱电故障

　　C.随机故障　　　　　　　　　　　D.机床品质下降引起的故障

131.万能角度尺按其游标读数值可分为2′和(　　　)两种。

 A.4′   B.8′   C.6′   D.5′

132.镗孔的关键技术是解决镗刀的(　　　)和排屑问题。

 A.柔性   B.红硬性   C.工艺性   D.刚性

133.(　　　)是一种以内孔为基准装夹达到相对位置精度的装夹方法。

 A.一夹一顶 B.两顶尖   C.平口钳   D.心轴

134.相邻两牙在(　　　)线上对应两点之间的轴线距离,称为螺距。

 A.大径   B.中径   C.小径   D.中心

135.G20 代码是(　　　)制输入功能,它是 FANUC 数控车床系统的选择功能。

 A.英   B.公   C.米   D.国际

136.游标卡尺读数时,下列操作不正确的是(　　　)。

 A.平拿卡尺

 B.视线垂直于的读刻线

 C.朝着有光亮方向

 D.没有刻线完全对齐时,应选相邻刻线中较小的来读数

137.百分表转数指示盘上小指针转动 1 格,则量杆移动(　　　)。

 A.1 mm   B.0.5 cm   C.10 cm   D.5 cm

138.下列因素中导致自激振动的是(　　　)。

 A.转动着的工件不平衡   B.机床传动机构存在问题

 C.切削传动机构存在问题   D.切削层沿其厚度方向的硬化不均匀

 E.加工方法引起的振动

139.按化学成分铸铁可分为(　　　)。

 A.普通铸铁和合金铸铁   B.灰铸铁和球墨铸铁

 C.灰铸铁和可锻铸铁   D.白口铸铁和麻口铸铁

140.辅助指令 M03 的功能是主轴(　　　)指令。

 A.反转   B.启功   C.正转   D.停止

141.加工一些大直径的孔,(　　　)几乎是唯一的刀具。

 A.麻花钻   B.深孔钻   C.铰刀   D.镗刀

142.在绘制直线时,可以使用以下(　　　)快捷输入方式。

 A.C   B.L   C.PIN   D.E

143.以下说法错误的是(　　　)。

 A.公差带为圆柱时,公差值前加 Φ

 B.公差带为球形时,公差值前加 $S\Phi$

 C.国标规定,在技术图样上,形位公差的标注采用字母标注

 D.基准代号由基准符号、圆圈、连线和字母组成

144.关于尺寸公差,下列说法正确的是(　　　)。

 A.尺寸公差只能大于零,故公差值前应标"+"号

 B.尺寸公差是用绝对值定义的,没有正、负的含义,故公差值前不应标"+"号

 C.尺寸公差不能为负值,但可以为零

D.尺寸公差为允许尺寸变动范围的界限值

145.ϕ35 H9/f9 组成了（   ）配合。

    A.基孔制间隙   B.基轴制间隙   C.基孔制过渡   D.基孔制过盈

146.下列配合中,能确定孔轴配合种类为过渡配合的为（   ）。

    A.$ES \geq ei$ B.$ES \leq ei$ C.$ES \geq es$ D.$es > ES > ei$

147.机械制造中常用的优先配合的基准孔代号是（   ）。

    A.H7   B.H2   C.D2   D.D7

148.自动运行过程中需要暂停加工时需（   ）操作。

    A.按复位键   B.按进给保持键   C.按急停按钮   D.进给倍率调至零位

149.基本尺寸是（   ）的尺寸。

    A.设计时给定   B.测量出来   C.计算出来   D.实际

150.数控机床的日常维护与保养一般情况下应由（   ）来进行。

    A.车间领导   B.操作人员   C.后勤管理人员   D.勤杂人员

151.退火是将钢加热到一定温度并保温后,（   ）冷却的热处理工艺。

    A.随炉缓慢   B.出炉快速   C.出炉空气   D.在热水中

152.在给定一个方向时,平行度的公差带是（   ）。

    A.距离为公差值 t 的两平行直线之间的区域

    B.直径为公差值 t,且平行于基准轴线的圆柱面内的区域

    C.距离为公差值 t,且平行于基准平面(或直线)的两平行平面之间的区域

    D.正截面为公差值 $t_1 \times t_2$,且平行于基准轴线的四棱柱内的区域

153.麻花钻的导向部分有两条螺旋槽,作用是形成切削刃和（   ）。

    A.排除气体   B.排除切屑   C.排除热量   D.减轻自重

154.弹簧在（   ）下中温回火,可获得较高的弹性和必要的韧性。

    A.$50 \sim 100$ ℃   B.$150 \sim 200$ ℃   C.$250 \sim 300$ ℃   D.$350 \sim 500$ ℃

155.对于内径千分尺的使用方法描述不正确的是（   ）。

    A.测量孔径时,固定测头不动

    B.使用前应检查零位

    C.按长杆数量越少越好

    D.测量两平行平面的距离时,活动测头来回移动,测出的最大值即为准确结果

156.未注公差尺寸的应用范围是（   ）。

    A.长度尺寸

    B.工序尺寸

    C.用于组装后经过加工所形成的尺寸

    D.长度尺寸、工序尺寸,用于组装后经过加工所形成的尺寸都适用

157.G03 指令格式为 G03X(U)_Z(W)_（   ）_K_F_。

    A.B   B.V   C.I   D.M

158.当加工内孔直径为 38.5 mm,实测为 ϕ38.60 mm,则在该刀具磨耗补偿对应位置输入（   ）值进行修调至尺寸要求。

    A.-0.2 mm   B.0.2 mm   C.-0.3 mm   D.-0.1 mm

159.钻孔加工时造成孔径尺寸大于钻头直径的原因是(　　　)。

    A.主轴回转精度差　　　　　　　　B.钻头未加冷却液

    C.钻头刃磨误差　　　　　　　　　　D.切削用量不当

160.当刀具的副偏角(　　　)时,在车削凹轮廓面事应产生过切现象。

    A.大　　　　　　B.过大　　　　　　C.过小　　　　　　D.以上均不对

二、判断题(每题0.5分)

161.省略一切标注的剖视图,说明它的剖切平面不通过机件的对称平面。　　　(　　)

162.职业道德修养要从培养自己良好的行为习惯着手。　　　(　　)

163.工件在切削过程中会形成已加工表面和待加工表面。　　　(　　)

164.一把新刀(或重新刃磨过的刀具)从开始使用直到磨钝标准所经历的实际切削时间,称为刀具寿命。　　　(　　)

165.刀具的有效工作时间包括初期磨损阶段和正常磨损阶段两部分。　　　(　　)

166.氧化铝类砂轮硬度高、韧性好,适合磨削钢料。碳化硅类磨料硬度更高、更锋利,导热性好,但较脆,适合磨削铸铁和硬质合金。　　　(　　)

167.积屑瘤是引起振动的因素。　　　(　　)

168.职业道德的价值在于有利于协调职工之间及职工与领导之间的关系。　　　(　　)

169.一旦冷却液变质,应立即将机床内冷却液收集并稀释,之后才能倒入下水道。

　　　(　　)

170.生产管理是对企业日常生产活动的计划组织和控制。　　　(　　)

171.三视图的投影规律是:主视图与俯视图宽相等;主视图与左视图高平齐;俯视图与左视图长对正。　　　(　　)

172.工艺规程制定包括零件的工艺分析、毛坯的选择、工艺路线的拟定、工序设计和填写工艺文件等内容。　　　(　　)

174.毛坯的材料、种类及外形尺寸不是工艺规程的主要内容。　　　(　　)

175.要求限制、自由度没有限制的定位方式称为过定位。　　　(　　)

176.硬质合金刀具切削时,不应在切削中途开始使用切削液,以免刀片破裂。　(　　)

177.刃磨高速钢刀具时,应在白刚玉的白色砂轮上刃磨,且放入水中冷却,以防止切削刃退火。　　　(　　)

178.机夹可转位车刀不用刃磨,有利于涂层刀片的推广使用。　　　(　　)

179.YT 类硬质合金比 YG 类的耐磨性好,但脆性大,不耐冲击,常用于加工塑性好的钢材。

　　　(　　)

180.模态码就是续效代码,G00,G03,G17,G41 是模态码。　　　(　　)

181.相对编程的意义是刀具相对于程序零点的位移量编程。　　　(　　)

182.G21 代码是米制输入功能。　　　(　　)

183.G02 和 G03 的判别方向的方法是:沿着不在圆弧平面内的坐标轴从正方向向负方向看去,刀具顺时针方向运动为 G02,逆时针方向运动为 G03。　　　(　　)

184.G28 代码是参考点返回功能,它是 00 组非模态 G 代码。　　　(　　)

185.数控机床的程序保护开关处于 ON 位置时,不能对程序进行编辑。　　　(　　)

186.删除某一程序字时,先将光标移至需修改的程序字上,按"DELETE"。　　　(　　)

187. 数控车床编程原点可以设定在主轴端面中心或工件端面中心处。 （　）

188. 轴类零件是适宜于数控车床加工的主要零件。 （　）

189. 斜度是指大端与小端直径之比。 （　）

190. 精车时首先选用较小的背吃量,再选择较小的进给量,最后选择较高的转速。 （　）

191. ZG1/2″表示圆锥管螺纹。 （　）

192. 编程车削螺纹时,进给修调功能有效。 （　）

193. 使用反向切断法,卡盘和主轴部分必须装有保险装置。 （　）

194. 车沟槽时的进给速度要选择小些,防止产生过大的切削抗力,损坏刀具。 （　）

195. 铰削钢件时,如果发现孔径缩小,则应该改用锋利的铰刀或减小铰削用量。 （　）

196. 数控系统出现故障后,如果了解故障的全过程并确认通电对系统无危险时,就可通电进行观察、检查故障。 （　）

197. 操作工要做好车床清扫工作,保持清洁。认真执行交接班手续,做好交接班记录。 （　）

198. 电动机出现不正常现象时应及时切断电源,排除故障。 （　）

199. 若数控装置内落入了灰尘或金属粉末,则容易造成元器件间绝缘电阻下降,从而导致故障的出现和元件损坏。 （　）

200. 数控机床 G01 指令不能运行的原因之一是主轴未旋转。 （　）

数控车床中级工理论试题第五套

试卷描述:理论考试　试卷限时:120 分钟

一、单选题(每题 0.5 分)

1.形位公差的基准代号不管处于什么方向,圆圈内的字母应(　　)书写。
  A.水平　　　　　　B.垂直　　　　　　C.45°倾斜　　　　　　D.任意

2.一般检测配合精度较高的圆锥工件采用(　　)的方法。
  A.角度样板
  B.游标万能角尺度
  C.圆锥量规涂色
  D.角度样板、游标万能角度尺、圆锥量规涂色都可以

3.液压传动是利用(　　)作为工作介质来进行能量传送的一种方式。
  A.油水　　　　　　B.水　　　　　　C.液体　　　　　　D.空气

4.机床操作上的启动按钮应采用(　　)按钮。
  A.常开　　　　　　B.常闭　　　　　　C.自锁　　　　　　D.旋转

5.用百分表测量平面时,测量头应与平面(　　)。
  A.倾斜　　　　　　B.垂直　　　　　　C.水平　　　　　　D.平行

6.灰铸铁中的碳主要以(　　)存在。
  A.渗碳体　　　　　　　　　　　　B.片状石墨
  C.渗碳体或球状石墨　　　　　　　D.渗碳体或团絮状石墨

7.在零件毛坯加工不均的情况下进行加工,会引起(　　)大小的变化,因而产生误差。
  A.切削力　　　　　　B.开刀　　　　　　C.夹紧力　　　　　　D.重力

8.在基准制的选择中,应优先选用(　　)。
  A.基孔制　　　　　　B.基轴制　　　　　　C.混合制　　　　　　D.配合制

9.切削铸铁、黄钢等脆性材料时,往往形成不规则的颗粒切削,称为(　　)。
  A.粒状切削　　　　　B.节状切削　　　　　C.带状切削　　　　　D.崩碎切削

10.当预先按下"选择停止开关"时,则执行完编完(　　)代码的程序段的其他指令后,程序立即停止。
  A.M00　　　　　　B.M02　　　　　　C.M03　　　　　　D.M01

11.将零件中某局部结构向不平行于任何基体投影面投影面投影,所得视图称为(　　)。
  A.剖视图　　　　　　B.俯视图　　　　　　C.局部视图　　　　　　D.斜视图

12.下列不适合在数控机床上进行加工的是(　　)。
  A.普通机床难加工　　　　　　B.毛坯余量不稳定
  C.精度高　　　　　　　　　　D.形状复杂

13.用恒线速控制车削端面加工时为防止事故发生,必须限定(　　)。
  A.最大走刀量　　B.最高主轴转速　　C.最低主轴转速　　D.最小直径

14.决定长丝杠转速的是(　　)。

A.溜板箱　　　　　B.进给箱　　　　　C.主轴箱　　　　　D.挂轮箱

15.党的十六大报告指出,认真贯彻公民道德建设实施纲要,弘扬爱国主义精神,以为人民服务为核心,以集体主义为原则,以(　　　)为重点。

A.无私奉献　　　　B.遵纪守法　　　　C.爱岗敬业　　　　D.诚实守信

16.用来确定每道工序所加工表面的尺寸、精度、位置的基准是(　　　)。

A.定位基准　　　　B.工序基准　　　　C.装配基准　　　　D.测量基准

17.牌号"HT200"中的200表示(　　　)。

A.抗拉强度　　　　B.抗压强度　　　　C.抗弯强度　　　　D.抗冲击韧性

18.油量不足是可能造成(　　　)的因素之一。

A.油压过高　　　　B.油泵不喷油　　　C.油压过低　　　　D.压力表损坏

19.员工在着装方面,正确的做法是(　　　)。

A.服装颜色鲜艳　　　　　　　　　　B.服装款式端庄大方

C.皮鞋不光洁　　　　　　　　　　　D.香水味浓烈

20.数控机床上的G41、G42是对(　　　)的补偿。

A.刀具的几何长度　　　　　　　　　B.刀具的刀尖圆弧半径

C.刀具的半径　　　　　　　　　　　D.刀具的角度

21.为使用方便和减少积累误差,选用量块时应选择(　　　)块数。

A.很多　　　　　　B.较多　　　　　　C.较少　　　　　　D.5块以上

22.下面的功能键中,(　　　)是进行参数设置功能键的参数。

A.POS　　　　　　B.PROG　　　　　　C.OFFSET SETTING　D.MESSAGE

23.采用机用铰刀铰孔时,切削速度选(　　　)左右。

A.30 m/min　　　　B.20 m/min　　　　C.3 m/min　　　　　D.10 m/min

24.企业的质量方针不是(　　　)。

A.工艺规程的质量记录　　　　　　　B.每个职工必须贯彻的质量准则

C.企业的质量宗旨　　　　　　　　　D.企业的质量方向

25.钻工件内孔表面能达到IT值为(　　　)。

A.1~4　　　　　　B.6　　　　　　　　C.11~13　　　　　　D.5

26.机械零件的图样大小是以(　　　)为依据。

A.比例　　　　　　B.公差范围　　　　C.标注尺寸　　　　D.图样尺寸大小

27.图样上的符号⊥是属于(　　　)公差叫(　　　)。

A.位置,垂直度　　B.形状,直线度　　C.尺寸,偏差　　　D.形状,圆柱度

28.三视图中,主视图与俯视图(　　　)。

A.长对正　　　　　　　　　　　　　B.高平齐

C.宽相等　　　　　　　　　　　　　D.位在左(摆在主视图左边)

29.M24粗牙螺纹的螺距是(　　　)毫米。

A.1　　　　　　　　B.2　　　　　　　　C.3　　　　　　　　D.4

30.用长V型块装夹工件时,一般可限制(　　　)自由度。

A.三个移动,三个转动　　　　　　　B.三个移动,两个转动

C.两个移动,三个转动　　　　　　　D.两个移动,两个转动

31.机械加工表面质量中表面层的几何形状特征不包括(　　)。

　　A.表面加工纹理　　B.表面波度　　C.表面粗糙度　　D.表面层的残余应力

32.用螺纹千分尺检查测量螺纹时千分尺的读数是(　　)。

　　A.螺纹大径　　B.螺纹中径　　C.螺纹小径　　D.螺距

33.下列措施中(　　)能提高锥体零件的精度。

　　A.将绝对编程改变为增量变成　　B.正确选择车刀类型

　　C.控制刀尖中心高度误差　　D.减小刀尖圆弧半径对加工的影响

34.从材料上刀具可分为高速钢刀具、硬质合金刀具、(　　)刀具、立方氮化硼刀具及金刚石刀具。

　　A.手工　　B.机用　　C.陶瓷　　D.铣工

35.钨钴类硬质合金的刚性、可磨削性和导热性较好,一般用于切削(　　)有色金属及其合金。

　　A.碳钢　　B.工具钢　　C.合金钢　　D.铸铁

36.保持工作环境清洁有序不正确的是(　　)。

　　A.随时清除油污和积水　　B.通道上少放物品

　　C.整洁的工作环境可以振奋职工精神　　D.毛坯、半成品按规定堆放整齐

37.游标卡尺按其测量的精度不同,可分为三种读数值,分别是 0.1 mm,0.05 mm 和(　　)。

　　A.0.01 mm　　B.0.02 mm　　C.0.03 mm　　D.0.2 mm

38.数控机床主要由数控装置、机床本体、伺服驱动装置和(　　)等部分组成。

　　A.运算装置　　B.存储装置　　C.检测反馈装置　　D.伺服电动机

39.能进行螺纹加工的数控车床,一定安装了(　　)。

　　A.测数发电机　　B.主轴脉冲编码器　　C.温度检测器　　D.旋转变压器

40.增量式检测元件的数控机床开机后必须执行刀架回(　　)操作。

　　A.机床零点　　B.程序零点　　C.工件零点　　D.机床参考点

41.为使机床达到热平衡状态必须使机床运转(　　)。

　　A.8 分钟以内　　B.15 分钟以上　　C.3 分钟以内　　D.10 分钟

42.切断时(　　)措施能够防止产生振动。

　　A.减小前角　　B.增大前角　　C.提高切削速度　　D.减少进给量

43.程序段 N60　G01　X100　Z50 中的 N60 表示(　　)。

　　A.程序段号　　B.功能字　　C.坐标字　　D.结束符

44.錾削时应自然地将錾子握正、握稳,其倾斜角始终保持在(　　)左右。

　　A.15°　　B.20°　　C.35°　　D.60°

45.(　　)的说法属于禁语。

　　A.问别人去　　B.请稍候　　C.抱歉　　D.同志

46.木工工具、钳工工具用(　　)制造。

　　A.T8A　　B.T10A　　C.T12　　D.T12A

47.使主运动能继续切除工件多余的金属,以形成工件表面所需的运动,称为(　　)。

　　A.进给运动　　B.主运动　　C.辅助运动　　D.切削运动

48.当选择的切削速度在（　　　）m/min 时，最容易产生切削瘤。
　　A.0~15　　　　　　B.15~30　　　　　　C.50~80　　　　　　D.150

49.退火是将钢加热到一定温度并保温后，（　　　）冷却的热处理工艺
　　A.随炉缓慢　　　　B.出炉快速　　　　　C.出炉空气　　　　　D.在热水中

50.液压马达是液压系统中的（　　　）。
　　A.动力元件　　　　B.执行元件　　　　　C.控制元件　　　　　D.增压元件

51.为改善碳素工具钢的切削性能，其预先热处理应采用（　　　）。
　　A.完全退火　　　　B.球化退火　　　　　C.去应力退火　　　　D.表面退火

52.按照功能的不同，工艺的基准可分为定位基准、测量基准和（　　　）三种。
　　A.粗基准　　　　　B.精基准　　　　　　C.设计基准　　　　　D.装配基准

53.按经验公式 n 小于或等于/P-K 计算，车削螺距为 3 mm 的双线螺纹，转速应小于或等于（　　　）m/min。
　　A.2 000　　　　　B.1 000　　　　　　C.520　　　　　　　D.220

54.辅助功能中与主轴有关的 M 指令是（　　　）。
　　A.M06　　　　　　B.M09　　　　　　　C.M08　　　　　　　D.M05

55.自动运行操作步骤首先选择要运行的程序，将状态开关设置于"（　　　）"位置，再按循环启动按钮。
　　A.ZRN　　　　　　B.MEN　　　　　　　C.AUTO　　　　　　D.HOU

56.制造要求极高硬度但不受冲击的工具（如刮刀）使用（　　　）制造。
　　A.T7　　　　　　　B.T8　　　　　　　　C.T10　　　　　　　D.T13

57.粗加工牌号为 HT50 的材料时，应选用牌号为（　　　）的硬质合金刀具。
　　A.YG8　　　　　　B.YT30　　　　　　　C.YT15　　　　　　D.YW1

58.镗削不通孔时，镗刀的主偏角应取（　　　）。
　　A.45°　　　　　　B.60°　　　　　　　C.75°　　　　　　　D.90°

59.工件材料的强度和硬度较高时，为了保证刀具有足够的强度，应取（　　　）的后角。
　　A.较小　　　　　　B.较大　　　　　　　C.0°　　　　　　　D.30°

60.不能做刀具材料的有（　　　）。
　　A.碳素工具钢　　　B.碳素结构钢　　　　C.合金工具钢　　　　D.高速钢

61.在数控机床上进行单段试切时，进给倍率开关应设置为（　　　）。
　　A.最低　　　　　　B.最高　　　　　　　C.零　　　　　　　　D.任意倍率

62.由主切削刃直接切成的表面（　　　）。
　　A.切削平面　　　　B.切削表面　　　　　C.已加工面　　　　　D.待加工面

63.调整锯条松紧时，翼型螺母旋转的太松锯条（　　　）。
　　A.锯削省力　　　　B.锯削费力　　　　　C.不会折断　　　　　D.易折断

64.数控车床切削的主运动为（　　　）。
　　A.刀具纵向运动　　　　　　　　　　　　B.刀具横向运动
　　C.刀具纵向、横向的复合运动　　　　　　D.主轴旋转运动

65.进行孔类零件加工时，钻孔、扩孔、倒角、铰孔的方法适用于（　　　）。
　　A.小孔径的盲孔　　　　　　　　　　　　B.高精度孔

C.孔位置精度不高于中小孔　　　　　　　　D.大孔径的盲孔

66.钻头钻孔一般属于(　　)。

　　A.精加工　　　　　　B.半精加工　　　　　C.粗加工　　　　　　　D.半精加工和精加工

67.在尺寸符号 50F8 中,用于判断基本偏差是上偏差还是下偏差的符号(　　)。

　　A.50　　　　　　　　B.F8　　　　　　　　C.F　　　　　　　　　　D.8

68.碳素工具钢的牌号由"T+数字"组成,其中 T 表示(　　)。

　　A.碳　　　　　　　　B.钛　　　　　　　　C.锰　　　　　　　　　　D.硫

69.FANUC 数控车床系统中 G92X_Z_R_F_(　　)。

　　A.圆柱车削循环　　　　　　　　　　　B.圆锥车削循环

　　C.圆柱螺纹车削循环　　　　　　　　　D.圆锥螺纹车削循环

70.基孔制孔是配合的基准孔,称为基准孔,其代号为(　　)。

　　A.18　　　　　　　　B.19　　　　　　　　C.H　　　　　　　　　　D.g

71.机床各轴回零点后,为避免超程,手动沿 X 向移动刀具时不能再向(　　)方向移动。

　　A.X+　　　　　　　　B.X-　　　　　　　　C.Z+　　　　　　　　　D.Z-

72.在 G41 或 G42 指令的程序段中不能用(　　)指令。

　　A.G00　　　　　　　B.G02 和 G03　　　　C.G01　　　　　　　　D.G90 和 G92

73.职业道德不体现(　　)。

　　A.从业者对从事业的态度　　　　　　　B.从业者的工资收入

　　C.从业者的价值观　　　　　　　　　　D.从业者的道德观

74.百分表测头与被测表面接触时,量杆缩量为(　　)。

　　A.0.3~1 mm　　　　B.1~3 mm　　　　　C.0.5~3 mm　　　　　D.任意

75.爱岗敬业的具体要求(　　)。

　　A.看效益决定是否爱岗　　　　　　　　B.转变择业观念

　　C.提高职业技能　　　　　　　　　　　D.增强把握择业的机遇意识

76.在 FANUCO 中的系统中,车内孔时 G71 第二行中的 U 为(　　)值。

　　A.正　　　　　　　　B.负　　　　　　　　C.无正负　　　　　　　D.以上不对

77.插补过程中可分为四个步骤,偏差判别、坐标(　　)、偏差计算和终点判别。

　　A.进给　　　　　　　B.判别　　　　　　　C.设置　　　　　　　　D.变换

78.程序段 G71　U1　R1 中的 U1 指的是(　　)。

　　A.每次的切削深度(半径值)　　　　　　B.每次的切削深度(直径值)

　　C.精加工余量(半径值)　　　　　　　　D.精加工压力(直径值)

79.零件加工时产生表面粗糙度的主要原因是(　　)。

　　A.刀具装夹不准确而形成的误差

　　B.机床的几何精度方面的误差

　　C.机床\刀具\工件坐标系的振动、发热和运动不平衡

　　D.刀具和工件表面间的摩擦、切削分离时表面层的塑性变形及工艺系统的高频振动

80.普通三角螺纹牙深与(　　)相关。

　　A.螺纹外径　　　　　　　　　　　　　B.螺距

　　C.螺纹外径和螺距　　　　　　　　　　D.与螺纹外径和螺距都无关

81.一个物体在空间上如果不加任何约束限制,应有(　　　)自由度。

　　　A.3个　　　　　　　B.4个　　　　　　　C.6个　　　　　　　D.8个

82.不符合文明生产基本要求的是(　　　)。

　　　A.执行规章制度　B.贯彻操作规程　　C.自行维修设备　　D.遵守生产纪律

83.当机床出现故障时,报警信息显示2003,此故障的内容是(　　　)。

　　　A.X-方向超程　B.Z-方向超程　　　C.Z+方向超程　　　D.X+方向超程

84.公差代号标注适用于(　　　)。

　　　A.成批生产　　　B.大批生产　　　　C.单间小批量生产　D.生产批量不定

85.提高职业道德的修养的方法有学习职业道德知识、提高文化素养、提高精神境界和(　　　)等。

　　　A.加强舆论监督　B.增强强制性　　　C.增强自律性　　　D.完善企业制度

86.机夹转位车刀的刀具几何角度是由(　　　)形成的。

　　　A.刀片的几何角度　　　　　　　　　B.刀槽的几何角度

　　　C.刀片与刀槽的几何角度　　　　　　D.刃磨

87.框式水平仪主要应用于检验各种机床及其他类型设备导轨的直线度和设备安装的水平位置、垂直位置。在数控机床水平值通常需要(　　　)块水平仪。

　　　A.2　　　　　　　　B.3　　　　　　　　C.4　　　　　　　　D.5

88.环境保护法的基本任务不包括(　　　)。

　　　A.保护和改善环境　　　　　　　　　B.合理利用自然资源

　　　C.维护生态平衡　　　　　　　　　　D.加快城市开发进度

89.不符合岗位质量要求的内容是(　　　)。

　　　A.对各个岗位质量工作的具体要求　B.体现在个岗位的作业指导书中

　　　C.企业的质量方向　　　　　　　　　D.体现在工艺规程中

90.刀具的选择主要取决于工件的外形结构、工件的材料加工性能及(　　　)等因素。

　　　A.加工设备　　　B.加工余量　　　　C.尺寸精度　　　　D.表面粗糙度要求

91.坐标进给是根据判别结果,使刀具向 Z 或 Y 向移动一(　　　)。

　　　A.分米　　　　　B.米　　　　　　　C.步　　　　　　　D.段

92.零件图上技术要求栏中注明C42,表示热处理淬火后的硬度为(　　　)。

　　　A.HRC50~55　　B.B500　　　　　　C.HV1000　　　　　D.HRC42~45

93.数控机床的条件信息指示灯 EMERGENCY STOP 亮时,说明(　　　)。

　　　A.按下急停按钮　B.主轴可以运行　　C.回参考点　　　　D.操作错误且未消除

94.数控车床以主轴轴线方向,刀具远离工件的方向为 Z 轴的正方向(　　　)。

　　　A.Z　　　　　　　B.X　　　　　　　C.Y　　　　　　　D.坐标

95.用死顶尖支顶工件时,应在中心孔内加(　　　)。

　　　A.水　　　　　　　B.切削液　　　　　C.煤油　　　　　　D.工业润滑脂

96.刃磨高速钢车刀应用(　　　)砂轮。

　　　A.刚玉系　　　　B.碳化硅系　　　　C.人造金刚石　　　D.立方氮化硼

97.下列材料中(　　　)最适宜采用退火。

　　　A.高碳钢　　　　B.低碳钢　　　　　C.低成本材料　　　D.低性能材料

98.下列配合代号中,属于基孔制配合的是(　　　)。

　　A.H7/f6　　　　　B.F7/h6　　　　　C.F7/n6　　　　　D.N7/h5

99.游标卡尺上端的两个外量爪是用来测量(　　　)的。

　　A.内孔或槽宽　　B.长度或台阶　　C.外径或长度　　D.深度或宽度

100.百分表的分度值是(　　　)mm。

　　A.1　　　　　　　B.0.1　　　　　　C.0.01　　　　　　D.0.001

101.FANUC 数控车系统程序段 G02X20W-30R25F0.1 为(　　　)。

　　A.绝对值程序　　　　　　　　B.增量值程序

　　C.绝对值、增量值混合程序　　D.相对值编程

102.切断实心工件装刀是切断刀主切削刃须(　　　)。

　　A.略高于　　　　　　　　　　B.等高于

　　C.略低于　　　　　　　　　　D.略高于,等高于,略低于三者都可以

103.车削外螺纹线,其外圆直径应该加工到(　　　)螺纹大径。

　　A.大于　　　　　　　　　　　B.小于

　　C.等于　　　　　　　　　　　D.大于,小于,等于都可以

104.违反安全操作规程的是(　　　)。

　　A.严格遵守生产纪律　　　　　B.遵守安全操作规程

　　C.执行国家劳动保护政策　　　D.可使用不熟悉的机床和工具

105.确定数控机床坐标系统运动关系的原则是假定(　　　)。

　　A.刀具相对静止的工件而运动　　B.工件相对静止的刀具而运动

　　C.刀具、工件都运动　　　　　　D.刀具、工件都不运动

106.对于某些精度要求较高的凹曲面车削或大外圆弧面对批量车削,最宜选(　　　)加工。

　　A.尖形车刀　　　　　　　　　B.圆弧车刀

　　C.成型车刀　　　　　　　　　D.尖形车刀、圆弧车刀、成型车刀都可以

107.当材料强度高、硬度低、用小直径钻头加工时宜选用(　　　)转速。

　　A.很高　　　　　　B.较高　　　　　　C.很低　　　　　D.较低

108.在工作中保持同事间和谐关系,要求职工做到(　　　)。

　　A.对感情不合的同事仍能给予积极配合

　　B.如果同时不经意间给自己造成伤害,要求对方当中道歉,以挽回影响

　　C.对故意的诽谤,先通过组织途径解决,实在解决不了,再以武力解决

　　D.保持一定的嫉妒心,激励自己上进

109.量块在(　　　)测量时用来调整仪器零位。

　　A.直接　　　　　B.绝对　　　　　C.相对　　　　　D.反复

110.根据基准功能不同,基准可以分为(　　　)两大类。

　　A.设计基准和工艺基准　　　　B.工序基准和定位基准

　　C.测量基准和工序基准　　　　D.工序基准和装配基准

111.普通螺纹的配合精度取决于(　　　)。

　　A.公差等级与基本偏差　　　　B.基本偏差与旋合长度

C.公差等级、基本偏差与旋合长度　　　　D.公差等级与旋合长度

112.用心轴对有较长长度的孔进行定位时,可以限制工件的( )自由度。

A.两个移动,两个转动　　　　　　　　B.三个移动,一个转动

C.两个移动,一个转动　　　　　　　　D.一个移动,两个转动

113.开机前应按设备( )卡的规定检查车床的各部分是否完整、正常,车床的防护装置是否牢固。

A.工艺　　　　　B.工序　　　　　C.点检　　　　　D.检验

114.为保证槽底精度,切削刀主刀刃必须与工件轴线( )。

A.平行　　　　　B.垂直　　　　　C.相交　　　　　D.倾斜

115.主切削刃在基面上的投影与假定工作平面的夹角是( )。

A.主偏角　　　　　B.前角　　　　　C.后角　　　　　D.楔角

116.工件坐标系的 Z 轴一般与主轴轴线重合,其原点随( )位置不同而异。

A.工件　　　　　B.机床参考点　　　　　C.刀具　　　　　D.夹具

117.逐点比较法插补的四个节拍依次是( )、终点判别。

A.偏差判别、偏差计算、坐标进给　　　　B.偏差判别、坐标进给、偏差计算

C.偏差计算、偏差判别、坐标进给　　　　D.坐标进给、偏差计算、偏差判别

118.数控机床定位精度超差是由( )导致的。

A.软件故障　　　　　　　　　　　　B.弱电故障

C.随机故障　　　　　　　　　　　　D.机床品质下降引起的故障

119.剖视图可分为全剖、局剖和( )。

A.旋转　　　　　B.阶梯　　　　　C.斜剖　　　　　D.半剖

120.在扩孔时,应把钻头外缘外的前角修磨得( )。

A.小些　　　　　　　　　　　　　　B.不变

C.大些　　　　　　　　　　　　　　D.小些,不变,大些都不对

121.千分尺读数时( )。

A.不能取下　　　　　　　　　　　　B.必须取下

C.最好不取下　　　　　　　　　　　D.取下,再锁紧,然后读数

122.数控系统控制面板上,POS 键是( )键。

A.位置显示　　　　　B.程序　　　　　C.参数　　　　　D.设置

123.工作完毕后,应使车床各部处于( )状态,并切断电源。

A.暂停　　　　　B.静止　　　　　C.原始　　　　　D.待机

124.G32 或 G33 代码是螺纹( )功能。

A.螺纹加工固定循环　　　　　　　　B.变螺距螺纹车削功能指令

C.固定螺距螺纹车削功能指令　　　　D.外螺纹车削功能指令

125.游标卡尺读数时,下列操作不正确的事( )。

A.平拿卡尺

B.视线垂直于读刻线

C.朝着有光亮方向

D.没有刻线完全对齐时,应以相邻中较小的作为读数

126.对未经淬火、直径较小孔的精加工应采用(　　　)。

　　A.铰削　　　　　B.镗削　　　　　C.磨削　　　　　D.钻削

127.牌号为 45#钢的 45 表示含碳量为(　　　)。

　　A.0.45%　　　　B.0.045%　　　　C.4.5%　　　　D.45%

128.基本偏差代号为 J、K、M 的孔与基本偏差代号为 h 的轴可以构成(　　　)。

　　A.间隙配合　　　B.间隙或过度配合　C.过度配合　　　D.过盈配合

129.普通车床加工中,光杆的作用是(　　　)。

　　A.加工三角螺纹　B.加工梯形螺纹　C.加工外圆、端面　D.加工蜗杆

130.(　　　)不采用数控技术。

　　A.金属切削机床　B.压力加工机床　C.电加工机床　　D.组合机床

131.数控机床的液压卡盘是采用(　　　)来控制卡盘的卡紧和松开。

　　A.液压马达　　　B.回转液压缸　　　C.双作用液压缸　D.涡轮蜗杆

132.麻花钻的两个旋转槽表面是(　　　)。

　　A.主后刀面　　　B.副后刀面　　　C.前刀面　　　　D.切削平面

133.千分尺微分筒上均匀刻有(　　　)格。

　　A.50　　　　　　B.100　　　　　　C.150　　　　　　D.200

134.精车 1Cr18NiTi 奥氏体不锈钢可采用的硬质合金刀片是(　　　)。

　　A.YT15　　　　　B.YT30　　　　　C.YT3　　　　　　D.YG3

135.当锉刀锉至约(　　　)行程,身体停止前进。两臂则继续将锉刀向前锉到头。

　　A.1/4　　　　　　B.1/2　　　　　　C.3/4　　　　　　D.4/5

136.FANUC 数控系统程序结束指令为(　　　)。

　　A.M00　　　　　B.M03　　　　　C.M05　　　　　D.M30

137.粗加工锻造成型毛坯零件时,(　　　)循环指令最适合。

　　A.G70　　　　　B.G71　　　　　C.G72　　　　　D.G73

138.FANUC 系统中,(　　　)指令是主程序结束指令。

　　A.M02　　　　　B.M00　　　　　C.M03　　　　　D.M30

139.球墨铸铁 QT400-18 的组织是(　　　)。

　　A.铁素体　　　　B.铁素体+珠光体　C.珠光体　　　　D.马氏体

140.制造轴承座、减速箱所用的材料一般为(　　　)。

　　A.灰口铸铁　　　B.可锻铸铁　　　C.球墨铸铁　　　D.高碳钢

141.数控机床某轴进给驱动发生故障,可采用(　　　)来快速确定。

　　A.参数检查法　　B.功能程序测试法　C.原理分析法　　D.转移法

142.在数控机床的操作面板上"ZERO"表示(　　　)。

　　A.手动进给　　　B.主轴　　　　　C.回零点　　　　D.手轮进给

143.牌号为 45#钢属于(　　　)。

　　A.普通碳素结构钢　　　　　　　　B.优质碳素结构钢

　　C.碳素工具钢　　　　　　　　　　D.铸造碳钢

144.区别子程序与主程序唯一的标志是(　　　)。

　　A.程序名　　　　B.程序结束指令　C.程序长度　　　D.编程方法

145.( )适宜于选用锻件和铸件为毛坯材料。

    A.轴类零件   B.盘类零件   C.薄壁零件   D.箱体零件

146.在下列内容中,不属于工艺基准的是( )。

    A.定位基准   B.测量基准   C.装配基准   D.设计基准

147.可选用( )来测量孔的深度是否合格。

    A.游标卡尺   B.深度千分尺   C.杠杆百分表   D.内径塞规

148.G代码表中的00组队G代码属于( )。

    A.非模态指令   B.模态指令   C.增量指令   D.绝对指令

149.框式水平仪的主水准泡上表面是( )的。

    A.水平   B.凹圆弧形   C.凸圆弧形   D.直线形

150.G00代码中功能是快速定位,它属于( )代码。

    A.模态   B.非模态   C.标准   D.ISO

151.Position可翻译为( )。

    A.位置   B.坐标   C.程序   D.原点

152.经常停置不用的机床,过了梅雨天后,一开机易发生故障,主要是( )作用,导致器件损坏。

    A.物理   B.光合   C.化学   D.生物

153.在工作中要处理好同事间的关系,正确的做法是( )。

    A.多了解他人的私生活,才能关心和帮助同事

    B.对于难以相处的同事,尽量予以回避

    C.对于有缺点的同事,要敢于提出批评

    D.对故意诽谤自己的人,要以其人之道还治其人之身

154.灰铸铁( )。

    A.既硬又脆,很难进行切削加工   B.又称麻口铸铁

    C.具有耐磨、减振等良好性能   D.是一种过渡组织,没有应用的价值

155.AUTO CAD在文字样式设置中不包括( )。

    A.颠倒   B.反向   C.垂直   D.向外

156.扩孔比钻孔的加工精度( )。

    A.低   B.相同   C.高   D.以上均不对

157.当自动运行处于进给保持状态时,重新按下控制面板上的( )启动按钮,则继续执行后续的程序段。

    A.循环   B.电源   C.伺服   D.机床

158.用于传动的轴类零件,可使用( )为毛坯材料,以提高其机械性能。

    A.铸件   B.锻件   C.管件   D.板料

159.将状态开关置于MDI位置时,表示( )数据输入状态。

    A.机动   B.手动   C.自动   D.联动

160.可能引起机械伤害的做法是( )。

    A.不跨越运转的机轴   B.可以不穿工作服

    C.转动部件停稳前不得进行操作   D.旋转部件上不得放置物品

二、判断题(每题 0.5 分)

161.数控铣床按其主轴在机床上安装的形式不同,可分为立式数控铣床和卧式数控铣床两类。　　　　　　　　　　　　　　　　　　　　　　　　　　　　　　　　　(　　)

162.标题栏一般包括部件(或机器)的名称、规格、比例、图号及设计、制图、校核人员的签名。　　　　　　　　　　　　　　　　　　　　　　　　　　　　　　　　　　(　　)

163.机床通电后,CNC 装置尚未出现位置显示或报警画面之前,应不要碰 MDI 面板上的任何键。　　　　　　　　　　　　　　　　　　　　　　　　　　　　　　　　(　　)

164.YT 类硬质合金比 YG 类耐磨性好,但脆性大,不耐冲击。常用于加工塑性好的钢材。
　　　　　　　　　　　　　　　　　　　　　　　　　　　　　　　　　　　　(　　)

165.车削轮廓零件时,如不用半径刀补,锥度或圆弧轮廓的尺寸会产生误差。　　(　　)

166.刀具的有效工作时间包括初期磨损阶段和正常磨损阶段两部分。　　　　　(　　)

167.数控车床车削螺纹指令中所使用的进给量(F 值),是指程距高。　　　　　(　　)

168.游标卡尺按测量精度可分为 0.1 mm,0.01 mm 和 0.001 mm 三种。　　　(　　)

169.遵纪守法是每个公民应尽的社会责任和道德义务。　　　　　　　　　　　(　　)

170.游标卡尺可以用来测量沟槽及深度。　　　　　　　　　　　　　　　　　(　　)

171.公差可以说是允许零件尺寸的变动量。　　　　　　　　　　　　　　　　(　　)

172.基本偏差就是用来确认公差带相对于零线位置的上偏差或下偏差。　　　　(　　)

173.正火主要用于消除过共析钢中的网状二次渗碳体。　　　　　　　　　　　(　　)

174.职业道德体现的是职业对社会所负担道德责任与义务。　　　　　　　　　(　　)

175.用杠杆可以测量出工件的圆柱度和平行度。　　　　　　　　　　　　　　(　　)

176.外径切削循环功能适合于在外圆面上切削沟槽或切断加工,断续分层切入是便于加工深沟槽的断屑和散热。　　　　　　　　　　　　　　　　　　　　　　　　　(　　)

177.锉削时右手的压力要随锉刀的推动而逐渐增加,左手的压力要随锉刀的推动逐渐减小。　　　　　　　　　　　　　　　　　　　　　　　　　　　　　　　　　　(　　)

178.当空间平面平行投影面时,其投影与原平面形状大小不相等。　　　　　　(　　)

179.被加工零件表面微小峰谷的间距和高低程度称为表面粗糙度。　　　　　　(　　)

180.机械零件加工精度反映其加工误差大小,故精度越高越好。　　　　　　　(　　)

181.绞孔是用铰刀从工件孔壁上切削较小的余量,以提高加工的尺寸精度和减小表面粗糙度的方法。　　　　　　　　　　　　　　　　　　　　　　　　　　　　　　(　　)

182.对刀的目的是通过刀具或等于带工具确定工件坐标系之间的空间位置关系,并将对刀数据输入相对应的存储位置。　　　　　　　　　　　　　　　　　　　　　　(　　)

183.数控机床长期不使用,应用干净布罩予以保护,切忌经常通电而损坏电器元件。
　　　　　　　　　　　　　　　　　　　　　　　　　　　　　　　　　　　　(　　)

184.电动机按结构及工件原理可分为异步电动机和同步电动机。　　　　　　　(　　)

185.副偏角偏小时,容易导致加工工件表面粗超度大。　　　　　　　　　　　(　　)

186.孔轴公差带代号由基本偏差和标准等级代号组成。　　　　　　　　　　　(　　)

187.职业道德是社会道德在职业行为和职业关系中的具体表现。　　　　　　　(　　)

188.G98 /G99 指令能和 G00 写在一起。　　　　　　　　　　　　　　　　　(　　)

189.工件定位中,限制的自由度数少于六个的定位一定不会是过定位。　　　　(　　)

190.用 G04 指令可达到减小加工表面粗糙度值的目的。　　　　　　　（　　）

191.铸铁根据碳在铸铁中存在的形式不同,分为白口铸铁、灰口铸铁、可锻铸铁、球墨铸铁和麻口铸铁。　　　　　　　　　　　　　　　　　　　　　　　　　　　　（　　）

192.切削用量三要素是指切削速度、切削深度和进给量。　　　　　　　（　　）

193.基面先行原则是应将用来定位装夹的精基准的表面优先加工出来,这样定位越精确,装夹误差就越小。　　　　　　　　　　　　　　　　　　　　　　　　　　　　（　　）

194.硬质合金比高速钢的硬度高,所以抗冲击力强。　　　　　　　　　（　　）

195.G00 和 G01 的运行轨迹都一样,只是速度不一样。　　　　　　　　（　　）

196.画图比例 1:5,是指图形比实物放大五倍。　　　　　　　　　　　（　　）

197.白口铸铁件的硬度适中,易于进行切削加工。　　　　　　　　　　（　　）

198.对称度框格中给定的对称度公差值是指被测中心平面不得向任一方向偏离基准中心面的极限值。　　　　　　　　　　　　　　　　　　　　　　　　　　　　　　（　　）

199.为保证千分尺不生锈,使用完毕后,应将其浸泡在机油或柴油里。　（　　）

200.一个程序段内只允许有一个 M 指令。　　　　　　　　　　　　　　（　　）

数控车床中级工理论试题第六套

试卷描述：理论考试　试卷限时：120 分钟

一、单选题(每题 0.5 分)

1.遵守法律法规不要求(　　　)。
　　A.延长劳动时间　　　　　　　　　　B.遵守操作程序
　　C.遵守安全操作规程　　　　　　　　D.遵守劳动纪律

2.轴上的花键槽一般都放在外圆的半精车(　　　)进行。
　　A.以前　　　　　　B.以后　　　　　　C.同时　　　　　　D.前或后

3.数控车床开机应空运转约(　　　)，使机床达到热平衡状态。
　　A.15 分钟　　　　B.30 分钟　　　　C.45 分钟　　　　D.60 分钟

4.典型零件数控车削加工工艺包括(　　　)。
　　A.确定零件的定位基准和装夹方式　　B.典型零件有关注意事项
　　C.伺服系统运用　　　　　　　　　　D.典型零件有关说明

5.确定加工顺序和工序内容、加工方法、划分加工阶段，安排热处理、检验及其他辅助工序是(　　　)的主要工作。
　　A.拟定工艺路线　　B.拟定加工方法　　C.填写工艺文件　　D.审批工艺文件

6.G98/G99 指令为(　　　)指令。
　　A.模态　　　　　　B.非模态　　　　　C.主轴　　　　　　D.指定编程方式的指令

7.在 M20-6H/6g,6H 表示内螺纹公差代号,6g 表示(　　　)公差带代号。
　　A.大径　　　　　　B.小径　　　　　　C.中径　　　　　　D.外螺纹

8.辅助指令 M01 指令表示(　　　)。
　　A.选择停止　　　　B.程序暂停　　　　C.程序结束　　　　D.主程序结束

9.国家鼓励企业制定(　　　)国家标准或者行业标准的企业标准,在企业内部都适用。
　　A.严于　　　　　　B.松于　　　　　　C.等同于　　　　　D.完全不同于

10.六个基本视图中,最常应用的是(　　　)三个视图。
　　A.主、右、仰　　　B.主、俯、左　　　C.主、左、右　　　D.主、仰、后

11.操作者每天开机通电后首先进行的日常检查是检查(　　　)。
　　A.液压系统　　　　B.润滑系统　　　　C.冷却系统　　　　D.伺服系统

12.机夹可转位车刀,刀片转位更换迅速、夹紧可靠、排屑方便、定位准确,综合考虑,采用(　　　)形式的夹紧机构较为合理。
　　A.螺钉上压式　　　B.杠杆式　　　　　C.偏心销式　　　　D.楔销式

13.主、副切削刃相交的一点是(　　　)。
　　A.顶点　　　　　　B.刀头中心　　　　C.刀尖　　　　　　D.工作点

14.斜垫铁的斜度为(　　　),常用于安装尺寸小、要求不高、安装后不需要调整的机床。
　　A.1∶2　　　　　　B.1∶5　　　　　　C.1∶10　　　　　　D.1∶20

15.金属抵抗永久变形和断裂的能力是钢的(　　　)。

A.强度和塑性　　　B.韧性　　　　　　C.硬度　　　　　　　D.疲劳强度

16.中央精神文明建设指导委员会决定,将(　　　)定为"公民道德宣传日"。

A.9月10日　　　B.9月20日　　　C.10月10日　　　D.10月20日

17.零件有上、下、左、右、前、后六个方位,在主视图上能反映零件的(　　　)方位。

A.上下和左右　　　B.前后和左右　　　C.前后上下　　　D.左右和上下

18.用90°外圆刀从尾座朝卡盘方向走刀车削外圆时,刀具半径补偿存储器中刀尖方位号须输入(　　　)值。

A.1　　　　　　　B.2　　　　　　　C.3　　　　　　　D.4

19.夹紧装置的基本要求中,重要的一条是(　　　)。

A.夹紧动作迅速　　B.定位正确　　　C.正确施加夹紧力　D.夹紧刚度高

20.数控车加工盘类零件时,采用(　　　)指令加工可以提高表面精度。

A.G96　　　　　　B.G97　　　　　　C.G98　　　　　　D.G99

21.螺纹加工时采用(　　　),因两侧刀刃同时切削,切削力较大。

A.直进法　　　　　　　　　　　　　B.斜进法

C.左右借刀法　　　　　　　　　　　D.直进法,斜进法,左右借刀法均不是

22.由于切刀强度较差,选择切削用量时应适当(　　　)。

A.减少　　　　　　B.等于　　　　　　C.增大　　　　　　D.很大

23.(　　　)的说法属于禁语。

A."问别人去"　　B."请稍候"　　　C."抱歉"　　　　　D."同志"

24.提高职业道德修养的方法有学习职业道德知识、提高文化素养、提高精神境界和(　　　)等。

A.加强舆论监督　　B.增强强制性　　　C.增强自律性　　　D.完善企业制度

25.M20粗牙螺纹的小径应车至(　　　)mm。

A.16　　　　　　　B.16.75　　　　　C.17.29　　　　　D.20

26.采用机用铰刀铰孔时,切削速度一般选(　　　)左右。

A.30 m/min　　　B.20 m/min　　　C.3 m/min　　　　D.10 m/min

27.数控机床某轴进给驱动发生故障,可用(　　　)来快速确定。

A.参数检查法　　B.功能程序测试法　C.原理分析法　　　D.转移法

28.在工作中要处理好同事间的关系,正确的做法是(　　　)。

A.多了解他人的私人生活,才能关心和帮助同事

B.对于难以相处的同事,尽量予以回避

C.对于有缺点的同事,要敢于提出批评

D.对故意诽谤自己的人,要"以其人之道还治其人之身"

29.无论主程序还是子程序都是由若干(　　　)组成的。

A.程序段　　　　　B.坐标　　　　　　C.图形　　　　　　D.字母

30.牌号以字母T开头的碳钢是(　　　)。

A.普通碳素结构钢　　　　　　　　　B.优质碳素结构钢

C.碳素工具钢　　　　　　　　　　　D.铸造碳钢

31.机夹车刀刀片常用的材料有(　　　)。

A.T10   B.W18Cr4V   C.硬质合金   D.金刚石

32.车削加工时的切削力可分为主切削力 F_z、切深抗力 F_y 和进给抗力 F_x,其中消耗功率最大的力是(　　)。

    A.进给抗力 F_x B.切深抗力 F_y C.主切削力 F_z D.不确定

33.切削刃选定点相对于工件的主运动瞬时速度为(　　)。

    A.切削速度   B.进给量   C.工作速度   D.切削深度

34.下列不属于优质碳素结构钢的牌号为(　　)。

    A.45   B.40Mn   C.08F   D.T7

35.刀具磨损补偿应输入到系统(　　)中去。

    A.程序   B.刀具坐标   C.刀具参数   D.坐标系

36.程序段序号通常用(　　)为数字表示。

    A.8   B.10   C.4   D.11

37.加工时用来确定工件在机床上或夹具中占有正确位置所使用的基准为(　　)。

    A.定位基准   B.测量基准   C.装配基准   D.工艺基准

38.细长轴零件上的(　　)在零件图中的画法是用移出剖视表示。

    A.外圆   B.螺纹   C.锥度   D.键槽

39.切削力可分解为主切削力 F_c 背向力 F_p 和进给力 F_f,其中消耗功率最大的力是(　　)。

    A.进给力 F_f B.背向力 F_p C.主切削力 F_c D.不确定

40.(　　)是工件定位时所选择的基准。

    A.设计基准   B.工序基准   C.定位基准   D.测量基准

41.碳素工具钢工艺性能的特点有(　　)。

    A.不可冷、热加工成型,加工性能好   B.刃口一般磨得不是很锋利

    C.易脆裂   D.耐热性很好

42.只将机件的某一部分向基本投影面投影所得的视图称为(　　)。

    A.基本视图   B.局部视图   C.斜视图   D.旋转视图

43.车削直径为 100 mm 的工件外圆,若主轴转速设定为 1 000 r/min,则切削速度 V_c 为(　　)r/min

    A.100   B.157   C.200   D.314

44.按断口颜色铸铁可分为(　　)。

    A.灰口铸铁、白口铸铁、麻口铸铁   B.灰口铸铁、白口铸铁、可锻铸铁

    C.灰铸铁、球墨铸铁、可锻铸铁   D.普通铸铁、合金铸铁

45.用百分表测量时,测量杆应预先有(　　)mm 压缩量。

    A.0.01~0.05   B.0.1~0.3   C.0.3~1   D.1~1.5

46.内沟槽加工时,由于刀具刚性差,加工时易产生退让,加工后的尺寸会(　　)。

    A.偏小   B.偏大

    C.合适   D.以上都不对

47.HT100 属于(　　)铸铁的牌号。

    A.球墨   B.灰   C.蠕墨   D.可锻

48.G00 代码功能是快速定位,它属于( )代码。

A.模态 B.非模态 C.标准 D.ISO

49.用样板安装螺纹车刀时,应以( )进行校对安装。

A.毛坯表面 B.过渡表面 C.精车圆柱表面 D.任何表面

50.镗削不通孔时,镗刀的主偏角应取( )。

A.45° B.60° C.75° D.90°

51 当机件具有倾斜机构,且倾斜表面在基本投影面上不反映实形,可采用( )表达。

A.斜视图 B.前视图和俯视图 C.后视图和左视图 D.旋转视图

52.以下关于非模态指令正确的是( )。

A.一经指定一直有效 B.在同组 G 代码出现之前一直有效

C.只在本程序有效 D.视具体情况而定

53.主轴加工采用两中心孔定位,能在一次安装中加工大多数表面,符合( )原则。

A.基准统一 B.基准重合

C.自为基准 D.同时符合基准统一和基准重合

54.车削右旋螺纹时,用( )启动主轴。

A.M03 B.M04 C.M05 D.M08

55.刃磨端面槽刀时,远离工件中心的副后刀面的 R 半径应( )被加工槽外轮廓半径。

A.大于 B.等于 C.小于 D.小于或等于

56.用来测量零件已加工表面的尺寸和位置所参照的点线面为( )。

A.定位基准 B.测量基准 C.装配基准 D.工艺基准

57.加工如齿轮类的盘类零件,精加工时应以( )做基准。

A.外形 B.内孔 C.端面 D.均不能

58.车削塑性金属材料的 M40×3 内螺纹时,D 孔直径约等于( )mm。

A.40 B.38.5 C.8.05 D.37

59.镗孔时发生振动,首先应降低( )的用量。

A.进给量 B.背吃量 C.切削速度 D.均不对

60.F 功能是表示进给的速度功能,由字母 F 和其后面的( )来表示。

A.单位 B.数字 C.指令 D.字母

61.球墨铸铁 QT400-18 的组织是( )。

A.铁素体 B.铁素体+珠光体 C.珠光体 D.马氏体

62.下列方法中( )可提高孔的位置精度。

A.钻孔 B.扩孔 C.绞孔 D.镗孔

63.刀具切削工件的运动过程是刀具从起始点经由规定的路径运动,以( )指令指定的进给速度进行切削,而后快速返回到起始点。

A.F B.S C.T D.M

64.在精加工工序中,加工余量小而均匀时可选择加工表面本身作为定位基准的为( )。

A.基准重合原则 B.互为基准原则

C.基准统一原则 D.自为基准原则

65.千分尺测微螺杆上螺纹的螺距为(　　　)mm。

    A.0.1　　　　　　B.0.01　　　　　　　C.0.5　　　　　　　　D.1

66.刀具磨损标准通常都按(　　　)的磨损值来制订。

    A.月牙洼深度　　B.前刀面　　　　　C.后刀面　　　　　　D.刀尖

67.用心轴对有较长长度的孔进行定位时,可以限制工件的(　　　)自由度。

    A.两个移动,两个转动　　　　　　　　B.三个移动,一个转动

    C.两个移动,一个转动　　　　　　　　D.一个移动,两个转动

68.在 FANUC Oi 系统中,G73 指令第一行中 R 的含义是(　　　)。

    A.X 向回退量　　B.维比　　　　　　C.Z 向回退量　　　D.走刀次数

69.在 FANUC 系统数控车床上,G92 指令是指(　　　)。

    A.单一固定循环指令　　　　　　　　　B.螺纹切削单一固定循环指令

    C.端面切削单一固定循环指令　　　　　D.建立工件坐标系指令

70.使用深度千分尺测量时,不需要(　　　)。

    A.清洁底板测量面,工件的被测量面

    B.测量杆中心轴线与被测工件测量面保持垂直

    C.去除测量部位毛刺

    D.抛光测量面

71.工件材料的强度和硬度较高时,为了保证刀具有足够的强度,应取(　　　)的后角。

    A.较小　　　　　　B.较大　　　　　　C.0°　　　　　　　　D.30°

72.T305 中的前两位数字 03 的含义是(　　　)。

    A.刀具号　　　　　B.刀编号　　　　　C.刀具长度补偿　　D.刀补号

73.车外圆时,切削速度计算式中的 D 一般是指(　　　)的直径。

    A.工件待加工表面　　　　　　　　　　B.工件加工表面

    C.工件已加工表面　　　　　　　　　　D.工件毛坯

74.G76 指令中的 F 是指螺纹的(　　　)。

    A.大径　　　　　　B.小径　　　　　　C.螺距　　　　　　　D.导程

75.外径千分尺分度量一般为(　　　)。

    A.0.2 mm　　　　　B.0.5 mm　　　　　C.0.01 mm　　　　　D.0.1 cm

76.当零件图尺寸为链连接(相对尺寸)标注时适宜用(　　　)编程。

    A.绝对值编程　　　　　　　　　　　　B.增量值编程

    C.两者混合　　　　　　　　　　　　　D.先绝对值后相对值编程

77.已知刀具沿一直线方向加工的起点坐标为(X20,Z-10),终点坐标为(X10,Z20),则其程序是(　　　)。

    A.G01　X20　Z-10　F100　　　　　　B.G01　X20　Z-10　F100

    C.G01　X10　W30　F100　　　　　　D.G01　U30　W-10　F100

78.一个物体在空间可能具有的运动称为(　　　)。

    A.空间运动　　　　B.圆柱度　　　　　C.平面度　　　　　　D.自由度

79.下列中属于常用高速钢的是(　　　)。

    A.YG8　　　　　　B.W6Mo5Cr4V2　　C.15Cr　　　　　　　D.GSG18

80.重复定位能提高工件的( )，但对工件的定位精度有影响,一般是不允许的。

    A.塑性   B.强度   C.刚性   D.韧性

81.普通螺纹的配合精度取决于( )。

    A.公差等级与基本偏差   B.基本偏差与旋合长度

    C.公差等级、基本偏差和旋合长度   D.公差等级和旋合长度

82.数控机床的核心是( )。

    A.伺服系统   B.数控系统   C.反馈系统   D.传动系统

83.以圆弧规测量工件凸圆弧,若仅两端接触,那么是因为工件的圆弧半径( )。

    A.过大   B.过小   C.准确   D.大小不均匀

84.刀具材料在高温下能够保持其硬度的性能是( )。

    A.硬度   B.耐磨性   C.耐热性   D.工艺性

85.当以较小刀具前角、很大的进给量和很低的切削速度切削钢等塑金属材料时,容易产生( )。

    A.带状切屑   B.节状切屑   C.崩碎切屑   D.粒状切屑

86.定位方式中( )不能保证加工精度。

    A.完全定位   B.不完全定位   C.欠定位   D.过定位

87.G03 指令格式为 G03X(U)_Z(W)_( )_K_F。

    A.B   B.V   C.I   D.M

88.车床的类别代号是( )。

    A.Z   B.X   C.C   D.M

89.G04 指令常用于( )。

    A.进给保持   B.暂停排屑   C.选择停止   D.短时无进给光整

90.液压系统的控制元件是( )。

    A.液压泵   B.换向阀   C.液压缸   D.电动机

91.砂轮的硬度是指( )。

    A.砂轮的磨料、结合剂以及气孔之间的比例

    B.砂轮颗粒的硬度

    C.砂轮黏结剂的黏结牢固程度

    D.砂轮颗粒的尺寸

92.普通车床加工中,丝杠的作用是( )。

    A.加工内孔   B.加工各种螺纹   C.加工外圆、端面   D.加工锥度

93.沿第三轴正方向面对加工平面,按刀具前进方向确定工件在刀具的左面时应用( )补偿指令。

    A.G41   B.G43   C.G42   D.G44

94.在偏置值设置 G55 栏中的数值是( )。

    A.工件坐标系的原点相对机床坐标系原点偏移值

    B.刀具的长度偏差值

    C.工件坐标系的原点

    D.工件坐标系相对对刀点的偏移值

95.薄板料的锯削应该尽可能( )。

A.分几个方向锯下 B.快速地锯下

C.缓慢地锯下 D.从宽面上锯下

96.FANUC 数控车床系统中 G90 X-Z-F 是( )指令。

A.圆柱车削循环 B.圆锥车削循环 C.螺纹车削循环 D.端面车削循环

97.防止周围环境的水汽、二氧化硫等有害介质侵蚀是润滑剂的( )。

A.密封作用 B.防锈作用 C.洗涤作用 D.润滑作用

98.在 FANUC 车削系统中,G92 是( )指令。

A.设定工件坐标 B.外圆循环 C.螺纹循环 D.相对坐标

99.根据电动机工作电源的不同,可分为( )。

A.直流电动机和交流电动机 B.单相电动机和三相电动机

C.驱动用电动机和控制用电动机 D.高速电动机和低速电动机

100.微型计算机中,( )的存取速度最快。

A.高速缓存 B.外存储器 C.寄存器 D.内存储器

101.G70 指令是( )。

A.精加工切削循环指令 B.圆柱粗车切削循环指令

C.端面车削循环指令 D.螺纹车削循环指令

102.车削的英文单词是( )。

A.drilling B.turning C.milling D.boring

103.主轴毛坯锻造后需进行( )热处理,以改善切削性能。

A.正火 B.调质 C.淬火 D.退火

104.程序段 G71U1R1 中的 U1 指的是( )。

A.每次的切削深度(半径值) B.每次的切削深度(直径值)

C.精加工余量(半径值) D.精加工余量(直径值)

105.在 FANUC 系统程序加工完成后,程序复位,光标能自动回到起始位置的指令是( )。

A.M00 B.M01 C.M30 D.M02

106.辅助指令 M03 的功能是主轴( )指令。

A.反转 B.启动 C.正转 D.停止

107.刀具、轴承、渗碳淬火零件、表面淬火零件通常在( )以下进行低温回火。低温回火后硬度变化不大,内应力减少,韧性稍有提高。

A.50 ℃ B.150 ℃ C.250 ℃ D.500 ℃

108.终点判别是判断刀具是否到达( ),未到则继续进行插补。

A.起点 B.中点 C.终点 D.目的

109.工件坐标的零点一般设在( )。

A.机床零点 B.换刀点 C.工件的端面 D.卡盘根

110.参与点也是机床上的一个固定点,设置在机床移动部件的( )极限位置。

A.负向 B.正向 C.进给 D.零

111.在机床各坐标轴的终端设置有极限开关,由程序设置的极限称为( )。
  A.硬极限   B.软极限   C.极限开关   D.极限行程

112.数控机床 Z 坐标轴规定为( )。
  A.平行于主切削方向   B.工件装夹面方向
  C.各个主轴任选一个   D.传递主切削动力的主轴轴线方向

113.数控(FANUC 系统)程序段 G74Z-80.0Q20.0f0.15 中,Z-80.0 的含义是( )。
  A.钻孔终点 Z 轴坐标
  B.退刀距离
  C.每次走刀长度
  D.钻孔终点 Z 轴坐标,退刀距离,每次走刀长度均错

114.刀尖半径左补方向的规定是( )
  A.沿刀具运动方向看,工件位于刀具左侧
  B.沿工件运动方向看,工件位于刀具左侧
  C.沿工件运动方向看,刀具位于工件左侧
  D.沿刀具运动方向看,刀具位于工件左侧

115.数控车床实现刀尖圆弧半径补偿需要的参数有偏移方向、半径数值和( )。
  A.X 轴位置补偿值   B.Z 轴位置补偿值
  C.车床形式   D.刀尖方位号

116.面板中输入程序段结束符的键是( )。
  A.CAN   B.POS   C.EOB   D.SHIFT

117.有效率是指数控机床在某段时间内维持其性能的概率,它是一个( )的数。
  A.>1   B.<1   C.》1   D.无法确定

118.当刀具出现磨损或更换刀片后可以对刀具( )进行设置,以缩短准备时间。
  A.刀具磨耗补偿   B.刀具保证   C.刀尖半径   D.刀尖的位置

119.在 MDI 方式下可以( )。
  A.直接输入指令段并马上按循环启动键运行该程序段
  B.自动运行内存中的程序
  C.按相应轴的移动键操作机床
  D.输入程序并保存

120.万能角度尺在( )度范围内,应装上角尺。
  A.0~50   B.50~140   C.140~230   D.230~320

121.在( )操作方式下方可对机床参数进行修改。
  A.JOG   B.MDI   C.EDIT   D.AUTO

122.卧式车床加工尺寸公差等级可达( ),表面粗糙度 Ra 值可达 1.6 μm。
  A.IT9~IT8   B.IT8~IT7   C.IT7~IT6   D.IT5~IT4

123.操作者必须严格按操作步骤操作车床,未经( )同意,不许其他人员私自开动。
  A.领导   B.主任   C.操作者   D.厂长

124.量块组合使用时,块数一般不超过( )块。
  A.4~5   B.1   C.25   D.12

125.环境保护法的基本任务不包括(　　　)。

A.保护和改善环境　　　　　　　　B.合理利用自然资源

C.维护生态平衡　　　　　　　　　D.加快城市开发进度

126.在程序运行过程中,如果按下进给保持按钮,运转的主轴将(　　　)。

A.停止运转　　　B.保持运转　　　C.重新启动　　　D.反响运转

127.以下说法错误的是(　　　)。

A.公差带为圆柱时,公差值前加 Φ

B.公差带为球形时,公差值前加 $S\Phi$

C.国际规定,在技术图样上,形位公差的标注采用字母标注

D.基准代号由基准符号、圆圈、连线和字母组成

128.Φ35J7 的上偏差为+0.014,下偏差为−0.016 所表达的最大实体尺寸为(　　　)。

A.35.014 mm　　B.35.000 mm　　C.34.984 mm　　D.34.999 mm

129.机械制造中常用的优先配合的基准孔代号是(　　　)。

A.H7　　　　　B.H2　　　　　C.D2　　　　　D.D7

130.未注公差尺寸的应用范围是(　　　)。

A.长度尺寸

B.工序尺寸

C.用于组装后经过加工所形成的尺寸

D.长度尺寸、工序尺寸,用于组装后经过加工所形成的尺寸都适用

131.对基本尺寸进行标准化是为了(　　　)。

A.简化设计过程

B.便于设计时的计算

C.方便尺寸的测量

D.简化定值刀具、量具、型材和零件尺寸的规格

132.标准公差用 IT 表示,共有(　　　)个等级。

A.8　　　　　B.7　　　　　C.55　　　　　D.20

133.基本偏差为(　　　)与不同基本偏差的轴的公差带形成各种配合的一种制度称为基孔制。

A.不同孔的公差带　　　　　　　　B.一定孔的公差带

C.较大孔的公差带　　　　　　　　D.较小孔的公差带

134.孔的精度主要有(　　　)和同轴度。

A.垂直度　　　B.圆度　　　C.平行度　　　D.圆柱度

135.加工精度是指零件加工后实际几何参数与(　　　)的几何参数的符合程度。

A.导轨槽　　　B.理想零件　　　C.成品件　　　D.夹具

136.自激振动约占切削加工中的振动的(　　　)%。

A.65　　　　　B.20　　　　　C.30　　　　　D.50

137.手动移动刀具时,每按动一次只移动一个设定单位的控制方式称为(　　　)。

A.跳步　　　B.点动　　　C.单段　　　D.手轮

138.违反安全操作规程的是(　　　)。

　　A.严格遵守生产纪律　　　　　　　　B.遵守安全操作规程

　　C.执行国家劳动保护政策　　　　　　D.可使用不熟悉的机床和工具

139.用磁带作为文件存贮介质时,文件只能组织成(　　　)。

　　A.顺序文件　　　　B.链接文件　　　　C.索引文件　　　　D.目录文件

140.在 CAD 命令输入方式中以下不可采用的方式有(　　　)。

　　A.点取命令图标　　　　　　　　　　B.在菜单栏点取命令

　　C.用键盘直接输入　　　　　　　　　D.利用数字键输入

141.企业的质量方针不是(　　　)。

　　A.工艺规程的质量记录　　　　　　　B.每个职工必须贯彻的质量准则

　　C.企业的质量宗旨　　　　　　　　　D.企业的质量方向

142.若框式水平仪气泡移动一格,在 1 000 mm 长度上倾斜高度差为 0.02 mm,则折算其倾斜角为(　　　)。

　　A.4　　　　　　　B.30　　　　　　　C.1　　　　　　　D.2

143.如切断外径为 36 mm、内径为 16 mm 的空心工件,刀头宽度应刃磨至(　　　)mm 宽。

　　A.1～2　　　　　B.2～3　　　　　C.3～3.6　　　　D.4～4.6

144.不符合岗位质量要求的内容是(　　　)。

　　A.对各个岗位质量工作的具体要求　　B.体现在各岗位的作业指导书中

　　C.企业的质量方向　　　　　　　　　D.体现在工艺规划中

145.职业道德的内容包括(　　　)。

　　A.从业者的工作计划　　　　　　　　B.职业道德行为规范

　　C.从业者享有的权利　　　　　　　　D.从业者的工资收入

146.AUTO CAD 用 Line 命令连续绘制封闭图形时,敲(　　　)字母回车而自动封闭。

　　A.C　　　　　　　B.D　　　　　　　C.E　　　　　　　D.F

147.钻头钻孔一般属于(　　　)。

　　A.精加工　　　　B.半精加工　　　　C.粗加工　　　　D.半精加工和精加工

148.在 CRT/MDI 面板的功能键中,显示机床现在位置的键是(　　　)。

　　A.POS　　　　　B.PRGRM　　　　C.OFSET　　　　　D.ALARM

149.数控车床上快速加紧工件的卡盘大多采用(　　　)。

　　A.普通三爪卡盘　　B.液压卡盘　　　C.电动卡盘　　　　D.四爪卡盘

150.刃磨高速钢车刀应用(　　　)砂轮。

　　A.刚玉系　　　　B.碳化硅系　　　　C.人造金刚石　　　D.立方氮化硼

151.轴类零件是旋转体零件,其长度和直径比大于(　　　)的称为细长轴。

　　A.15　　　　　　B.20　　　　　　　C.25　　　　　　　D.30

152.图纸中技术要求项目中标注的热处理,C45 表示(　　　)

　　A.淬火硬度 HRC45　　　　　　　　　B.退火硬度为 HRB450

　　C.正火硬度为 HRC45　　　　　　　　D.调质硬度为 HRC45

153.为保证槽底精度,切槽刀主刀刃必须与工件轴线(　　　)。

　　A.平行　　　　　B.垂直　　　　　　C.相交　　　　　　D.倾斜

154.螺纹的五要素是牙型、公称直径和小径、线数、螺距和导程和( )。

    A.内外螺纹　　　B.螺纹精度　　　C.中径　　　D.旋向

155.麻花钻的导向部分有两条螺纹槽,作用是形成切削刃和( )。

    A.排除气体　　　B.排除切削　　　C.消除热量　　　D.减轻自重

156.在零件毛坯加工余量不匀的情况下进行加工,会引起( )大小的变化,因而产生误差。

    A.切削力　　　B.开力　　　C.夹紧力　　　D.重力

157.标注尺寸的三要素是尺寸数字、尺寸界线和( )。

    A.箭头　　　B.尺寸公差　　　C.形位公差　　　D.尺寸线

158.在加工表面,切削刀具、切削用量不变的条件下连续完成的那一部分工序内容称为( )。

    A.工序　　　B.工位　　　C.工步　　　D.走刀

159.按故障出现的频次分类,数控系统故障分为( )。

    A.硬件故障和软件故障　　　　　　B.随机性故障和系统性故障

    C.机械故障和电气故障　　　　　　D.有报警故障和无报警故障

160.在扩孔时,应把钻头外缘处的前角修磨得( )。

    A.小些　　　　　　　　　　　　　B.不变

    C.大些　　　　　　　　　　　　　D.以上均不对

二、判断题(每题0.5分)

161.从螺纹的粗加工到精加工,主轴的转速必须保证恒定。 ( )

162.AUTO CAD 中用直线命令绘制多条线段中,绘制的直线段是一条整体线段。 ( )

163.被加工零件表面微小峰谷的间距和高低程度称为表面粗糙度。 ( )

164.系统操作面板上的"POS"键是显示程序页面的键。 ( )

165.白口铸铁中的碳以石墨形式存在,很少直接用来制造机械零件。 ( )

166.逐点比较法直线查补中,当刀具切削点在直线上或其上方,应向 $X+$ 方向发一个脉冲,使刀具向 $X+$ 方向移动一步。 ( )

167.一把新刀(或重新刃磨过的刀具)从开始使用直至达到磨钝标准所经历的实际切削时间,称为刀具寿命。 ( )

168.操作工按润滑图表的规定加油并检查油标、油量、油质及油路是否畅通,保持润滑系统清洁,油箱不得敞开。 ( )

169.当按下电源"ON"时,可同时按"CRT"面板上之任何键。 ( )

170.润滑剂的作用有润滑作用、冷却作用、防锈作用、密封作用等。 ( )

171.切断空心工件时,切断刀刀头长度应大于工件壁厚。 ( )

172.刀具的有效工作时间包括初期磨损阶段和正常磨损阶段两部分。 ( )

173.确定机床坐标系时,一般先确定 X 轴,然后确定 Y 轴,再根据右手定则法确定 Z 轴。 ( )

174.要求限制、自由度没有限制的定位方式称为过定位。 ( )

175.机械零件加工精度反映其加工误差大小,故精度越高越好。 ( )

176.开拓创新是企业生存和发展之本。 ( )

177.数控机床的参数有着十分重要的作用,它在机床出厂时已被定为最佳值,通常不需要修改。 (　　)

178.机械制图中标注绘图比例为 2∶1 表示所绘制图形是放大的图形,其绘制的尺寸是零件实物尺寸的 2 倍。 (　　)

179.机夹可转位车刀不用刃磨,有利于涂层刀片的推广使用。 (　　)

180.铰刀的种类按使用方式可分为自动铰刀和手用铰刀,按铰孔形状分为圆柱铰刀和四方铰刀,按结构分为整体式铰刀和可调式铰刀,按容屑槽的方向可分为直槽铰刀和 T 形槽铰刀。 (　　)

181.精车车刀的刃倾角应取负值。 (　　)

182.一个程序内只允许有一个 M 指令。 (　　)

183.电动机结构及工作原理可分为异步电动机和同步电动机。 (　　)

184.主轴轴向窜动会使精车端面平面度超差。 (　　)

185.轴类零件是适宜数控车床加工的主要零件。 (　　)

186.非模态码只在指令它的程序段中有效。 (　　)

187.液压系统的效率是由液阻和泄漏来确定的。 (　　)

188.ZG1/2″表示圆锥管螺纹。 (　　)

189.机床常规检查法包括目测、手摸和通电处理等方法。 (　　)

190.识读装配图首先要看标题栏和明细表。 (　　)

191.数控车床中 MDI 方式是手动数据输入的英文缩写。 (　　)

192.毛坯的材料、种类及外形尺寸不是工艺规程的主要内容。 (　　)

193.内外径千分尺使用时应该用手握住隔热装置,同时注意内径千分尺和被测工作具有相同的温度。 (　　)

194.薄壁外圆精车刀,Kr=93 度时径向切削力最小,并可以减少摩擦和变形。 (　　)

195.刀部的建立就是在刀具从起点接近工件时,刀具中心从与编程轨迹重合过渡到与编程轨迹偏离一个偏置量的过程。 (　　)

196. G70 指令是精加工切削循环指令。 (　　)

197.工序基准是加工过程中所采用的基准。 (　　)

198.培养良好的职业道德修养必须通过强制手段执行。 (　　)

199.软卡爪装夹能保证互相位置精度在小于等于 0.05 mm 内。 (　　)

200.用恒线速度指令控制加工零件时,必须限定主轴的最高转速。 (　　)

数控车床中级工理论试题第一套答案

一、单项题(每题 0.5 分,共 160 题)

序号	1	2	3	4	5	6	7	8	9	10	11	12	13	14	15
答案	B	A	B	A	B	B	C	A	B	C	A	D	C	A	C
序号	16	17	18	19	20	21	22	23	24	25	26	27	28	29	30
答案	B	A	A	D	D	C	B	A	B	A	B	B	B	D	C
序号	31	32	33	34	35	36	37	38	39	40	41	42	43	44	45
答案	C	D	B	B	A	D	C	D	B	B	B	C	C	C	D
序号	46	47	48	49	50	51	52	53	54	55	56	57	58	59	60
答案	A	C	D	C	A	A	D	D	C	B	D	D	C	A	A
序号	61	62	63	64	65	66	67	68	69	70	71	72	73	74	75
答案	B	B	D	C	C	B	A	A	A	B	D	A	A	B	C
序号	76	77	78	79	80	81	82	83	84	85	86	87	88	89	90
答案	B	C	A	A	C	A	A	A	C	C	C	C	A	B	B
序号	91	92	93	94	95	96	97	98	99	100	101	102	103	104	105
答案	D	C	D	A	D	C	B	B	D	C	B	C	B	D	C
序号	106	107	108	109	110	111	112	113	114	115	116	117	118	119	120
答案	B	B	B	C	B	B	A	D	B	C	C	B	C	B	B
序号	121	122	123	124	125	126	127	128	129	130	131	132	133	134	135
答案	D	B	D	D	A	D	A	B	B	C	B	A	B	D
序号	136	137	138	139	140	141	142	143	144	145	146	147	148	149	150
答案	B	C	C	A	B	B	B	C	C	B	B	D	B	B	C
序号	151	152	153	154	155	156	157	158	159	160					
答案	C	A	C	D	D	B	C	A	A	A					

二、**判断题**(每题 0.5 分,共 40 题)

序号	161	162	163	164	165	166	167	168	169	170	171	172	173	174	175
答案	×	√	√	√	×	√	×	√	√	√	×	×	√	×	√
序号	176	177	178	179	180	181	182	183	184	185	186	187	188	189	190
答案	√	√	√	√	×	×	√	√	×	√	√	×	√	×	√
序号	191	192	193	194	195	196	197	198	199	200					
答案	×	×	√	√	×	×	√	√	√	√					

数控车床中级工理论试题第二套答案

一、单项题(每题0.5分,共160题)

序号	1	2	3	4	5	6	7	8	9	10	11	12	13	14	15
答案	D	B	D	A	D	D	A	A	C	C	C	A	B	C	B
序号	16	17	18	19	20	21	22	23	24	25	26	27	28	29	30
答案	C	B	B	B	D	C	B	D	B	B	C	C	D	C	A
序号	31	32	33	34	35	36	37	38	39	40	41	42	43	44	45
答案	C	A	D	C	B	B	C	C	B	B	C	A	A	C	C
序号	46	47	48	49	50	51	52	53	54	55	56	57	58	59	60
答案	A	B	D	A	A	D	C	C	C	A	A	C	D	C	B
序号	61	62	63	64	65	66	67	68	69	70	71	72	73	74	75
答案	A	A	A	C	C	C	B	D	C	B	B	B	B	A	D
序号	76	77	78	79	80	81	82	83	84	85	86	87	88	89	90
答案	D	D	B	D	B	C	B	A	C	D	C	A	D	C	B
序号	91	92	93	94	95	96	97	98	99	100	101	102	103	104	105
答案	A	B	A	C	A	C	B	B	D	A	A	C	A	D	B
序号	106	107	108	109	110	111	112	113	114	115	116	117	118	119	120
答案	A	B	D	A	D	D	C	C	C	C	B	D	D	B	B
序号	121	122	123	124	125	126	127	128	129	130	131	132	133	134	135
答案	D	A	C	D	C	B	B	A	A	C	D	B	D	B	D
序号	136	137	138	139	140	141	142	143	144	145	146	147	148	149	150
答案	C	B	B	D	C	C	B	B	B	B	D	C	A	B	C
序号	151	152	153	154	155	156	157	158	159	160					
答案	A	C	C	D	B	B	A	C	C	D					

二、判断题(每题 0.5 分,共 40 题)

序号	161	162	163	164	165	166	167	168	169	170	171	172	173	174	175
答案	√	×	×	√	√	√	√	×	√	×	√	√	×	√	×
序号	176	177	178	179	180	181	182	183	184	185	186	187	188	189	190
答案	√	×	×	√	×	×	×	√	×	×	√	√	√	√	√
序号	191	192	193	194	195	196	197	198	199	200					
答案	√	√	√	×	×	√	√	√	√	√					

数控车床中级工理论试题第三套答案

一、**单项题**(每题 0.5 分,共 160 题)

序号	1	2	3	4	5	6	7	8	9	10	11	12	13	14	15
答案	C	C	A	B	B	C	B	D	B	C	B	B	A	B	C
序号	16	17	18	19	20	21	22	23	24	25	26	27	28	29	30
答案	A	C	C	B	C	C	B	C	B	B	D	D	B	B	C
序号	31	32	33	34	35	36	37	38	39	40	41	42	43	44	45
答案	A	C	A	A	C	C	C	A	C	B	B	C	B	B	D
序号	46	47	48	49	50	51	52	53	54	55	56	57	58	59	60
答案	D	C	D	D	C	D	A	A	A	A	D	C	D	B	D
序号	61	62	63	64	65	66	67	68	69	70	71	72	73	74	75
答案	B	C	D	C	C	A	B	A	D	D	B	A	B	D	A
序号	76	77	78	79	80	81	82	83	84	85	86	87	88	89	90
答案	A	A	D	A	B	C	B	A	B	B	D	C	C	A	B
序号	91	92	93	94	95	96	97	98	99	100	101	102	103	104	105
答案	B	D	B	A	B	C	D	B	C	D	C	D	B	B	B
序号	106	107	108	109	110	111	112	113	114	115	116	117	118	119	120
答案	D	A	A	C	C	A	A	A	C	A	C	D	C	B	D
序号	121	122	123	124	125	126	127	128	129	130	131	132	133	134	135
答案	B	A	B	D	C	B	D	D	D	A	D	B	B	C	B
序号	136	137	138	139	140	141	142	143	144	145	146	147	148	149	150
答案	C	C	C	C	B	D	C	C	C	D	B	B	C	B	
序号	151	152	153	154	155	156	157	158	159	160					
答案	A	D	B	A	C	D	C	B	D	B					

二、**判断题**(每题 0.5 分,共 40 题)

序号	161	162	163	164	165	166	167	168	169	170	171	172	173	174	175
答案	√	×	×	√	√	√	√	√	×	√	×	√	×	√	√
序号	176	177	178	179	180	181	182	183	184	185	186	187	188	189	190
答案	√	√	√	×	√	√	√	√	×	√	√	√	×	×	×
序号	191	192	193	194	195	196	197	198	199	200					
答案	×	×	×	×	×	√	×	√	√	√					

数控车床中级工理论试题第四套答案

一、单项题(每题 0.5 分,共 160 题)

序号	1	2	3	4	5	6	7	8	9	10	11	12	13	14	15
答案	C	B	D	A	C	A	C	D	A	B	C	C	D	A	B
序号	16	17	18	19	20	21	22	23	24	25	26	27	28	29	30
答案	C	C	C	B	A	D	C	D	C	A	B	C	B	D	A
序号	31	32	33	34	35	36	37	38	39	40	41	42	43	44	45
答案	D	A	A	D	D	B	C	A	A	C	A	C	D	B	D
序号	46	47	48	49	50	51	52	53	54	55	56	57	58	59	60
答案	A	C	C	D	C	A	B	B	D	C	C	D	B	B	D
序号	61	62	63	64	65	66	67	68	69	70	71	72	73	74	75
答案	D	B	B	B	A	B	A	A	D	C	A	C	B	B	B
序号	76	77	78	79	80	81	82	83	84	85	86	87	88	89	90
答案	A	B	D	A	B	C	B	B	A	B	A	C	A	C	C
序号	91	92	93	94	95	96	97	98	99	100	101	102	103	104	105
答案	D	B	B	D	D	A	D	A	D	B	B	A	A	D	C
序号	106	107	108	109	110	111	112	113	114	115	116	117	118	119	120
答案	B	C	C	A	C	D	C	D	B	C	B	C	A	A	C
序号	121	122	123	124	125	126	127	128	129	130	131	132	133	134	135
答案	A	B	C	A	D	D	C	C	A	D	D	D	D	B	A
序号	136	137	138	139	140	141	142	143	144	145	146	147	148	149	150
答案	D	A	A	A	C	D	B	C	B	A	D	A	B	A	B
序号	151	152	153	154	155	156	157	158	159	160					
答案	A	C	B	D	D	D	C	D	C	C					

二、**判断题**(每题0.5分,共40题)

序号	161	162	163	164	165	166	167	168	169	170	171	172	173	174	175
答案	√	√	×	√	×	√	√	√	×	√	√	√	×	×	√
序号	176	177	178	179	180	181	182	183	184	185	186	187	188	189	190
答案	√	√	√	√	√	×	√	√	√	√	×	√	√	×	√
序号	191	192	193	194	195	196	197	198	199	200					
答案	√	×	√	√	√	√	√	√	√	×					

数控车床中级工理论试题第五套答案

一、单项题(每题 0.5 分,共 160 题)

序号	1	2	3	4	5	6	7	8	9	10	11	12	13	14	15
答案	A	C	C	A	B	B	A	A	D	D	D	B	B	B	D
序号	16	17	18	19	20	21	22	23	24	25	26	27	28	29	30
答案	B	A	C	B	B	C	B	D	C	C	C	A	A	C	D
序号	31	32	33	34	35	36	37	38	39	40	41	42	43	44	45
答案	D	B	D	C	D	B	B	C	B	A	B	B	A	C	A
序号	46	47	48	49	50	51	52	53	54	55	56	57	58	59	60
答案	A	A	B	A	B	B	D	D	D	C	D	A	D	A	B
序号	61	62	63	64	65	66	67	68	69	70	71	72	73	74	75
答案	A	B	D	D	B	C	C	A	D	C	A	D	B	A	C
序号	76	77	78	79	80	81	82	83	84	85	86	87	88	89	90
答案	B	A	A	D	B	C	C	C	B	C	C	A	D	C	A
序号	91	92	93	94	95	96	97	98	99	100	101	102	103	104	105
答案	D	D	A	A	D	A	A	A	A	C	C	B	B	D	B
序号	106	107	108	109	110	111	112	113	114	115	116	117	118	119	120
答案	C	B	A	C	A	C	A	A	A	A	B	D	D	A
序号	121	122	123	124	125	126	127	128	129	130	131	132	133	134	135
答案	C	A	C	C	D	A	C	D	C	D	B	C	B	D	C
序号	136	137	138	139	140	141	142	143	144	145	146	147	148	149	150
答案	D	D	D	A	A	D	C	B	B	B	D	B	A	B	A
序号	151	152	153	154	155	156	157	158	159	160					
答案	A	A	C	C	D	C	A	B	B	B					

二、**判断题**(每题 0.5 分,共 40 题)

序号	161	162	163	164	165	166	167	168	169	170	171	172	173	174	175
答案	×	√	√	√	√	×	×	×	√	√	×	√	×	√	√
序号	176	177	178	179	180	181	182	183	184	185	186	187	188	189	190
答案	√	√	×	√	×	√	×	×	×	×	√	√	×	×	√
序号	191	192	193	194	195	196	197	198	199	200					
答案	√	×	×	√	√	×	×	√	×	×					

数控车床中级工理论试题第六套答案

一、单项题(每题0.5分,共160题)

序号	1	2	3	4	5	6	7	8	9	10	11	12	13	14	15
答案	A	B	A	A	A	A	C	A	A	B	A	C	C	C	D
序号	16	17	18	19	20	21	22	23	24	25	26	27	28	29	30
答案	B	A	C	C	A	A	A	A	C	B	D	D	C	A	C
序号	31	32	33	34	35	36	37	38	39	40	41	42	43	44	45
答案	C	C	A	D	C	C	A	D	C	C	C	B	D	A	B
序号	46	47	48	49	50	51	52	53	54	55	56	57	58	59	60
答案	A	B	A	C	D	A	C	C	A	C	B	B	D	C	B
序号	61	62	63	64	65	66	67	68	69	70	71	72	73	74	75
答案	B	C	A	D	B	C	A	D	B	D	C	A	A	D	C
序号	76	77	78	79	80	81	82	83	84	85	86	87	88	89	90
答案	B	C	D	B	B	C	B	A	C	B	C	C	C	D	B
序号	91	92	93	94	95	96	97	98	99	100	101	102	103	104	105
答案	C	B	A	A	D	A	B	C	A	C	A	B	A	A	C
序号	106	107	108	109	110	111	112	113	114	115	116	117	118	119	120
答案	C	C	C	C	D	B	D	A	D	D	C	B	A	A	D
序号	121	122	123	124	125	126	127	128	129	130	131	132	133	134	135
答案	B	B	C	A	D	B	C	A	A	D	D	D	B	A	B
序号	136	137	138	139	140	141	142	143	144	145	146	147	148	149	150
答案	A	B	D	A	D	B	D	C	D	B	A	C	A	B	B
序号	151	152	153	154	155	156	157	158	159	160					
答案	C	A	B	D	B	C	B	A	B	C					

二、判断题(每题 0.5 分,共 40 题)

序号	161	162	163	164	165	166	167	168	169	170	171	172	173	174	175
答案	√	×	√	×	×	√	√	√	×	√	√	×	×	×	√
序号	176	177	178	179	180	181	182	183	184	185	186	187	188	189	190
答案	√	√	√	√	×	√	√	√	√	√	√	√	√	×	√
序号	191	192	193	194	195	196	197	198	199	200					
答案	√	√	√	√	√	√	×	×	√	√					

附录 D　数控车削编程与操作考证实训题例(中级)

建议课时分配表

序号	名　称	课时(节)
1	数控切削编程与操作中级实训题例 1	12
2	数控切削编程与操作中级实训题例 2	12
3	数控切削编程与操作中级实训题例 3	12
4	数控切削编程与操作中级实训题例 4	12
5	数控切削编程与操作中级实训题例 5	12
6	数控切削编程与操作中级实训题例 6	12
7	数控切削编程与操作中级实训题例 7	12
8	数控切削编程与操作中级实训题例 8	12

数控切削编程与操作中级实训题例 1

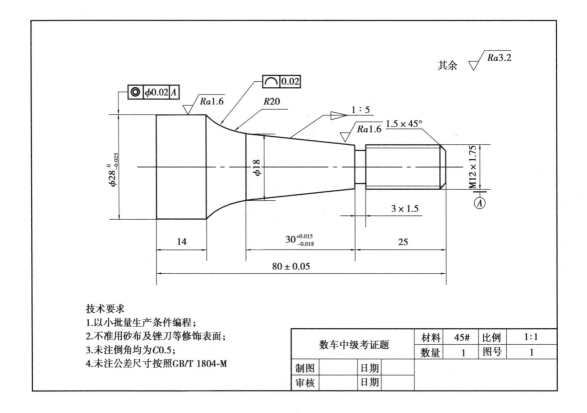

技术要求
1.以小批量生产条件编程；
2.不准用砂布及锉刀等修饰表面；
3.未注倒角均为C0.5；
4.未注公差尺寸按照GB/T 1804-M

数车中级考证题		材料	45#	比例	1:1
		数量	1	图号	1
制图		日期			
审核		日期			

工种	数控车床	图号	SC-01		单位			学校 专业	学院	系 级	
准考证号					零件名称	考试件	姓名			学历	
定额时间		240 min			考核日期			技术等级	中级	总得分	
序号	考核项目	考核内容及要求			配分	评分标准		检测结果	扣分	得分	备注
1	外圆	$\phi28^{~0}_{-0.025}$		IT	10	超差0.01扣2分					
2				Ra	4	降一级扣2分					
3		$\phi18$		IT	10	超差0.01扣2分					
4				Ra	4	降一级扣2分					
5	锥度	1:5		IT	12	超差1′扣2分					
6				Ra	4	降一级扣2分					
7	长度	80 ± 0.05			6	超差0.01扣2分					
8		14			6	超差0.01扣2分					
9	球面	R20			10	超差0.01扣2分					
10		平滑过渡			4	超差0.01扣2分					
11				Ra	4	降一级扣2分					
12	螺纹	M12×1.5			14	不合格不得分					
13				Ra	4	降一级扣2分					
14	几何公差	线轮廓度			4	超差0.01扣2分					
15		同轴度			4	超差0.01扣2分					
16	文明生产	按有关规定每违反一项从总分中扣3分,发生重大事故取消考试							扣分不超过10分		
17	其他项目	一般按照GB/T 1804-M							扣分不超过10分		
18		工件必须完整,考件局部无缺陷(夹伤等)									
19	程序编制	程序中有严重违反工艺的则取消考试资格,小问题则视情况酌情扣分							扣分不超过25分		
20	加工时间	总时间240 min,其中软件应用考试不超过120 min									
记录员			监考人			检验员			考评人		

数控切削编程与操作中级实训题例2

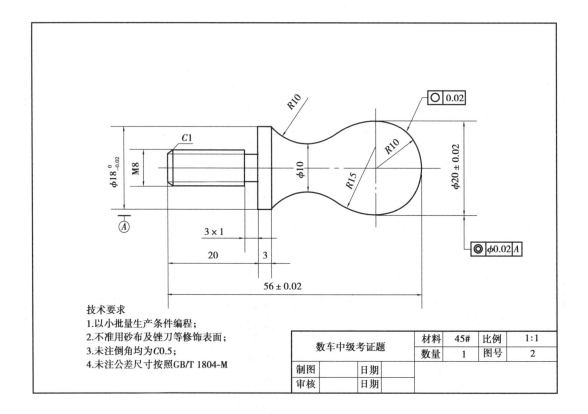

技术要求
1.以小批量生产条件编程；
2.不准用砂布及锉刀等修饰表面；
3.未注倒角均为C0.5；
4.未注公差尺寸按照GB/T 1804-M

数车中级考证题		材料	45#	比例	1:1
		数量	1	图号	2
制图		日期			
审核		日期			

工种	数控车床	图号	SC-02		单位			学校 专业	学院	系 级
准考证号					零件名称	考试件	姓名		学历	
定额时间		240 min			考核日期		技术等级	中级	总得分	
序号	考核项目	考核内容及要求			配分	评分标准	检测结果	扣分	得分	备注
1	外圆	$\phi18_{-0.02}^{0}$		IT	10	超差 0.01 扣 2 分				
2				Ra	4	降一级扣 2 分				
3		$\phi20 \pm 0.02$		IT	10	超差 0.01 扣 2 分				
4				Ra	4	降一级扣 2 分				
5		$\phi10$		IT	10	超差 0.01 扣 2 分				
6				Ra	4	降一级扣 2 分				
7	长度	56 ± 0.02			6	超差 0.01 扣 2 分				
8		20			6	超差 0.01 扣 2 分				
9	球面	$R10$		IT	10	超差 0.01 扣 2 分				
10		$R15$		IT	10	超差 0.01 扣 2 分				
11				Ra	4	降一级扣 2 分				
12	螺纹	M8			10	不合格不得分				
13				Ra	4	降一级扣 2 分				
14	几何公差	圆度			4	超差 0.01 扣 2 分				
15		同轴度			4	超差 0.01 扣 2 分				
16	文明生产	按有关规定每违反一项从总分中扣 3 分,发生重大事故取消考试						扣分不超过 10 分		
17	其他项目	一般按照 GB/T 1804-M						扣分不超过 10 分		
18		工件必须完整,考件局部无缺陷(夹伤等)								
19	程序编制	程序中有严重违反工艺的则取消考试资格,小问题则视情况酌情扣分						扣分不超过 25 分		
20	加工时间	总时间 240 min,其中软件应用考试不超过 120 min								
记录员		监考人			检验员			考评人		

数控切削编程与操作中级实训题例3

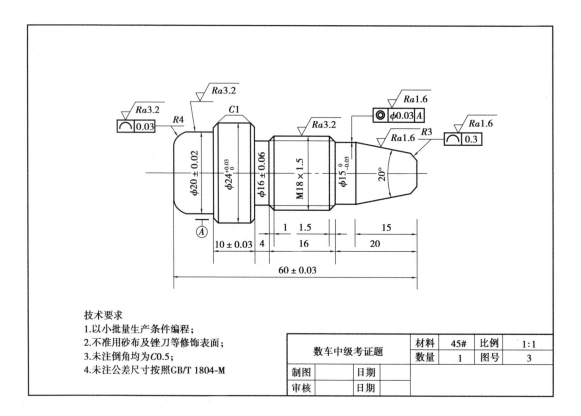

技术要求
1.以小批量生产条件编程；
2.不准用砂布及锉刀等修饰表面；
3.未注倒角均为C0.5；
4.未注公差尺寸按照GB/T 1804-M

数车中级考证题		材料	45#	比例	1:1
		数量	1	图号	3
制图	日期				
审核	日期				

工种	数控车床	图号	SC-03	单位			学校 专业	学院	系 级

准考证号				零件名称	考试件	姓名			学历	

定额时间	240 min			考核日期		技术等级	中级	总得分	

序号	考核项目	考核内容及要求		配分	评分标准	检测结果	扣分	得分	备注
1	外圆	$\phi24^{+0.03}_{0}$	IT	8	超差 0.01 扣 2 分				
2			Ra	4	降一级扣 2 分				
3		$\phi20\pm0.02$	IT	8	超差 0.01 扣 2 分				
4			Ra	4	降一级扣 2 分				
5		$\phi15^{0}_{-0.03}$	IT	8	超差 0.01 扣 2 分				
6			Ra	4	降一级扣 2 分				
7		$\phi16\pm0.06$	IT	8	超差 0.01 扣 2 分				
8			Ra	4	降一级扣 2 分				
9	长度	60 ± 0.03		4	超差 0.01 扣 2 分				
10		10 ± 0.03		2	超差 0.01 扣 2 分				
11	球面	$R3$		8	超差 0.01 扣 2 分				
12		$R4$		8	超差 0.01 扣 2 分				
13	螺纹	M18		10	不合格不得分				
14			Ra	2	降一级扣 2 分				
15	几何公差	线轮廓度	$R3$	2	超差 0.01 扣 2 分				
16			$R4$	2	超差 0.01 扣 2 分				
17		同轴度		2	超差 0.01 扣 2 分				
18	锥面	20°		8	超差 1′扣 2 分				
19			Ra	4	降一级扣 2 分				
20	文明生产	按有关规定每违反一项从总分中扣 3 分,发生重大事故取消考试					扣分不超过 10 分		
21	其他项目	一般按照 GB/T 1804-M					扣分不超过 10 分		
22		工件必须完整,考件局部无缺陷(夹伤等)							
23	程序编制	程序中有严重违反工艺的则取消考试资格,小问题则视情况酌情扣分					扣分不超过 25 分		
24	加工时间	总时间 240 min,其中软件应用考试不超过 120 min							

记录员		监考人		检验员		考评人	

数控切削编程与操作中级实训题例 4

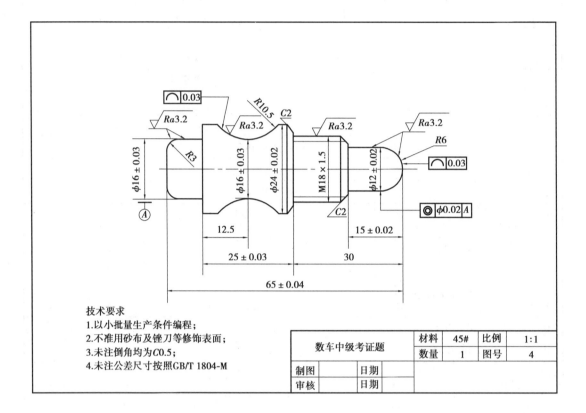

技术要求
1. 以小批量生产条件编程；
2. 不准用砂布及锉刀等修饰表面；
3. 未注倒角均为C0.5；
4. 未注公差尺寸按照GB/T 1804-M

数车中级考证题		材料	45#	比例	1:1
		数量	1	图号	4
制图		日期			
审核		日期			

工种	数控车床	图号	SC-04		单位		学校　　学院　　系 专业　　　　　级				
准考证号				零件 名称	考试件	姓名			学历		
定额时间	240 min			考核 日期		技术 等级	中级	总得分			
序号	考核 项目	考核内容及要求			配分	评分标准	检测结果	扣分	得分	备注	
1	外圆	φ24 ±0.02		IT	12	超差 0.01 扣 2 分					
2				Ra	3	降一级扣 2 分					
3		φ12 ±0.02		IT	12	超差 0.01 扣 2 分					
4				Ra	3	降一级扣 2 分					
5		φ16 ±0.03		IT	10	超差 0.01 扣 2 分					
6				Ra	2	降一级扣 2 分					
7	长度	65 ±0.04			5	超差 0.01 扣 2 分					
8		25 ±0.03			5	超差 0.01 扣 2 分					
9	球面	R3		IT	3	超差 0.01 扣 2 分					
10		R6		IT	3	超差 0.01 扣 2 分					
11		R10.5		IT	9	超差 0.01 扣 2 分					
12				Ra	3	降一级扣 2 分					
13	螺纹	M18×1.5			12	不合格不得分					
14				Ra	3	降一级扣 2 分					
15	几何 公差	线轮廓度		R6	5	超差 0.01 扣 2 分					
16				R10.5	5	超差 0.01 扣 2 分					
17		同轴度			5	超差 0.01 扣 2 分					
18	文明 生产	按有关规定每违反一项从总分中扣 3 分,发生重大事故取消考试						扣分不超 过 10 分			
19	其他 项目	一般按照 GB/T 1804-M						扣分不超 过 10 分			
20		工件必须完整,考件局部无缺陷(夹伤等)									
21	程序 编制	程序中有严重违反工艺的则取消考试资格,小问题则视情况酌情 扣分						扣分不超 过 25 分			
22	加工 时间	总时间 240 min,其中软件应用考试不超过 120 min									
记录员			监考人			检验员			考评人		

数控切削编程与操作中级实训题例 5

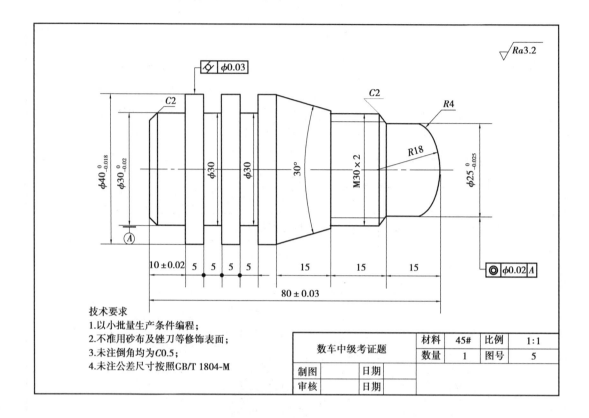

技术要求
1.以小批量生产条件编程；
2.不准用砂布及锉刀等修饰表面；
3.未注倒角均为C0.5；
4.未注公差尺寸按照GB/T 1804-M

数车中级考证题		材料	45#	比例	1:1
		数量	1	图号	5
制图		日期			
审核		日期			

工种	数控车床	图号	SC-05	单位			学校 专业	学院	系 级		
准考证号				零件 名称	考试件	姓名			学历		
定额时间	240 min			考核 日期			技术 等级	中级	总得分		
序号	考核 项目	考核内容及要求		配分	评分标准		检测结果	扣分	得分	备注	
1	外圆	$\phi 40_{-0.018}^{0}$	IT	10	超差 0.01 扣 2 分						
2			Ra	4	降一级扣 2 分						
3		$\phi 30_{-0.02}^{0}$	IT	10	超差 0.01 扣 2 分						
4			Ra	4	降一级扣 2 分						
5		$\phi 25_{-0.025}^{0}$	IT	10	超差 0.01 扣 2 分						
6			Ra	4	降一级扣 2 分						
7	长度	80 ± 0.03		5	超差 0.01 扣 2 分						
8	间隔 均匀	5		10	超差 0.01 扣 2 分						
9	球面	R18	IT	8	超差 0.01 扣 2 分						
10		R4	IT	8	超差 0.01 扣 2 分						
11			Ra	2	降一级扣 2 分						
12	螺纹	M30×2		8	不合格不得分						
13			Ra	2	降一级扣 2 分						
14	锥度	30°		10	超差 1′扣 2 分						
15	几何 公差	圆柱度		3	超差 0.01 扣 2 分						
16		同轴度		3	超差 0.01 扣 2 分						
17	文明 生产	按有关规定每违反一项从总分中扣 3 分,发生重大事故取消考试						扣分不超 过 10 分			
18	其他 项目	一般按照 GB/T 1804-M						扣分不超 过 10 分			
19		工件必须完整,考件局部无缺陷(夹伤等)									
20	程序 编制	程序中有严重违反工艺的则取消考试资格,小问题则视情况酌情 扣分						扣分不超 过 25 分			
21	加工 时间	总时间 240 min,其中软件应用考试不超过 120 min									
记录员		监考人			检验员			考评人			

数控切削编程与操作中级实训题例6

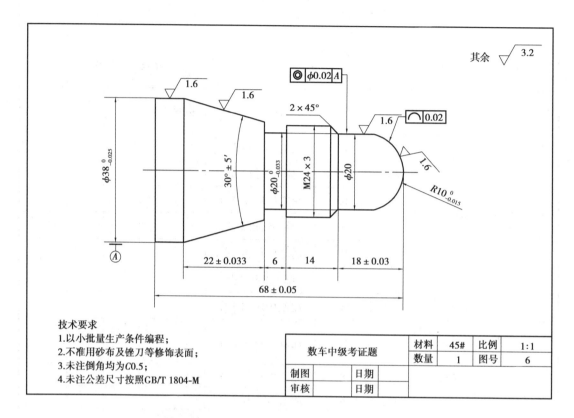

技术要求
1.以小批量生产条件编程;
2.不准用砂布及锉刀等修饰表面;
3.未注倒角均为C0.5;
4.未注公差尺寸按照GB/T 1804-M

数车中级考证题		材料	45#	比例	1:1
		数量	1	图号	6
制图	日期				
审核	日期				

工种	数控车床	图号	SC-06	单位			学校 专业	学院	系 级	
准考证号				零件名称	考试件	姓名			学历	
定额时间	240 min			考核日期			技术等级	中级	总得分	
序号	考核项目	考核内容及要求		配分	评分标准		检测结果	扣分	得分	备注
1	外圆	$\phi 38_{-0.025}^{0}$	IT	10	超差 0.01 扣 2 分					
2			Ra	4	降一级扣 2 分					
3		$\phi 20_{-0.033}^{0}$	IT	10	超差 0.01 扣 2 分					
4			Ra	4	降一级扣 2 分					
5		$\phi 20$	IT	10	超差 0.01 扣 2 分					
6	长度	68 ± 0.05		5	超差 0.01 扣 2 分					
7		22 ± 0.033		10	超差 0.01 扣 2 分					
8		18 ± 0.03		8	超差 0.01 扣 2 分					
9	球面	$R10_{-0.015}^{0}$	IT	6	超差 0.01 扣 2 分					
10			Ra	4	降一级扣 2 分					
11	螺纹	M24×3		8	不合格不得分					
12			Ra	2	降一级扣 2 分					
13	锥度	$30° \pm 5'$	IT	10	超差 1′ 扣 2 分					
14			Ra	4	降一级扣 2 分					
15	几何公差	圆柱度		3	超差 0.01 扣 2 分					
16		同轴度		3	超差 0.01 扣 2 分					
17	文明生产	按有关规定每违反一项从总分中扣 3 分,发生重大事故取消考试					扣分不超过 10 分			
18	其他项目	一般按照 GB/T 1804-M					扣分不超过 10 分			
19		工件必须完整,考件局部无缺陷(夹伤等)								
20	程序编制	程序中有严重违反工艺的则取消考试资格,小问题则视情况酌情扣分					扣分不超过 25 分			
21	加工时间	总时间 240 min,其中软件应用考试不超过 120 min								
记录员		监考人			检验员			考评人		

数控切削编程与操作中级实训题例 7

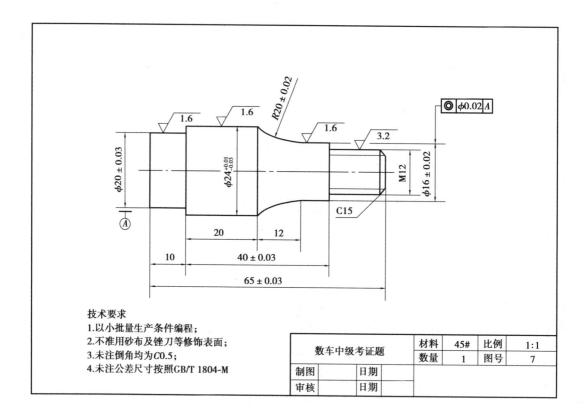

技术要求
1.以小批量生产条件编程；
2.不准用砂布及锉刀等修饰表面；
3.未注倒角均为C0.5；
4.未注公差尺寸按照GB/T 1804-M

数车中级考证题		材料	45#	比例	1:1
		数量	1	图号	7
制图	日期				
审核	日期				

工种	数控车床	图号	SC-07	单位			学校 专业	学院	系 级	
准考证号				零件名称	考试件	姓名			学历	
定额时间	240 min			考核日期			技术等级	中级	总得分	

序号	考核项目	考核内容及要求		配分	评分标准	检测结果	扣分	得分	备注
1	外圆	$\phi 24^{+0.01}_{-0.03}$	IT	12	超差 0.01 扣 2 分				
2			Ra	4	降一级扣 2 分				
3		$\phi 16 \pm 0.02$	IT	12	超差 0.01 扣 2 分				
4			Ra	4	降一级扣 2 分				
5		$\phi 20 \pm 0.03$	IT	10	超差 0.01 扣 2 分				
6			Ra	4	降一级扣 2 分				
7	长度	65 ± 0.03		10	超差 0.01 扣 2 分				
8		40 ± 0.03		10	超差 0.01 扣 2 分				
9		10		3	超差 0.01 扣 2 分				
10	球面	$R20 \pm 0.02$	IT	12	超差 0.01 扣 2 分				
11			Ra	4	降一级扣 2 分				
12	螺纹	M12		10	不合格不得分				
13			Ra	2	降一级扣 2 分				
14	几何公差	同轴度		3	超差 0.01 扣 2 分				
15	文明生产	按有关规定每违反一项从总分中扣 3 分,发生重大事故取消考试				扣分不超过 10 分			
16	其他项目	一般按照 GB/T 1804—M				扣分不超过 10 分			
17		工件必须完整,考件局部无缺陷(夹伤等)							
18	程序编制	程序中有严重违反工艺的则取消考试资格,小问题则视情况酌情扣分				扣分不超过 25 分			
19	加工时间	总时间 240 min,其中软件应用考试不超过 120 min							

记录员		监考人		检验员		考评人	

数控切削编程与操作中级实训题例 8

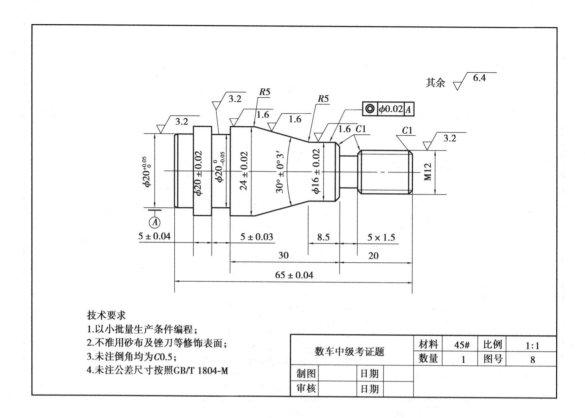

其余 6.4

技术要求
1.以小批量生产条件编程;
2.不准用砂布及锉刀等修饰表面;
3.未注倒角均为C0.5;
4.未注公差尺寸按照GB/T 1804-M

数车中级考证题		材料	45#	比例	1:1
		数量	1	图号	8
制图		日期			
审核		日期			

工种	数控车床	图号	SC-08	单位			学校 专业		学院	系级	
准考证号				零件名称	考试件	姓名			学历		
定额时间	240 min			考核日期		技术等级	中级	总得分			
序号	考核项目	考核内容及要求		配分	评分标准		检测结果	扣分	得分	备注	
1	外圆	$\phi 20^{+0.05}_{0}$	IT	10	超差 0.01 扣 2 分						
2			Ra	2	降一级扣 2 分						
3		$\phi 20^{0}_{-0.05}$	IT	10	超差 0.01 扣 2 分						
4			Ra	2	降一级扣 2 分						
5		$\phi 24 \pm 0.02$	IT	10	超差 0.01 扣 2 分						
6			Ra	4	降一级扣 2 分						
7		$\phi 16 \pm 0.02$	IT	10	超差 0.01 扣 2 分						
8			Ra	4	降一级扣 2 分						
9	长度	65 ± 0.04		8	超差 0.01 扣 2 分						
10		5 ± 0.03		10	超差 0.01 扣 2 分						
11		5 ± 0.04		3	超差 0.01 扣 2 分						
12	锥度	$30° \pm 0°3'$	IT	10	超差 1′ 扣 2 分						
13			Ra	4	降一级扣 2 分						
14	螺纹	M12		8	不合格不得分						
15			Ra	2	降一级扣 2 分						
16	几何公差	同轴度		3	超差 0.01 扣 2 分						
17	文明生产	按有关规定每违反一项从总分中扣 3 分,发生重大事故取消考试					扣分不超过 10 分				
18	其他项目	一般按照 GB/T 1804-M					扣分不超过 10 分				
19		工件必须完整,考件局部无缺陷(夹伤等)									
20	程序编制	程序中有严重违反工艺的则取消考试资格,小问题则视情况酌情扣分					扣分不超过 25 分				
21	加工时间	总时间 240 min,其中软件应用考试不超过 120 min									
记录员		监考人			检验员			考评人			

参考文献

[1] 吴志清.数控车床综合实训[M].北京:中国人民大学出版社,2010.

[2] 邓集华.数控车床加工与实训(GSK980T 系统应用)[M].武汉:华中科技大学出版社,2010.

[3] 上海宇龙软件工程有限公司数控教材编写组.数控技术应用教程——数控车床[M].北京:电子工业出版社,2008.